应用型本科规划教材

单片微型计算机原理和应用

主　编　蔡菲娜
副主编　刘勤贤　曹　祁

前　言

自本书一版、二版发行以来，单片机的应用领域已经得到进一步拓宽，单片机的技术有了长足的发展。在众多的单片机中，MCS-51 系列单片机具有完整的体系结构、规范化的指令系统以及丰富的 I/O 控制功能，这些特色被继承下来并发扬光大，形成了品种繁多、功能齐全、各具特色的 80C51 系列单片机。80C51 单片机已经在 8 位单片机中占据了主导地位，并且这种趋势还将继续保持下去。基于上述的考虑，本书以 MCS-51 系列单片机中的 8051 单片机作为典型产品加以介绍。

本书的特点是：

1. 以 8051 单片机为基础，介绍了它的系统结构、指令系统、编程方法、系统扩展和接口技术。考虑到教学上的连贯性，前九章均以汇编语言作为编程语言，第十章介绍了 C 语言的编程方法。在第十章编写过程中，由于高等院校的学生在学习本课程时已经具有 C 语言的基本知识，为减少篇幅，对 C 语言的基本语法未做系统的阐述，着重于从单片机开发应用的角度出发，在介绍了 C51 的基本语法特点后，针对单片机的应用系统中常用到的一些关键技术，如中断、串行口、定时器以及常用的外围接口、混合编程等做了详细的叙述，在一些例题的选编上，为了便于将汇编语言程序和 C 语言程序进行对比，同一例子采用了两种语言编程，使读者能在前九章的学习基础上尽快地掌握 C51 的编程方法和编程技巧。

2. 本书的体系结构采用难点分散、深入浅出的方法，逐步引出新概念，逐步上台阶，使学习者学习起来不感到很困难。编者通过多年来的教学实践，证明这样的编排是合适的，取得了良好的教学效果。

3. 由于单片机这一课程是集硬件、软件于一体的一门综合性计算机课程，而学习的目的又重在应用，因此在程序设计中列举的例子比较注重实际应用，对于应用较多的硬件接口做了较详细的分析。书中列举的软硬件设计很多取自于编者多年来的科研成果以及实际产品的开发。

为了顺应单片机的发展趋势，本次主要做了如下修订：

1. 在第一章中，增加了“单片微型计算机”一节，以期从新的角度来审视单片机的作用和发展。

2. 由于单片机是一门面向应用的实践性课程，考虑到内容的系统性和先进性，再结合教学上的循序性，删除了一些较为陈旧的内容，对第八、九、十章均做了一定篇幅的修改，特别增加了串行总线 I^2C 的汇编语言等编程实例。

本书是针对高等院校的电子信息、通信工程、机械电子工程等专业的学生编写的，也可供相关的科技工作者参考。

全书由蔡菲娜任主编，刘勤贤、曹祁任副主编。蒋钦、刘继清、蔡菲娜参加了第一版的编写。刘勤贤、曹祁修订和改写了部分章节。由蔡菲娜对全书各章内容进行了统编和修订。由于编者水平有限，书中难免有不足和错误之处，恳请大家批评指正。

编　者

2009 年 1 月于浙江工业大学

目　　录

□第 1 章

微型计算机基础知识

计算机是微电子学与计算数学相结合的产物。微电子学的基本元件及其集成电路形成计算机的硬件基础,而计算数学的计算方法与数据结构则为计算机的软件基础。电子计算机最基本的功能是进行数据运算。在电子计算机中,数字和符号都是用电子元件的不同状态表示的。由于计算机的这个特点,提出了一系列的问题:对参与运算的数有哪些要求?它们是如何表示的?计算机中数的表示法与常用的数的表示法有什么关系?本章中的叙述,将逐个回答这些问题。

1.1 计算机中的数制与码制

1.1.1 十进制数

人们最常用的数制是十进制,它是由 0、1、2、3、4、5、6、7、8、9 十个不同的符号来表示数值的,这十个符号就是数字。我们常用的十进制是采用位置记数法数制,也就是每个数字的位置决定了它的值或者权。例如数 212.48 的小数点左边第一位 2 代表个位,其数值为 2×10^0;左边第二位 1 代表十位,其数值为 1×10^1;左边第三位 2 代表百位,其数值为 2×10^2;小数点右边第一位 4 代表 1/10 位,即表示 4×10^{-1};小数点右边第二位 8 代表 1/100 位,即表示 8×10^{-2}。从以上分析可以看出,同样的数字在不同的位置代表的值或权是不一样的。数 212.48 按权展开为:

$$212.48=2\times10^2+1\times10^1+2\times10^0+4\times10^{-1}+8\times10^{-2}$$

采用位置记数法的数制有三个重要特征:

(1)数码的个数等于基数。如十进制的基数是 10,它有十个不同的数码 0~9。

(2)最大的数码比基数小 1。

(3)每个数位有一定的位值——“权”,它是基数的某次幂,该幂次由每个数所在的位置决定。

我们所说的十进制计数方式,本质上讲就是每位计满时,向高位进一,即“逢十进一”。

1.1.2 二进制数

在日常生活中用十进制计数,并非天经地义的事,只不过是为了表示数的方便。众所周知,人有十个手指头。同样,在计算机中,为了表示数方便,采用二进制计数法。按照位置记数法的三个特点,在二进制中有:

(1)数码的个数等于基数 2,即只有二个数码 0、1;

(2)最大的数码是1；

(3)每个数位有一定的位值——“权”，它是基数2的某次幂，如二进制数1011.11按权展开有：

$$1011.11 = 1 \times 2^3 + 0 \times 2^2 + 1 \times 2^1 + 1 \times 2^0 + 1 \times 2^{-1} + 1 \times 2^{-2}$$

二进制计数方式，本质上讲就是每位计满2时向高位进一，即“逢二进一”。

十进制和二进制的共同特点是进位，前者是“逢十进一”，后者是“逢二进一”。十进制数的小数点向右移一位，数值就扩大十倍；小数点向左移一位，数值就缩小十倍。同样，二进制数的小数点向右移一位，数值就扩大2倍；小数点向左移一位，数值就缩小2倍。判断十进制数是奇数还是偶数，只要看个位就行了。二进制数也有类似性质，若个位数是1，则该数为奇数，若个位数是0，则该数为偶数。如01、11等是奇数，10、100等是偶数。

二进制的很大一个优点，就是它的每个数位都可以用任何具有两个不同稳定状态的元件来表示。例如，开关的闭合和断开，晶体管的截止与导通等。只要我们规定一种状态表示“1”，另一种状态就表示“0”。

还值得指出的是：采用二进制可以节约存贮设备。例如，表示0～999之间的1000个数，十进制用了3位，共需 $3 \times 10 = 30$ 个稳定状态的设备量，而用二进制数表示时，则用10位（实际上 $2^{10} = 1024$ 个数），只需 $2 \times 10 = 20$ 个稳定状态的设备量。

此外，采用二进制，可以使用逻辑代数这一数学工具，为计算机的设计和分析提供了方便。

1.1.3 十六进制数

十六进制的基数为“16”，其数码共有16个：0、1、2、3、4、5、6、7、8、9、A、B、C、D、E、F。十六进制的权是以16为底的幂。

用十六进制可以简化二进制数的书写，又便于记忆。例如：

1000B = 8H

1111B = FH

11111001B = F9H

在计算机文献资料中常用数字符号加字母后缀B、H、D等表示采用何种进位计数制。如101B表示101是二进制数，88H表示88是十六进制数，88D（D可省略）表示88是十进制数，请注意区别。

1.1.4 数制转换

由于我们习惯用十进制数，在研究问题的过程中，总是用十进制数来考虑和书写。当考虑成熟后，要把问题变成计算机能够“看得懂”的形式时，就得把问题中的所有十进制数转换成二进制代码，这就需要用到“十进制数转换成二进制数的方法”。在计算机运算完毕得到二进制数的结果时，又需要用到“二进制数转换为十进制数的方法”，才能把运算结果用十进制数显示出来。

1. 十进制数转换成二进制数的方法

一个十进制数转换成二进制数时，通常采用“除2取余”的方法得到。即：将十进制数一次一次地除2，所得到的余数（书写顺序由下至上）就是用二进制数表示的数。例如将68D转换成二进制数：

```
2 | 68   ………… 0   低位
2 | 34   ………… 0    ↑
2 | 17   ………… 1    |
2 | 8    ………… 0    |
2 | 4    ………… 0    |
2 | 2    ………… 0    |
2 | 1    ………… 1   高位
    0
```

结果 68D = 1000100B

2. 二进制数转换成十进制数

根据定义，只需将二进制数按权展开相加即可。例如：

$1011B = 1 \times 2^3 + 0 \times 2^2 + 1 \times 2^1 + 1 \times 2^0 = 11D$

3. 二进制数与十六进制数之间的转换

十六进制的数码有十六个。二进制数的每四位数，有十六种组合，可将它按次序和十六进制的十六个数码相对应，所以二进制数和十六进制数的互换非常简单。例如：

```
1010  1101  1000  0101   B
 ↓     ↓     ↓     ↓
 A     D     8     5     H
```

反过来，就可以将十六进制数转换成二进制数，例如：

```
 F     9     A     H
 ↓     ↓     ↓
1111  1001  1010   B
```

1.1.5 BCD 码

二进制数在计算机中容易实现，其运算规律也比较简单，因此在计算机中，一般都采用二进制数字系统。但对于人们的习惯来讲，二进制数毕竟不怎么直观，因此，对于计算机的输入和输出，通常采用一种二进制编码的十进制数——BCD 码，它是十进制数，但它的十个不同的数字不是通常用的0,1,2,…,9，而是采用4位二进制编码来实现，最常用的有8-4-2-1码，即用0000,0001,0011,…,1001等表示。例如86D的BCD码为10000110。

1.1.6 ASCII 码

在微型计算机中，机器只能识别处理二进制信息，因此，字母和各种符号也必须按照某种特定的规则用二进制代码表示。目前，世界上最普遍采用的是 ASCII 码，全称为“信息交换标准代码”，这种编码在数据传输中也有广泛应用。

ASCII 码是一种 8 位代码，一般最高位可用于奇偶校验，故用 7 位码来代表字符信息，共有 128 个不同的字符。其中 32 个是控制字符，如 NUL(代码是 00)为空白符，CR(代码是 0DH)为回车。96 个图形字符，如数字 0 ~ 9 的 ASCII 码为 30H ~ 39H，字母 A ~ Z 的 ASCII 码为 41H ~ 5AH。ASCII 码详见附录一。

我国于1980年制订了“信息处理交换用的7位编码字符集”，除了用人民币符号￥代替美元符号$外，其余代码含义都和ASCII码相同。

1.2 计算机中数的运算

1.2.1 机器数的表示方法

1. 机器数和真值

在计算机中，二进制数码1和0是用电子元件的两种不同状态来表示，对于一个数的符号，即正、负号，也用电子元件的两种不同状态表示。因此在计算机中，符号也“数码化”了。一般约定正数的符号用0表示，负数的符号用1表示。例如：

$N_1 = +1011$；$N_2 = -1011$

如果用一个字节（即8位二进制数）来表示上述二个数，它们在计算机中的表示分别为：00001011 和 10001011，其中最高位表示符号位。

以0表示正数的符号，以1表示负数的符号，并且每一位的数值也用0或1表示，这样的数叫机器数，有时也叫机器码，而把对应于该机器数或机器码的数值叫真值。

2. 原码表示方法

正数的符号位用0表示，负数的符号位用1表示，这种表示法称为原码表示法。例如：

$[+120]_{\text{原}} = 01111000$

$[-120]_{\text{原}} = 11111000$

对于零，可以认为它是正零，也可以认为它是负零，所以零的原码有两种表示方法：

$[+0]_{\text{原}} = 00000000$

$[-0]_{\text{原}} = 10000000$

八位二进制原码表示数的范围为11111111～01111111，即 $-127 \sim +127$。

3. 反码表示方法

在反码表示方法中，正数的反码与正数的原码相同，负数的反码由它对应正数的原码按位取反得到。例如：

$[+120]_{\text{反}} = [+120]_{\text{原}} = 01111000$

$[-120]_{\text{反}} = \overline{[+120]_{\text{原}}} = \overline{01111000} = 10000111$

零的反码有两种表示方式，即

$[+0]_{\text{反}} = 00000000$

$[-0]_{\text{反}} = 11111111$

八位二进制反码表示数的范围为 $-127 \sim +127$。当符号位为0时，其余位为数的真值，当符号位为1时，其余位按位取反后才是该数的真值。

4. 补码表示方法

先以钟表对时为例，说明补码的概念。假设现在的标准时间为4点整，而有一只表却已是7点，为了校准时间，可以采用两种方法：一是将时针退3格，即 $7-3=4$，一是将时针向前拨9格，即 $7+9=12$（自动丢失）$+4$，都能对准到4点。可见，减3和加9是等价的，我们把（+9）称为（−3）对12的补码，12为模，当数值大于模12时可以丢弃12。

在字长为8位的二进制数字系统中,模为$2^8=256D$。先考察下例:

```
  01000000        64
- 00001010      - 10
----------      ----
  00110110        54

  01000000        64
+ 11110110      +246
----------      ----
1 00110110        54
```

丢失

可见在字长为8位的情况下(64 - 10)与(64 + 246)的结果是相同的,所以(- 10)和246互为补数。采用补码表示数,可将减法运算转换成加法运算。现在我们看一看(- 10)的补码11110110是怎样求得的。

正数的补码表示与原码相同,而负数的补码表示即为它的反码加1形式。如:

$[+4]_{原}=00000100$

$[-4]_{反}=11111011$

$[-4]_{补}=11111100$

又如:

$[+10]_{原}=00001010$

$[-10]_{反}=11110101$

$[-10]_{补}=11110110$

在补码表示法中,零的补码只有一种表示法,即$[0]_{补}=00000000$。对于八位二进制数而言,补码能表示的数的范围为 - 128 ~ + 127。当符号位为0时,其余位为数的真值;当符号位为1时,其余位按位取反再加1后才是数的真值。

1.2.2 补码的加减运算

当用补码表示数时,可用加法完成减法运算,因此,带符号数一般都以补码形式在机器中存放和参加运算。

补码的加法公式是:

$$[X]_{补}+[Y]_{补}=[X+Y]_{补}$$

例1.1 用补码运算求120 - 63。

解: $[+120]_{补}=01111000$

$[+63]_{原}=00111111$

$[-63]_{补}=11000001$

做加法

```
  01111000
+ 11000001
----------
1 00111001
```

丢失

相加结果为正数,即为57D。

例1.2 用补码运算求64 + 65。

解: $[64]_{补}=01000000$

$[65]_{补}=01000001$

做加法：

$$01000000+01000001=10000001$$

此时二个正数相加，其结果为负数，产生了错误的结果。这是因为：二个正数相加的结果超出了8位二进制数的范围，故产生了错误的结果。这种情况称为溢出。一般而言，若两正数相加，其结果为负数或二个负数相加其结果为正数，都表明产生了溢出。

上例若采用16位的补码来运算，即可得出正确的结果：

$[64]_{补}=0000000001000000$

$[65]_{补}=0000000001000001$

$[64]_{补}+[65]_{补}=0000000010000001$

1.3 微型计算机基本工作原理

微型计算机是计算机的微型化，它是由微处理器（也称中央处理器CPU）、存贮器（RAM、ROM）和输入/输出（I/O）接口电路三个最基本部件所组成，如图1-1所示，通过接口电路再与外围设备相连。

各基本部件通过总线交换信息。所谓总线是信息流通的公共通道，总线上的信息可以同时输送给几个部件，但不允许几个信息同时输送给总线，否则将产生信息冲突。

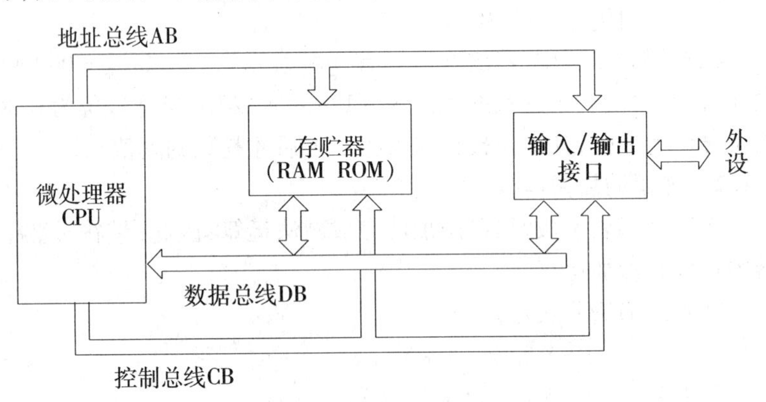

图1-1 微型计算机基本组成

总线包括数据总线、控制总线和地址总线。数据总线用于CPU、存贮器、输入/输出接口之间传送数据，如从存贮器取数到CPU，把运算结果从CPU送到外部设备等。数据总线是双向的。控制总线可以是CPU发出的控制信号，也可以是其他部件输入到微处理器的信息，对于每一条控制线，其传送方向是固定的。地址总线用来传输CPU发出的地址信息，以选择需要访问的存贮器和I/O接口电路。地址总线是单向的，只能是CPU向外传送地址信息。微机采用上述三组总线的连接方式，常被称为三总线结构。

1.3.1 微处理器

典型的微处理器（CPU）结构如图1-2所示。我们可以把它分为三大部分：算术逻辑运算部件、控制逻辑部件和寄存器部件，它们都挂在内部总线上，现分别叙述如下：

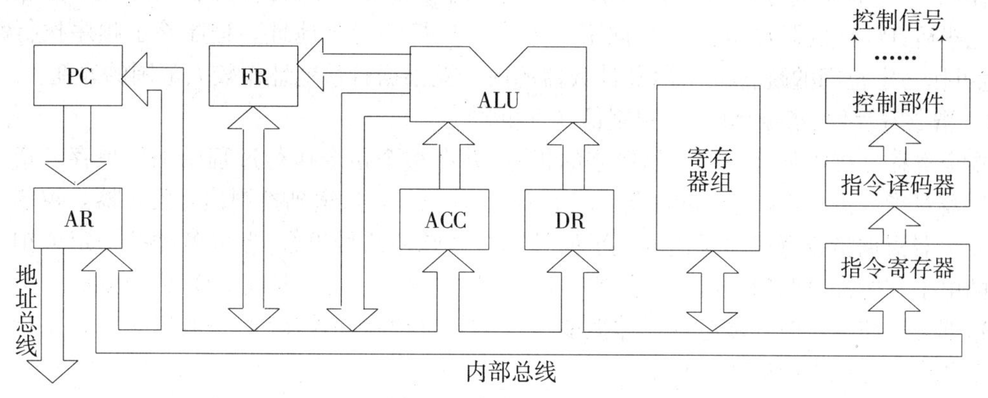

图 1-2　微处理器基本结构

1. 算术逻辑部件 ALU

算术逻辑单元 ALU 是微机执行算术和逻辑运算的主要部件,是运算器的主要组成部件。它的基本组成是一个可控的加法/减法器。ALU 有两个输入端和两个输出端。一个输入端与累加器 A 相连,另一个与数据寄存器 DR 相连。参加运算的数都要先送到这两个寄存器中,然后才能由 CPU 实行相应的操作。ALU 的一个输出端与内部总线相连,以便把处理的结果通过总线送到累加器 A 中,另一个输出端与标志寄存器 FR 相连,以存放运算结果的某些标志状态。每执行完一条指令的状态特征,也可以由标志寄存器 FR 来表征。

2. 累加器 A

累加器 A 是微机中的一个关键寄存器,凡是通过 ALU 进行算术/逻辑运算的操作,其中的一个操作数必须来自累加器 A,而运算的结果也必须通过内部总线送回到 A 中。有的微处理器只有一个累加器(如 8051),而有的微处理器不止一个累加器(如 8096)。

3. 标志寄存器 FR

标志寄存器 FR 用于保存计算机执行完一条指令后,某些状态标志的有关信息。特别是进行了算术/逻辑运算以后,某些状态标志就会产生变化,例如,运算结果产生了进位/借位,或者产生了溢出,这些状态标志都保存在标志寄存器 FR 中。不同型号的微处理器标志位的数目及具体规定都不相同。例如 8051 单片机的标志位寄存器的名字叫程序状态字寄存器 PSW,共有六位状态标志,以后我们会详细介绍。

4. 寄存器组

微处理器的寄存器组一般分为两部分,即通用寄存器或称数据寄存器和专用寄存器。通用寄存器相当于 CPU 内部小容量的存贮器,用来暂时存放一些数据。由于寄存器在 CPU 内部,因而数据之间传送速度比较快。对于这部分寄存器的分布及作用应有一定的认识,一方面通过充分利用这些通用寄存器,可以提高运算速度;另一方面,也可简化程序设计。专用寄存器也叫特殊功能寄存器,每一种寄存器都有专门的用途,如标志寄存器 FR 就是一种特殊功能寄存器,其他还有累加器 A、堆栈指示器 SP 等等。

5. 程序计数器 PC

程序计数器 PC 用来存放下一条将要执行的指令地址。程序中的各条指令都存放在程序存贮器中,需要执行某条指令时,该指令的地址就从 PC 计数器送到地址总线,指令执行完毕后,PC 计数器自动加 1,指向下一条将要执行的指令地址。程序除了顺序执行外,也可作一定范围的跳转,这时 PC 计数器的内容就根据转移地址作较大范围的改变。

6. 指令寄存器、指令译码器、控制信号发生器

指令寄存器接收从程序存贮器取来的指令,并在整个指令执行过程中加以保存。指令译码器对指令进行译码,不同的指令产生不同的控制信号,送到控制信号发生器。控制信号发生器根据指令译码器送出的电平信号和时钟脉冲信号组合,形成各种按一定节拍变化的电平和脉冲,即各种控制信号,它可以被送到存贮器、运算器或 I/O 接口电路。

这部分电路的定时功能是由晶体振荡器产生的时钟脉冲控制的,一般每执行一条指令需要几个甚至几十个时钟周期。

1.3.2 存贮器

存贮器分为两大类:只读存贮器(ROM)和随机存取存贮器(RAM)。只读存贮器在程序执行过程中只能读出里面的信息,而不能写入新的内容。随机存取存贮器不但能随时读取已存放在各个存贮单元中的数据,而且还能随时写入新的信息。

存贮芯片内部有若干存贮单元,存贮单元所存内容称为一个字。一个字由若干位组成。8 个记忆元件的存贮单元就是一个 8 位记忆字,通常称为一个字节;16 个记忆单元组成的存贮单元就是一个 16 位记忆字,通常称为一个字。每个存贮单元都有固定地址,在存贮器内部都带有译码器,根据二进制译码的原理,n 根地址线可以译成 2^n 个地址号。

图 1-3 示出一个 16 ×8 的存贮器,它有 16 个存贮单元,每个单元为一个字节,有四条地址线 A_0、A_1、A_2、A_3 和八条数据线 D_0、D_1、…、D_7。经地址线译码后,这 16 个存贮单元对应的地址分别是 0000、0001、0010、…、1111。

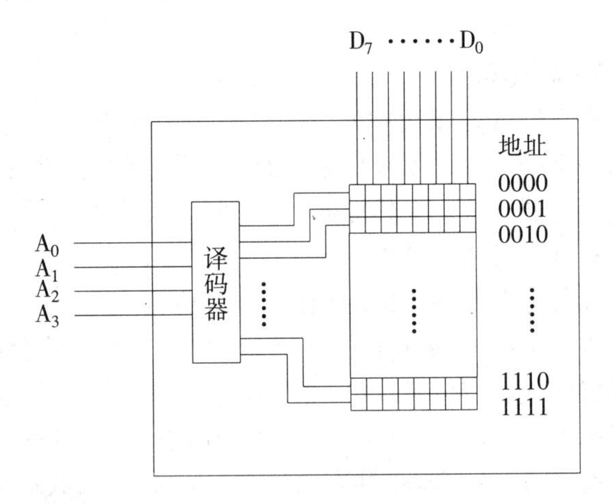

图1-3 16× 8存贮单元

顺便提一句,当地址线为 10 条时,可编的地址号为 $2^{10}=1024$ 个,或称为 1k 字节。

1.3.3 I/O 设备

输入/输出设备是计算机与外界交换信息的设备。因此输入和输出设备是微机系统的重要组成部分。程序、数据和现场采集到的各种信息都要通过输入设备输入到计算机,而计算结果和各种控制信号则都要输出到各种输出装置,以便去显示、打印和实现各种控制。

外部设备通过接口电路与微机相连。接口电路的作用是:把外部设备送给微型机的信息转换成与微型机相容的格式,还要经常把外部设备的状态提供给微型机,并协调微型机与外部设备之间在"时间"上所存在的差异。此外,有的接口电路还要起到电平转换的作用。

1.3.4 微机简单工作过程

微机简单工作过程可以概括为：

(1)按程序计数器 PC 的内容，将指定的存贮地址放在地址总线上；

(2)通过数据总线从存贮器中取出指令，并且对指令译码；

(3)按指令中给出的地址码，取出操作数；

(4)执行指令所规定的操作；

(5)提供表示状态的标志信号、控制信号及定时信号，以供微机系统使用；

(6)有实时中断处理的能力。

弄清指令执行的全过程，可以更具体地理解计算机的工作原理。下面我们以“将立即数送入累加器 A”这样一条指令为例，来说明指令执行的全过程。

该指令由二个字节组成，假定指令存放在程序存贮器地址为 00H、01H 两个单元中，其中 00H 单元存操作码(计算机完成一种操作)，01H 存放操作数(送累加器 A 的立即数)。在指令执行前，将第一条指令地址赋给 PC，然后进入取指和执行指令过程，具体分两步进行：

1. 取出并执行指令第一字节过程

(1)PC 的内容 00H 送给地址寄存器，待可靠送入后，PC 的内容加 1，为取下一条指令做准备。

(2)地址寄存器将地址号 00H 送存贮器，经存贮器中地址译码器译码后，选中 00H 号存贮单元。

(3)CPU 发出读命令，所选中 00H 号内容通过数据总线送至数据寄存器。

(4)由于是取指阶段，取出的是指令，故由数据寄存器送往指令寄存器，经指令译码器译码后，发出执行这条指令的各种控制命令。

经过对该指令译码知道，这是一条将立即数送 A 的指令，且立即数存放在指令的第二字节，故而进入第二步。

2. 取出并执行指令的第二字节过程

(1)PC 的内容 01H 送地址寄存器，待可靠送入后，PC 的内容加 1，变为 02H。

(2)地址寄存器将地址号 01H 送存贮器，经存贮器中地址译码后，选中 01H 号存贮单元。

(3)CPU 发出读命令，所选中的 01H 号内容通过数据总线送至数据寄存器。

(4)由于读出的是操作数，并根据指令要求送 A 累加器，故数据寄存器中的数据通过内部总线送往 A 累加器。

至此，将“立即数送 A 累加器”的指令全部执行完毕。

微型计算机的工作过程即为取指令、执行指令的周而复始循环的过程。

1.4 单片微型计算机

单片微型计算机(Single Chip Microcomputer)就是将微型计算机的主要部件微处理器、存贮器、I/O 集成在一片芯片上，也就是说，一块芯片就是一台计算机。由于单片机是随控制领域应运而生的，控制对象所要求的各种外围电路如模数转换器、脉宽调制、高速 I/O 口与其他外围电路不断集成在该芯片上，所以单片机又称微控制器（Microcontroller Unit）。随着集成电路设计中的新材料、新工艺的发展，集成度不断提高，专用单片机开始涌现，它越来越寻求应用系统在芯片内的最完全化解决，因而产生了系统级芯片（System on Chip），所以对单片机的理解可以认为：从单片微型计算机、单片微控制器进一步延伸到单片应用系统。

1.4.1 单片机的发展过程

单片机的发展过程可分为以下几个阶段：

1. 第一阶段(20 世纪 70 年代)：单片机的诞生

1971 年，Intel 公司首先推出生产的 4 位单片机 4004 和 1972 年生产的 8 位单片机 8008，是单片机的雏形。1976 年，Intel 公司推出的 MCS-48 单片机，以其体积小、功能全、价格低等特点，受到了市场的青睐，从而开始了单片机在各领域的应用，为单片机发展奠定了基础。

2. 第二阶段(20 世纪 80 年代)：单片机的完善和成熟期

Intel 公司在 MCS-48 的基础上成功开发了 MCS-51 单片机。MCS-51 单片机已经成为 8 位单片机的典型。与此同时，高性能的 16 位单片机也开始推出，CPU 的性能得到了提高，存贮器容量不断扩大，用于控制系统的部件如模数转换器、脉宽调制器和其他 I/O 接口也开始包含在单片机中，使单片机的应用领域得到开拓，进一步推动了单片机的发展。

3. 第三阶段(20 世纪 90 年代后)：单片机的高速发展时期

随着 Intel 公司将 MCS-51 系列单片机中的 80C51 内核以专利互换或出售方式转让给世界众多的 IC 制造厂商，如 Philips、Atmel、AMD、NEC、华邦等著名厂商，这些公司以 80C51 为内核开发出各种功能齐全的新的单片机品种，从而使单片机进入了高速发展期，出现了高速、高密度的存贮器，具备超强的运算能力、能满足各种复杂和简单的应用场合需求的各类通用型和专用型的单片机。

1.4.2 单片机的发展趋势

单片机的发展趋势表现出以下几个方面：

1. 高性能化

高性能化主要是指进一步改进 CPU 的性能，加快指令的运行速度。

一种方法是采用多核结构，有的单片机采用三个核组成：一个是微控制器和 DSP 核，一个是数据和存贮器核，还有一个是外围专用集成电路。采用多核结构的单片机，无论在运算还是控制能力方面都大大优于单核结构的单片机。

另外采用精简指令集和流水线技术，也可以大幅提高运行速度。

2. 多功能化

随着集成度的提高，把众多的外围功能部件集成在片内，使单片机呈多功能化趋势。

单片机片内程序存贮器以及数据存贮器的容量不断扩大。单片机片内 ROM 从 4KB、RAM 从 128B 发展到 ROM 最大可达 64KB、RAM 最大为 2KB。

并行总线和串行总线并存：并行总线已扩大到 Centronics、PCI 和 IDE 等等。串行总线包括 SPI 和 I^2C 等。串行总线的运用可进一步简化硬件结构，缩小体积。

外围接口类型不断增多，除了含 A/D、D/A 转换器、Watchdog 电路、锁相电路、脉宽调制电路外，增加了 LCD 控制器、DMA 控制器，以及局部网络控制模块 CAN，使单片机和互联网的接口更趋简单。

3. 低电压、低功耗和高可靠性技术

扩大电源电压的范围以及在较低电压下仍能可靠地工作是单片机追求的目标之一。很多单片机设置了等待、睡眠、节电等多种工作方式，使单片机的功耗进一步降低。现在一般单片机均可在 3.3V ~ 5.5V 范围内工作，有的产品则可在 2.2V ~ 6.0V 范围内工作。FreeScale 公司所设计的 HCS08 系列的最低电源电压降到了 1.8V。提高外时钟可以提高单片机的运行速度，但这也带来了高频干扰。在一些单片机中采用内部锁相环技术，使得在外时钟较低时也能产生较高的总线速度，从而既保证了速度又降低了噪声。此外，改变电源地线的布局，使之安排在相邻的引脚上，这样一方面在印刷电路上容易布置去耦电容，另方面也降低了系统噪声，提高了可靠性。

1.4.3 单片机的应用领域

由于单片机具有集成度高、体积小、功耗低等显著特点，它的应用已经渗透到生产、生活各个领域，从工业控制、医疗仪器到家用电器，可以说单片机在我们身边已经无处不在。

1. 智能仪表

单片机和传感器相结合，将传感器输出信号经单片机处理和控制后输出形成各种被测信号的测量值，已成为各类智能仪表中普遍采用的方法。如电阻、电感测量仪、各类医疗仪器设备都普遍采用单片机，简化了电路设计，减小了设备体积，提高了性价比。

2. 自动控制

单片机广泛应用于生产领域中的过程控制中。如温度、压力和流量自动控制系统，生产过程中的化工过程、冶金过程、轧钢过程以及机械加工控制。另外，在航天航空、尖端武器中，单片机应用也日趋广泛。

在比较复杂的系统中，常采用分布式多机系统。即单片机作为各个分机终端设备，对不同的现场信息进行实时采集，然后通过串行通信将采集的信息发送给主机，同时接受主机发来的各类控制和命令，再对现场进行调节和控制，这就形成了一个分布式多机实时系统。单片机的高可靠性，使它可以工作在现场恶劣的环境之中。

3. 家用电器

家用电器是单片机应用最广泛的领域之一。如洗衣机、电冰箱、分体式空调、电饭煲等等，都是用单片机完成温度检测、定时控制、电机转速控制等。

4. 办公自动化设备

现代自动化办公设备中，广泛采用了单片机，如各类复印机、传真机、磁盘机、打印机和考勤机等。

5. 商业领域和现代汽车工业

在商业系统中广泛使用的电子秤、刷卡器、收款机等都是以单片机作为控制器的。在现代汽车中，使用单片机实现点火控制、节油控制以及自动驾驶系统等。

综上所述，单片机应用已深入到许多领域之中，它不仅给我们的生活带来了极大的便利，而且也改变了传统的电子线路系统设计方法，从以前由模拟电路和数字电路实现的控制功能,改为由单片机为核心来实现系统提出的各种要求。随着电子技术的发展,这种新的电子技术设计方法正在不断发展和完善中。

习题与思考题

1-1 将下列十进制数写成二进制数。

11, 186, $\frac{1}{4}$, 6.625

1-2 将下列二进制数写成十进制数和十六进制数。

10101010, 1110011, 0.0101

1-3 写出下列各数的原码、补码和反码。

+1010100, -1011111, +000000, -0000000, +71, -71

1-4 已知 x 的补码,求真值 x。

$[x]_{补}=11100000$　　$[x]_{补}=01100000$

$[x]_{补}=10101011$　　$[x]_{补}=11111111$

1-5 从上题中给出的补码,求它的原码和反码。

1-6 已知 $[x]_{反}=01111111$,求 $[-x]_{反}=?$

1-7 一个完整的微型计算机系统是由哪些部分组成的?

1-8 什么叫 CPU?

1-9 说明一个数送累加器的主要步骤。

□第2章

MCS-51 单片机系统结构

单片机按字长分，有8位、16位、32位等多种类别。16位和32位主要用在中、高档电子产品中，中、低档电子产品以8位单片机为主。在8位单片机中，应用最广泛的莫过于51系列单片机。它的原型是Intel公司推出的MCS-51单片机。MCS-51系列单片机主要类型有：

1. 8051/8751/8031

该系列器件均采用HMOS工艺生产。三种芯片的区别在于片内程序存贮器。8051片内有4K的掩膜ROM；8751片内有4K的EPROM，而8031片内无ROM。

2. 80C51/87C51/80C31

该系列器件采用CHMOS工艺生产，其特点是功耗低，有较宽的电压工作范围，能用电池供电进行工作。内部ROM组成和上一系列完全对应。

3. 8052/8032

这两种芯片是改进型机种。8052片内ROM增加到8K，片内RAM增加了一倍，即256个字节，另外还增加了一个定时/计数器，同时增加了一个中断源。8032和8052区别在于片内有无ROM。

在MCS-51单片机的基础上，很多半导体厂商相继推出了以80C51为内核的各种单片机，统称为80C51系列单片机。现列举一些主要厂商生产的部分产品。

1. Atmel 单片机

ATMEL公司是一个以E^2PROM和flash技术见长的半导体公司。它最具特色是flash型单片机，具有在系统编程功能ISP，典型产品有AT89C51、AT89C52等。

2. Philips 单片机

Philips单片机的特色是它面向控制的功能。针对各类不同控制对象，有上百个型号产品，其典型产品有：

89C52/54/58：cmos flash型单片机。

80C552/83C552/87C552：具有10A/D，比较器输出，PWM输出单片机。

P8XC592/P8XE598：具有局部网控制器CAN单片机。

P83C434/P83C834：具有液晶显示LCD控制器的单片机。

除以上两公司开发的80C51系列单片机外，还有Winbond（华邦）公司开发的W77×××和W78×××两大系列，其中W77E58增强型51系列单片机内核已重新设计，最高时钟频率为40MHz，一个机器周期为4个时钟周期，速度非常快。Microchip公司开发的单片机有 PIC1×××系列 8 位单片机和 PIC2×××系列 16 位单片机，它采用精简指令系统（RSIC），指令数量少、速度高，应用也很广泛。另外还有 Analog Device、东芝等十多家公司都有 51 系列的单片机。众多厂商的竞相开发给 51 系列单片机注入了新的活力。

由于 51 系列单片机都是以 MCS-51 单片机中的 80C51 为内核的，所以本章以 8051 单片机作为典型产品加以讨论。

2.1 MCS-51 单片机总体结构

图 2-1 是 8051 单片机的结构框图，在一块超大规模集成电路芯片上，集成了一台微型计算机的各个部分：1 个 8 位微处理器（CPU）；128B 的数据存贮器和 21 个特殊功能寄存器；4k 程序存贮器；8×4 I/O 并行口；2 个定时/计数器；1 个具有 5 个中断源、2 个优先级的中断结构；1 个全双工的串行口以及 1 个片内振荡器和时钟电路。

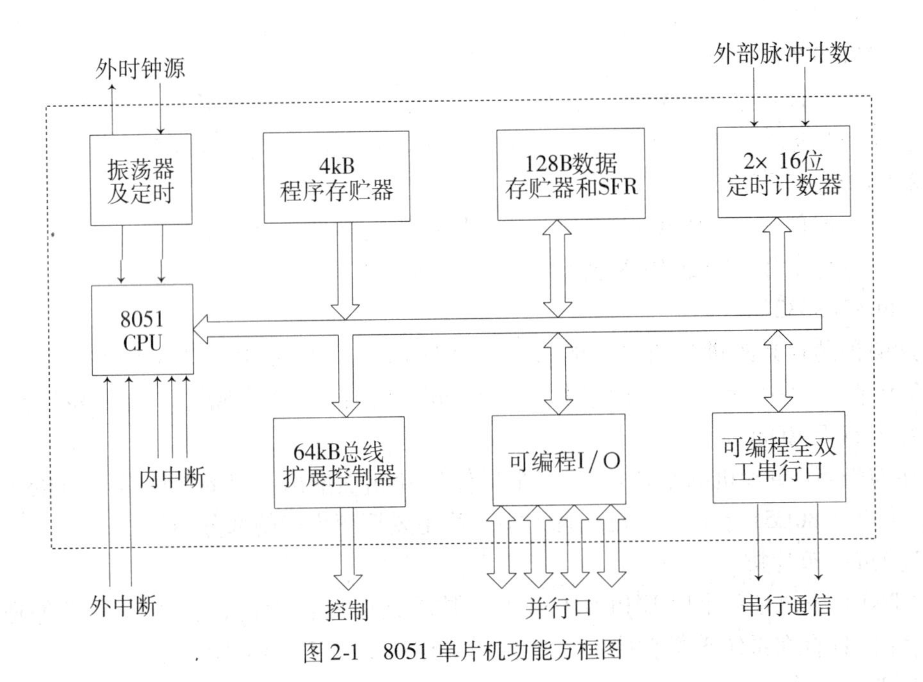

图 2-1 8051 单片机功能方框图

2.1.1 CPU

单片机的 CPU 和别的微型计算机一样，可分为运算器和控制器两部分。运算器包括算术逻辑单元 ALU、累加器 A、寄存器 B、暂存器 TMP、程序计数器 PC、程序状态寄存器 PSW、数据指针 DPTR、堆栈指针 SP 等。控制器部件包括指令寄存器、指令译码器、控制逻辑阵列 PLA，这部分的定时信号来自振荡器 OSC。CPU 是单片机的指挥中心、执行机构，它的作用是读入和分析每条指令，根据每条指令的功能要求，控制各个部件执行相应的操作，MCS-51 单片机的 ALU 除了进行算术和逻辑运算外，它还能进行位处理，这在实时控制中特别有用，正因为如此，它还获得了布尔处理器的称号。

图 2-2 为 8051 单片机 CPU 的结构框图。

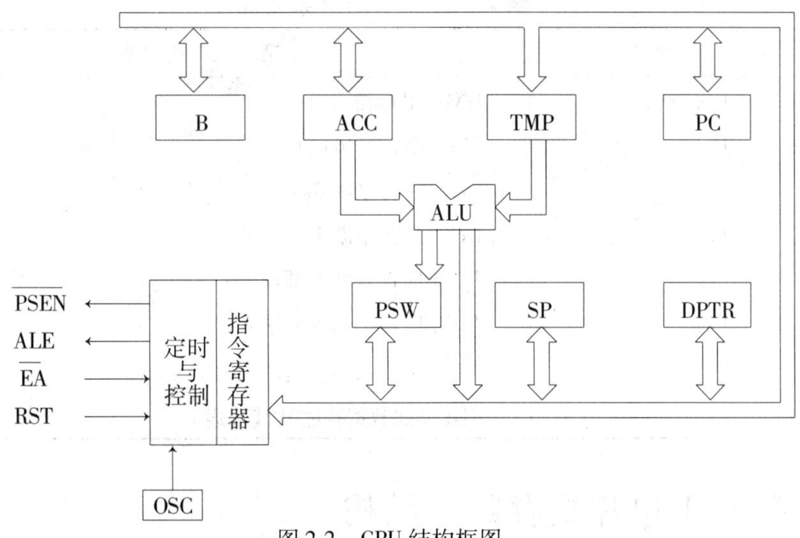

图 2-2　CPU 结构框图

2.1.2　存贮器配置

8051 单片机片内集成有一定容量的程序存贮器和数据存贮器,此外,它还具有外部存贮器扩展能力。它和一般微型计算机的存贮器配置方式很不相同。一般微机通常只有一个逻辑空间,采用统一编址的方式,可以随意安排 ROM 或 RAM,并用同类指令访问。而 8051 单片机在物理结构上有四个存贮空间:片内程序存贮器和片外程序存贮器以及片内数据存贮器和片外数据存贮器。但在逻辑上有三个存贮空间:片内外统一编址的 64k 字节的程序存贮器地址空间(用 16 位地址)、256 字节的片内数据存贮器地址空间(用 8 位地址,其中 80H ~ FFH 为特殊功能寄存器的地址空间,它离散分布,仅有 21 个字节有实际意义)以及 64k 字节片外数据存贮器地址空间。在访问这三个不同的逻辑空间时,应采用不同形式的指令。关于存贮器配置在后续章节中将详细讨论。

2.1.3　I/O 口

MCS-51 单片机有 32 条 I/O 口线,分为四组,每组 8 条 I/O 口线,分别用 $P_{0.0}$ ~ $P_{0.7}$、$P_{1.0}$ ~ $P_{1.7}$、$P_{2.0}$ ~ $P_{2.7}$、$P_{3.0}$ ~ $P_{3.7}$标识。每个端口都是准双向口。

$P_{0.0}$ ~ $P_{0.7}$为单片机的双向数据总线和低 8 位地址总线,分时操作,先用地址总线,在 ALE 信号下降沿,地址被锁存,然后作为数据总线;也可以作为双向并行 I/O 口,在作为 I/O 口时,应加上拉电阻。

$P_{1.0}$ ~ $P_{1.7}$为准双向 I/O 口,这 8 位端口留给用户使用。

$P_{2.0}$ ~ $P_{2.7}$为准双向 I/O 口,在访问外部存贮器时,用作高 8 位地址总线。它也可以作为并行 I/O 口使用。

$P_{3.0}$ ~ $P_{3.7}$为准双向 I/O 口,P_3 口的每一位还具有第二功能,详见表 2-1。

表 2-1 P_3 口的第二功能

口　　线	第　二　功　能
$P_{3.0}$	RXD(串行输入口)
$P_{3.1}$	TXD(串行输出口)
$P_{3.2}$	$\overline{INT_0}$(外部中断 0)
$P_{3.3}$	$\overline{INT_1}$(外部中断 1)
$P_{3.4}$	T_0(定时器 0 的外部输入)
$P_{3.5}$	T_1(定时器 1 的外部输入)
$P_{3.6}$	$\overline{WR}$(外部数据存贮器写选通)
$P_{3.7}$	$\overline{RD}$(外部数据存贮器读选通)

2.2 MCS-51 单片机存贮器结构

物理上,MCS-51 单片机有 4 个存贮器空间,8051 存贮器配置如图 2-3 所示。

2.2.1 程序存贮器

程序存贮器用于存放程序和表格常数。8051 片内有 4k 字节 ROM,片外最多可扩展 60k 字节 ROM,片内外采用统一编址。有内部 ROM 的单片机,在正常运行时,应把$\overline{EA}$引脚接高电平,使程序从内部 ROM 开始执行,当 PC 值超过内部 ROM 的容量时,会自动转向外部存贮器空间,对这类芯片,若把$\overline{EA}$接低电平,可用于调试状态,把调试程序放置在与内部 ROM 空间重叠的外部存贮器内。无内部 ROM 的芯片(如 8031),$\overline{EA}$应始终接低电平,迫使系统从外部程序存贮器 0000H 开始执行程序。

2.2.2 内部数据存贮器和特殊功能寄存器

MCS-51 单片机的片内数据存贮器由两部分组成,一部分是内部 RAM 区,地址为

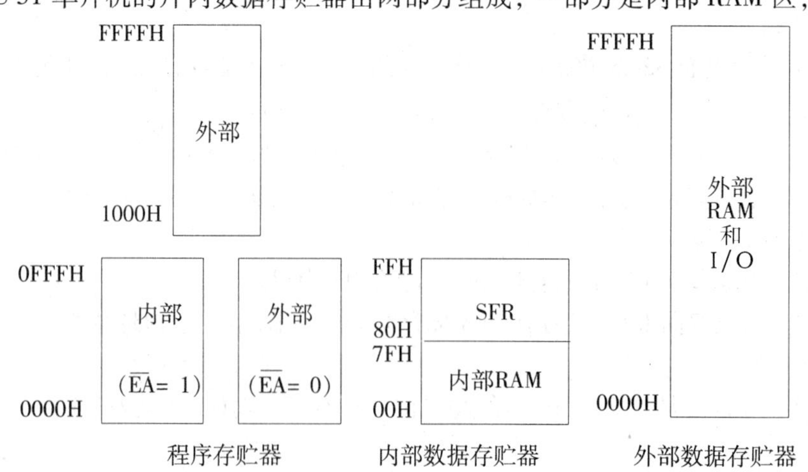

图 2-3 8051 存贮器配置

00H ~ 7FH。另一部分是特殊功能寄存器区,离散分布在地址为 80H ~ FFH 的区域。

图 2-4 示出内部数据存贮器的配置图。其中 00H ~ 1FH 单元共 32 个字节是 4 个通用工作寄存器，每个区含 8 个 8 位寄存器，编号为 R_0 ~ R_7，当前只能使用其中的一个区，由程序状态字寄存器 PSW 中的两位来确定使用哪一个区。详见表 2-2。

表 2-2　工作寄存器地址表

RS_1	RS_0	寄存器区	地　址
0	0	0 区	00H ~ 07H
0	1	1 区	08H ~ 0FH
1	0	2 区	10H ~ 17H
1	1	3 区	18H ~ 1FH

FFH
特殊功能寄存器区
80H
7FH
用户RAM区
30H
2FH
位寻址区
20H
1FH
寄存器区
00H

图2-4　内部数据存贮器区

内部 RAM 中 20H ~ 2FH 单元和特殊功能寄存器 SFR 空间中字节地址被 8 整除的单元，构成了布尔处理器的位寻址空间。位地址分配详见附录二。

8051 有 21 个特殊功能寄存器 SFR。表 2-3 列出这些专用寄存器助记标识符、名称和地址。

表 2-3　特殊功能寄存器分布

标　识　符	名　　称	地　　址
* ACC	累加器	E0H
* B	B 寄存器	F0H
* PSW	程序状态字寄存器	D0H
SP	堆栈指针	81H
DPTR	数据指针（由 DPH 和 DPL 组成）	83H 和 82H
* P_0	口 0	80H
* P_1	口 1	90H
* P_2	口 2	A0H
* P_3	口 3	B0H
* IP	中断优先控制器	B8H
* IE	中断允许控制器	A8H
TMOD	定时器方式选择	89H
* TCON	定时器控制	88H
TH_0	定时器 T_0 高 8 位	8CH
TL_0	定时器 T_0 低 8 位	8AH
TH_1	定时器 T_1 高 8 位	8DH
TL_1	定时器 T_1 低 8 位	8BH
* SCON	串行口控制	98H
SBUF	串行数据缓冲器	99H
PCON	电源控制及波特率选择	87H

注：标 * 号的寄存器可按字节和按位寻址，它们的字节地址正好能被 80 整除。

这些寄存器分别用于以下各功能单元：

CPU：ACC、B、PSW、SP、DPTR；

并行口：P_0、P_1、P_2、P_3；

中断系统：IE、IP；

定时/计数器：TMOD、TCON、TL_0、TH_0、TL_1、TH_1；

串行口：SCON、SBUF、PCON。

以下我们介绍程序计数器 PC 和部分特殊功能寄存器，其余在以后各章分述。

1. 程序计数器 PC

PC 在物理结构上是独立的，它是一个 16 位寄存器，用来存放下一条要被执行指令的地址。它不属于特殊功能寄存器。

2. 累加器 ACC

累加器是使用最频繁的专用寄存器，许多指令的操作数取自 ACC，中间结果和最终结果也常存于 ACC 中，在指令系统中 ACC 简记为 A。

3. B 寄存器

在乘、除指令中，用到 B 寄存器。乘法指令的两个操作数分别取自 A 和 B，结果存于 B 和 A 中；除法指令中被除数取自 A，除数取自 B，商存于 A，余数存于 B 中。B 寄存器也可作为一般寄存器使用。

4. 程序状态字寄存器 PSW

它是一个八位寄存器，用于指示指令执行状态，其各位含义如下：

D_7							D_0
C_y	AC	F_0	RS_1	RS_0	OV	–	P

C_y 或 C(PSW.7)：进位标志。如果发生进位或借位时 $C_y=1$，否则 $C_y=0$；在布尔运算中它作为 C 累加器。

AC(PSW.6)：辅助进位标志。当 D_3 向 D_4 有进位或借位时，AC = 1，否则 AC = 0。

F_0(PSW.5)：用户标志。留给用户使用，由用户置位、复位。

RS_1、RS_0(PSW.4、PSW.3)：工作寄存器组选择控制，可以用软件置位、复位该二位，以确定当前所选择的工作寄存器组（详见表 2-2）。

OV：溢出标志。用于补码运算中，当运算结果超出 $-128 \sim +127$ 范围时，OV 置 1，否则 OV 清 0。

P(PSW.0)：奇偶标志。用于表示累加器 A 中 1 的个数的奇偶性。若 A 中有奇数个 1，则 P 置位，否则清除。

5. 堆栈指针 SP

堆栈是在内存中专门开辟出来，并按照“先进后出、后进先出”的原则进行存取的区域，常用来保存断点地址及一些重要信息。堆栈指针 SP 用来指示栈顶的位置。可给 SP 赋予一个初值，以确定堆栈的起始地址。8051 单片机复位后，SP 初值为 07H。当有数据存入堆栈后，SP 的内容便随之发生变化。堆栈有两种类型：向上生长型和向下生长型。向上生长型堆栈，栈底为低地址，每次数据进栈后，SP 的内容自动加 1，随着数据的不断存入，SP 的值越来越大。8051 单片机就属于这一类。向下生长型堆栈则相反，栈底在高地址，栈顶在低地址，每次数据进栈后，SP 的内容自动递减，8096 单片机就属于此类。

6. 数据指针 DPTR

它是 16 位特殊功能寄存器，主要用于存放外部数据存贮器的地址，作间址寄存器用，也可拆成两个独立的 8 位寄存器 DPH 和 DPL，分别占 83H 和 82H 两个地址。

2.2.3 外部数据存贮器

MCS-51 单片机的外部数据存贮器和 I/O 口都在这一寻址空间，地址可达 64k。它的地址和 ROM 是重迭的。8051 从硬件上通过不同的选通信号来选通 ROM 和 RAM，从外部 ROM 取指令用选通信号 $\overline{PSEN}$，而从外部 RAM 读数据用选通信号 $\overline{RD}$。从软件上用不同的指令从 ROM 和 RAM 中读数据，因此二者不会因地址重叠而出现混乱。

2.3 MCS-51 输入/输出端口

MCS-51 单片机有四个 I/O 端口，所有四个端口都是八位准双向口。每个端口包括一个锁存器，即专用寄存器 $P_0 \sim P_3$，一个输出驱动器和输入缓冲器。为了方便，把四个端口和其中的锁存器都笼统地表示为 $P_0 \sim P_3$。片外不扩展存贮器的系统，四个端口的每一位都可以作为准双向 I/O 端口用；片外扩展存贮器的系统，P_2 口作为高八位地址总线，P_0 口分时作为低八位地址总线和数据总线使用，P_3 口的 $\overline{RD}$ 和 $\overline{WR}$ 分别作为外部 RAM 读和写选通信号。

2.3.1 P_0 口

P_0 口 1 位的结构如图 2-5 所示。它由一个输出锁存器、两个三态缓冲器、一个输出驱动电路和一个输出控制电路组成。输出驱动电路由一对 FET（场效应管）组成，其工作状态受输出控制电路的控制。输出控制电路由一个与门、一个反相器和一路模拟开关（MUX）组成。当 P_0 口作为一般 I/O 口使用时，来自 CPU 的控制信号为 0（低电平），一方面，模拟开关把锁存器 $\overline{Q}$ 端和输出级相连，另一方面封锁与门，使输出级成为漏级开路的开漏电路，此时引脚上出现的数据和内部总线的数据一致。在这种情况下，由于上方的场效应管是截止的，因此作一般 I/O 口使用时应加接上拉电阻。当 P_0 口作为地址/数据总线使用时，控制信号为 1（高电平），并且模拟开关与 $\overline{Q}$ 断开，接向地址/数据线，此时引脚输出电平就和地址/数据线的电平一致了。

图 2-5 左边的两个三态缓冲器用于读操作。有两种读操作，即所谓读端口和读引脚。读端口是把端口锁存器内容读到内部总线，经过某种运算和变换后再写回到端口锁存器，属于这类的指令很多，如对端口取反等等。读引脚是真正把引脚上的电平读入内部总线。

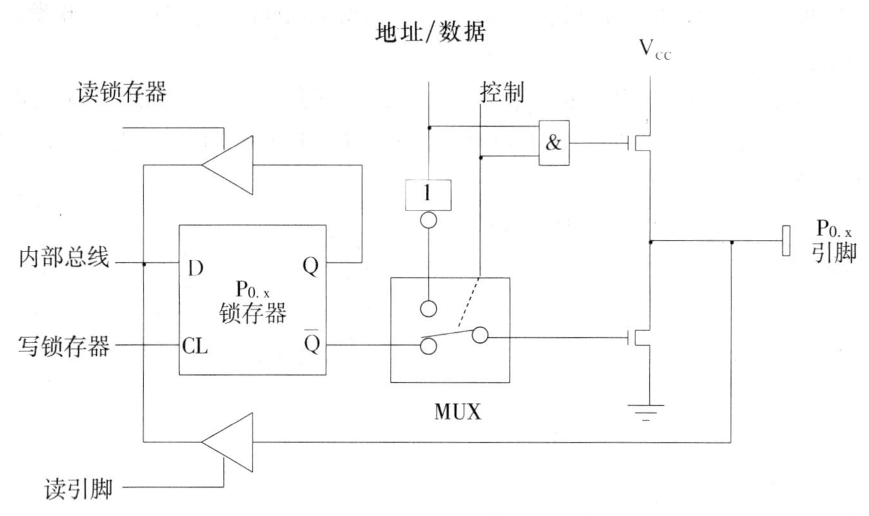

图 2-5 P_0 口的位结构

上面这种三态缓冲器的接法,是为了适应两种不同的读操作。在某些情况下,读端口和读引脚的结果是不同的。例如当端口负载恰好是一个晶体管基极,导通了 PN 结会把端口引脚高电平拉低,若此时读引脚,就会把原输出的"1"误读为"0"。为了避免出错,这种情况下就用读端口代替读引脚。例如逻辑与指令 ANL P_0,A 执行时,CPU 先读 P_0 口锁存器数据,而后与 A 中内容逻辑与,最后将结果写回到 P_0 口锁存器。这种读端口操作也叫"读—改—写"操作。

此外,在数据输入时,如果下方的场效应管原先是导通的,它就会将输入的高电平拉低,产生误读。所以端口在用于数据输入时,要先向锁存器写"1",使场效应管截止,使引脚处于悬浮状态,作高阻抗输入。这就是所谓的准双向口。

2.3.2 P_1 口

P_1 口的位结构如图 2-6 所示,它也是一个准双向口,其输出驱动部分有别于 P_0 口,接有内部上拉电阻。当 P_1 口输出高电平时,能向外提供上拉电流负载。端口用作输入时,事先也必须向锁存器写"1",使 FET 截止。

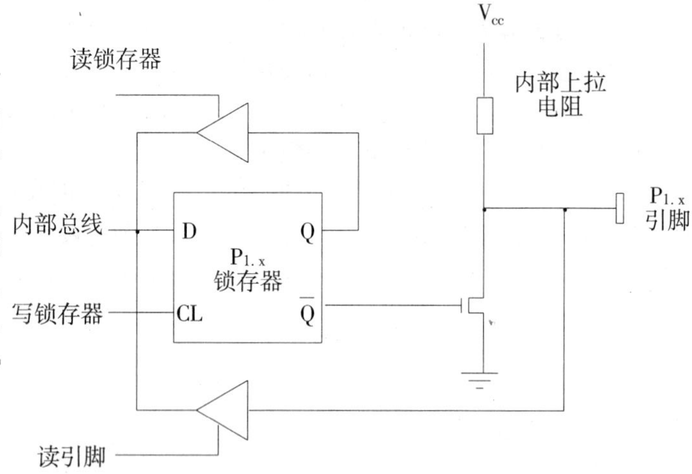

图2-6 P_1口的位结构

2.3.3 P_2 口

P_2 口的位结构如图 2-

7 所示，它比 P_1 口多了一个转换控制部分。当 P_2 口作通用 I/O 口时，多路开关 MUX 倒向锁存器 Q 输出端，构成一个准双向口。当 P_2 口作为高八位地址线时，MUX 和地址线相连，输出口就是地址信号了。一般来说，P_2 口作为高八位地址线时，多余的 I/O 口也不能作为通用的 I/O 口使用。

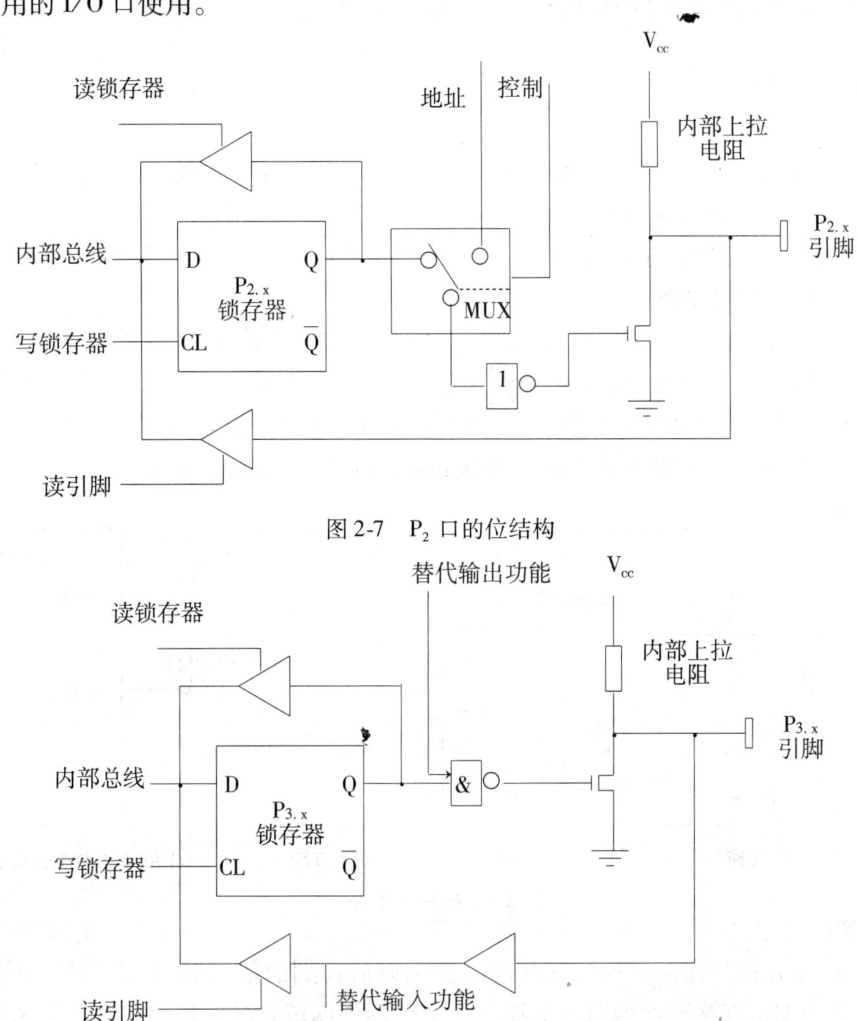

图 2-7　P_2 口的位结构

图2-8　P3口的位结构

2.3.4　P_3 口

P_3 口的位结构如图 2-8，它是多功能端口。当它用作通用 I/O 口使用时，工作原理与 P_1、P_2 口类似，但替代输出功能端应保持高电平，使与非门对锁存器输出端 Q 畅通。

当 P_3 口的各位用作替代的专用功能时，锁存器输出 Q 为 1，打开与非门，使替代输出功能信号从与非门和输出 FET 送至端口引脚；输入时，端口引脚信号通过缓冲器和替代输入功能端到相应的控制电路。

2.3.5　端口负载能力和接口要求

（1）P_0 口的每一位可驱动 8 个 LSTTL 负载。作通用输出时，输出级是开漏电路，只有外接上拉电阻，才有高电平负载输出；作地址/数据总线时，无须外接电阻。

(2) $P_1 \sim P_3$ 口输出级接有内部上拉负载电阻，每位可驱动 3 个 LSTTL 负载。

(3) $P_0 \sim P_3$ 口都是准双向 I/O 口，作输入使用时，必须先在相应的端口锁存器写“1”，使 FET 截止。系统复位时，所有端口锁存器全为“1”。

2.4 CPU 时序

微型计算机的 CPU 实质上就是一个复杂的同步时序电路。CPU 所有的工作，都是在时钟信号控制下进行的，每执行一条指令，CPU 的控制器就要发出一系列特定的控制信号，这些控制信号在时间上的先后次序就是 CPU 的时序。

2.4.1 振荡器和时钟电路

MCS-51 单片机的振荡器是利用片内的高增益反相放大器、片外的晶体振荡器和电容共同组成，如图 2-9(a)所示，振荡频率范围为 1.2MHz ~ 12MHz。当用外部振荡电路产生振荡脉冲时，HMOS 单片机和 CHMOS 单片机外部振荡脉冲的引入方法有一些区别，如图 2-9(b)以及(c)所示。这种方式常用于多块芯片同时工作的情况。

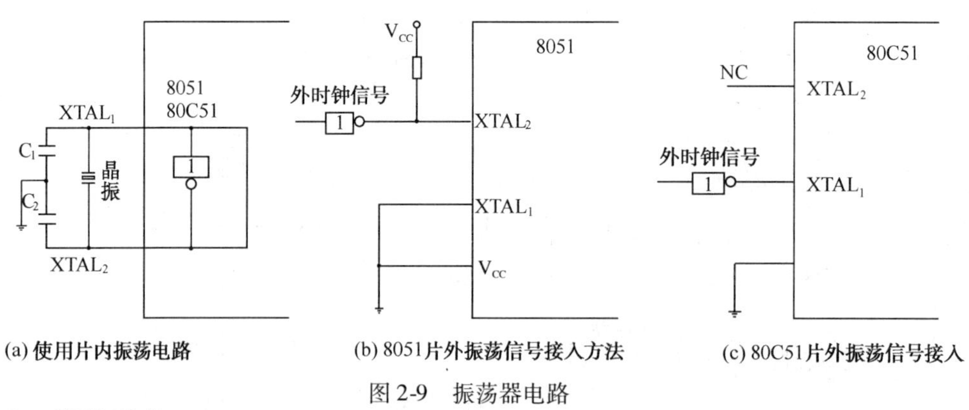

图 2-9　振荡器电路

2.4.2 CPU 时序

MCS-51 单片机的振荡频率经过片内二分频以后得到的信号周期，称为状态周期，也即一个状态周期包括 2 节拍的时钟周期。所谓机器周期就是计算机完成一种基本操作所需的时间。MCS-51 单片机的机器周期由六个状态周期组成，即 $S_1 \sim S_6$，而每个状态又分为两拍，称为 P_1 和 P_2，因此一个机器周期中的 12 个振荡周期常可表示为 S_1P_1、S_1P_2、…、S_6P_1、S_6P_2。若采用 12MHz 的晶体振荡器，则每个机器周期为：$\frac{1}{12 \times 10^6} \times 12 = 1\mu s$；若采用 6MHz 晶体振荡器，则每个机器周期为：$\frac{1}{6 \times 10^6} \times 12 = 2\mu s$。

在 MCS-51 单片机的指令系统中，指令有单字节指令、双字节指令和三字节指令。指令周期是执行一条指令所需的机器周期数。根据指令执行时间的长短，指令周期分别为 1、2 或 4 个机器周期。

用户可以通过观察 $XTAL_2$ 和 ALE 引脚信号，分析 CPU 时序。图 2-10 列举了几种典型指令的取指和执行时序。(a)和(b)分别表示单字节单周期和双字节单周期的时序,不管什么情况,在 S_6P_2 结束时都完成操作。(c)示出单字节双周期指令的时序。在2个机器周期内发生4次读操作码的操作,由于是单字节指令,后3次读操作都无效。(d)示出访问外部数据存贮器的指令 MOVX 的时序,它是一条单字节双周期指令。在第一机器周期 S_5 开始送出片外数据存贮器的地址后进行读/写数据,此期间无 ALE,所以第二周期不产生取指操作。

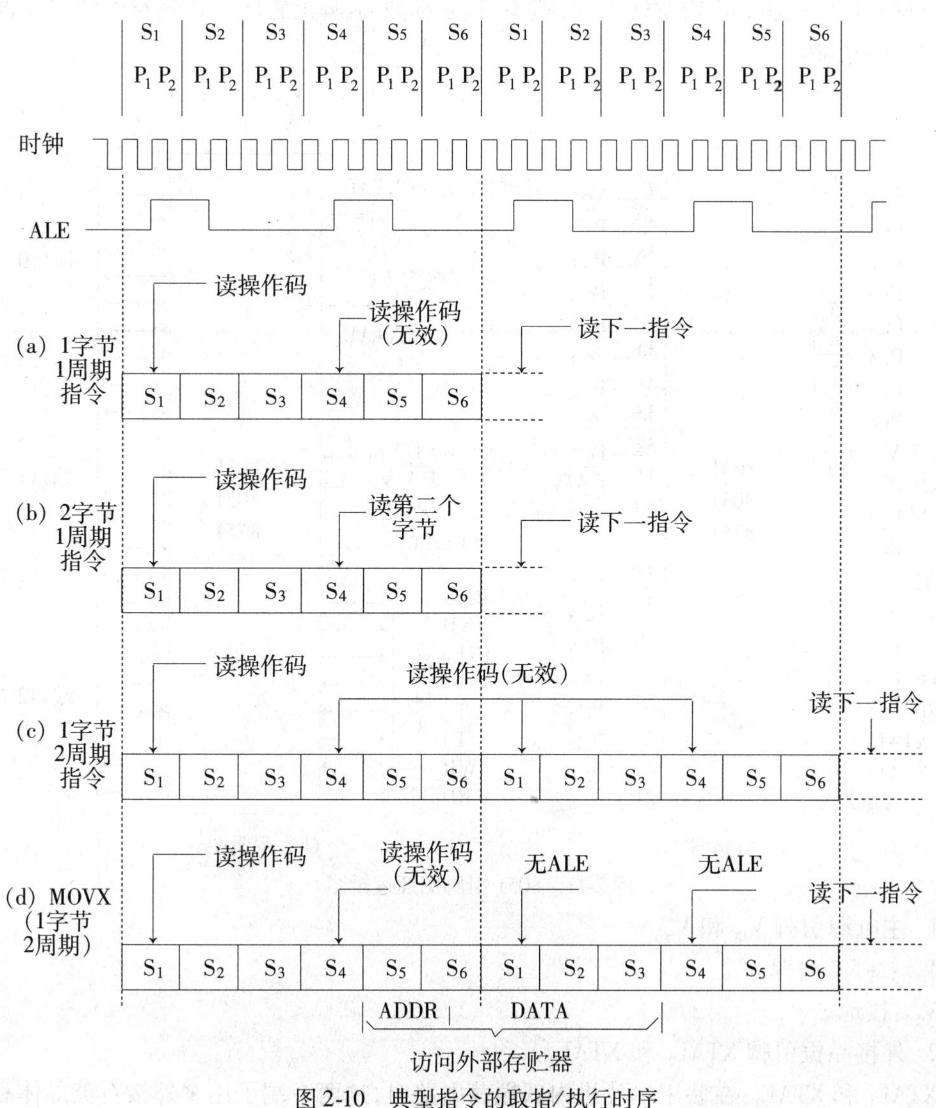

图 2-10 典型指令的取指/执行时序

2.5 MCS-51 单片机引脚及功能

2.5.1 引脚及功能

MCS-51 单片机采用 40 引脚的双列直插封装方式,受引脚数量限制,不少引脚具有第二功能。在 40 条引脚中,有 2 条专用于主电源引脚,2 条外接晶振的引脚,4 条控制线与其他电源复用的引脚,32 条 I/O 引脚,图 2-11 是 8051 引脚配置图和逻辑符号图。下面简要介绍引脚功能。

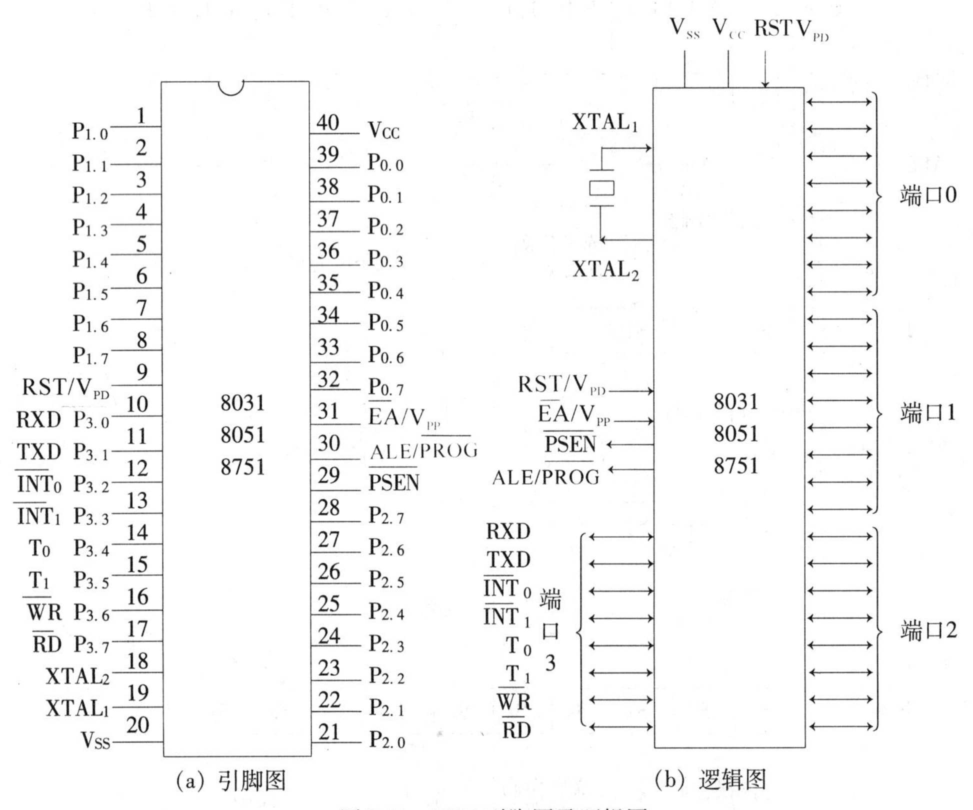

(a) 引脚图 (b) 逻辑图

图 2-11 8051 引脚图及逻辑图

1. 主电源引脚 V_{CC}和 V_{SS}

V_{CC}: +5V 电源。

V_{SS}:接地。

2. 外接晶振引脚 $XTAL_1$ 和 $XTAL_2$

$XTAL_1$ 和 $XTAL_2$:在使用单片机内部振荡电路时,这两个端子用来外接石英晶体和微调电容。在使用外部时钟时,则用来输入时钟脉冲,但对 HMOS 和 CHMOS 芯片接法有所不同,详见图 2-9。

3. 4 个控制信号引脚

RST/V_{PD}:当振荡器运行时,此引脚上出现两个机器周期的高电平将使单片机复位。V_{CC}掉电期间,此引脚可接上备用电源,以保持内部 RAM 的数据。

$ALE/\overline{PROG}$:访问片外存贮器时,ALE 作锁存扩展地址的低位字节的控制信号。在对 8751 片内 EPROM 编程时,此引脚用于输入编程脉冲($\overline{PROG}$)。

$\overline{PSEN}$:在访问片外程序存贮器时,此端输出负脉冲作为程序存贮器读选通信号。

$\overline{EA}/V_{PP}$:当$\overline{EA}=1$ 时,访问内部程序存贮器,但当 PC 值超过 0FFFH 时,将自动转向执行外部程序存贮器内的程序。当$\overline{EA}=0$ 时,只访问外部程序存贮器。

对 EPROM 型单片机,在 EPROM 编程期间,此引脚加入编程电源,如 8751 加入 12V 电源。

4. I/O 引脚

$P_{0.0} \sim P_{0.7}$、$P_{1.0} \sim P_{1.7}$、$P_{2.0} \sim P_{2.7}$和 $P_{3.0} \sim P_{3.7}$。有关内容前面章节已有详细讨论,此处不再赘述。

2.5.2 复位电路及掉电操作

1. 复位

单片机的复位方式有上电复位和按键复位两种。复位电路如图 2-12 所示。当 RST/V_{PD}引脚端保持 2 个机器周期以上的高电平时(实用中常保持 10ms 以上,以保证可靠复位),8051 单片机进入复位状态。复位后片内各寄存器状态如下(×表示不定值):

PC	0000H
ACC	00H
PSW	00H
SP	07H
DPTR	0000H
$P_0 \sim P_3$	FFH
IP	××000000B
IE	0×000000B
TMOD	00H
TCON	00H
TL_0	00H
TH_0	00H
TL_1	00H
TH_1	00H
SCON	00H
SBUF	××××××××B
PCON	0×××0000B(CHMOS)
	0×××××××B(HMOS)

复位不影响 RAM 的内容,当 V_{CC}加电后,RAM 的内容是随机的。

2. 掉电操作和节电方式

HMOS 型 8051 单片机 RST/V_{PD}引脚端,也可作为备用电源保持片内 RAM 数据。掉电保护一般过程是:

(1)掉电时,立刻将系统中重要的信息,集中转移到 8051 片内 RAM 中。

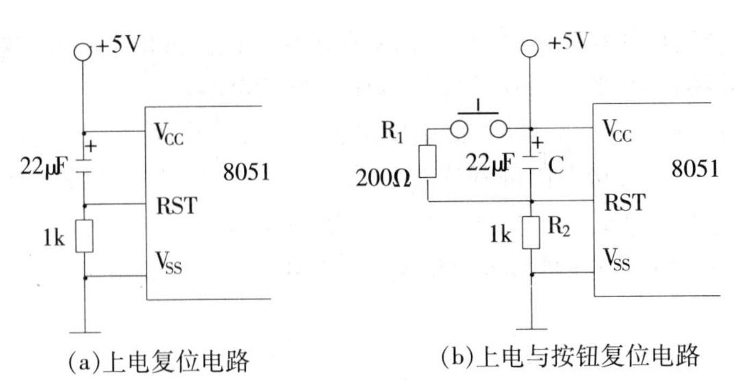

(a)上电复位电路　(b)上电与按钮复位电路

图2-12　复位电路

(2)启动备用电源,维持 8051 片内 RAM 供电保持其存贮的信息。

对于 CHMOS 型 80C51 单片机,还有一种节电运行方式。若在某一段时间内,不需要 CPU 进行工作,则可通过特殊功能寄存器 PCON(电源控制器)中的 PCON.0 位来控制,执行一条使 PCON.0 置 1 的指令即可进入节电方式。在该工作方式下,CPU 暂时不工作,但仍供应中断电路、定时器和串行口,CPU 的状态如 PC、SP、PSW 以及各 I/O 均保持节电前的状态,ALE、PSEN 均进入无效状态。要结束节电状态,一般可加入一个中断申请信号以产生中断,这时 PCON.0 就可被硬件清零,从而结束节电状态,CPU 恢复工作。在中断服务程序中,只需安排一条 RETI 指令,即可回到原来的停止点继续执行程序。

习题与思考题

2-1　MCS-51 系列单片机内部包含哪些逻辑功能部件?

2-2　MCS-51 系列单片机的寻址范围是多少?

2-3　什么叫指令周期、机器周期、时钟周期?在 MCS-51 单片机中,当主频为 6MHz 时,一个机器周期是多少,执行一条最短及最长指令的时间分别是多少?

2-4　描述各个并行 I/O 口的结构特点,以及它们使用时的特点和分工。

2-5　开机复位后,CPU 使用的是哪组工作寄存器?它们的地址是什么?复位后各寄存器的状态如何?

2-6　简述以下专用寄存器的作用:

PC　DPTR　PSW　ACC

2-7　什么叫堆栈?堆栈指示器 SP 的作用是什么?8051 单片机堆栈的最大容量不能超过多少字节?

2-8　8051 的内部数据存贮器可以分为几个不同的区域?各有什么特点?

2-9　什么是 8051 单片机的位寻址区?它由几部分组成?

□第 3 章

MCS-51 指令系统

计算机的指令系统是一套控制计算机操作的编码,称之为机器语言。计算机只能识别和执行机器语言指令。为了便于人们理解、记忆和使用,通常用英文符号来描述计算机的指令系统。这种符号指令表示的计算机语言通常称为汇编语言。这一章我们将讨论 MCS-51 汇编语言指令的功能和使用方法。

3.1 MCS-51 寻址方式

指令通常由两部分组成,即操作码和操作数。操作码就是计算机完成一种什么操作,例如做加法、减法、数据传送等。操作数表示该指令操作的对象,它可以直接是一个数,也可以是一个数所在的地址。所谓寻址方式,就是寻找操作数的方法。在 MCS-51 单片机的指令系统中,共使用了七种寻址方式,下面分别予以介绍。

1. 立即寻址

在这种寻址方式中,指令的操作码后面直接跟的是参加运算的数。这个操作数也称为立即数。

例如指令:MOV A, #10H,这条指令的操作码为 74H,操作数为 10H。该指令的功能是把立即数 10H 传送到 A 累加器中,如图 3-1 所示。在指令中,立即数的标志符为“#”。

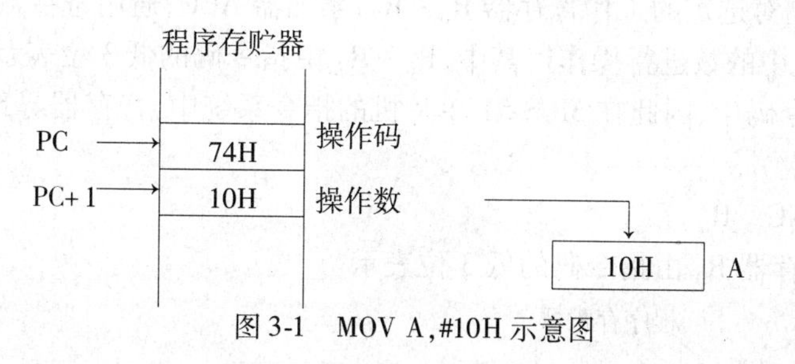

图 3-1 MOV A,#10H 示意图

在 MCS-51 单片机的指令系统中,一般立即数均为 8 位数,仅有一条指令:

MOV DPTR,#data16

为 16 位数据传送指令。

DPTR 是 16 位的数据指针,该指令是将 16 位立即数传送到 DPTR 寄存器中,如图 3-2 所示。立即数的高 8 位送入 DPH,低 8 位送入 DPL。

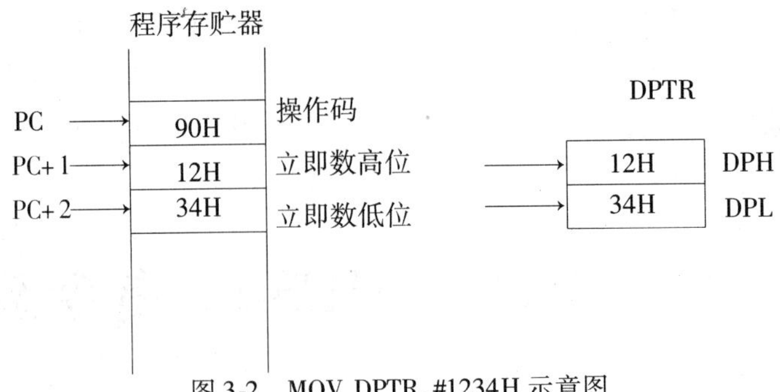

图 3-2 MOV DPTR,#1234H 示意图

2. 直接寻址

在直接寻址方式中,指令操作码后面直接给出了参加运算的操作数的地址。在 MCS-51 单片机中,直接地址只能用来表示特殊功能寄存器、内部数据存贮器以及位地址空间。其中,特殊功能寄存器和位寻址空间只能用直接寻址方式来访问。

例如指令:MOV A,70H

表示 70H 单元中的数传送到 A 累加器中。该指令的机器码为 E5H、70H,如图 3-3 所示。

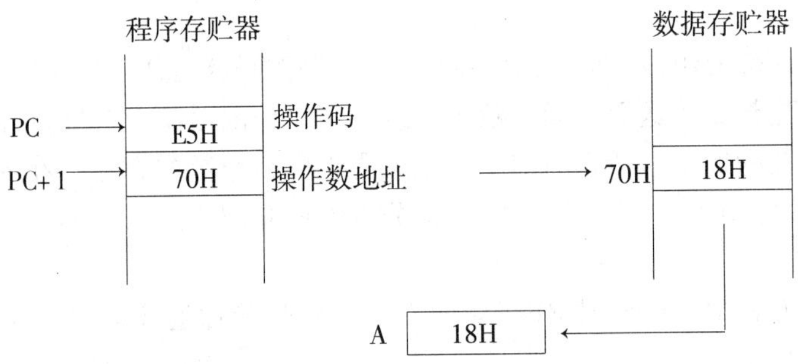

图3-3 MOV A, 70H 示意图

3. 寄存器寻址

寄存器寻址是对选定的工作寄存器 $R_0 \sim R_7$,累加器 ACC,通用寄存器 B,地址寄存器 DPTR 和进位位 C 中的数进行操作。其中,$R_0 \sim R_7$ 由指令码的低 3 位表示,ACC、B、DPTR 及 C 则隐含在指令码中,因此在 MCS-51 单片机的指令系统中,寄存器寻址也包含一种隐含寻址方式。

例如指令: INC R_0

如图 3-4 所示,寄存器 R_0 由指令码的低 3 位表示。

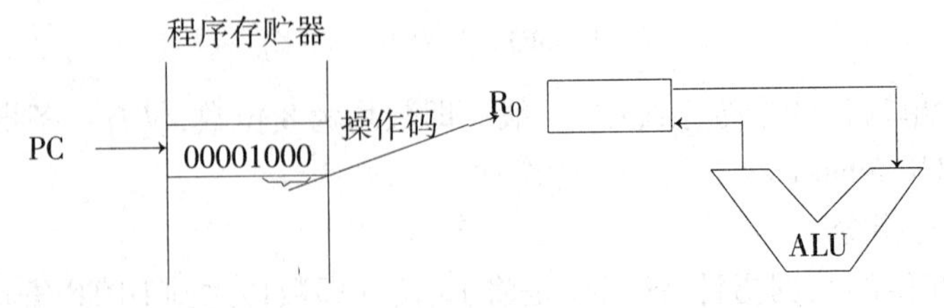

图3-4 INC R_0 示意图

4. 寄存器间接寻址

在寄存器间接寻址方式中，指令中指出的某个寄存器的内容不是操作数本身，而是操作数的地址。在 MCS-51 单片机的指令系统中，可作为寄存器间接寻址的寄存器有工作寄存器 R_0、R_1、堆栈指示器 SP 和数据指针 DPTR。在指令助记符中，间接寻址用符号“@”来表示。

这种寻址方式用于访问内部数据存贮器和外部数据存贮器。当访问片内 RAM 00H ~ FFH 单元以及片外 RAM 00H ~ FFH 单元内容时，可用 R_0 或 R_1 作为间接寻址的地址指针。当访问片外 RAM 地址大于 FFH 单元内容时，可用 DPTR 作为间接寻址的地址指针。在执行 PUSH（压栈）和 POP（出栈）指令时，采用堆栈指针 SP 作寄存器间接寻址。

例如指令：MOV　A，@R_1

表示寄存器 R_1 所指示的单元中的数传送到 A 累加器中。它的机器码为 E7H，操作码中隐含了寄存器 R_1。如图 3-5 所示。（设（R_1）=60H）。

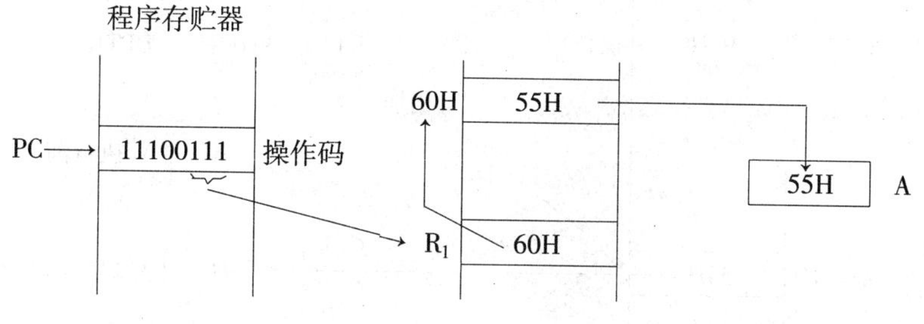

图 3-5　MOV　A，@R_1 示意图

5. 相对寻址

相对寻址是将程序计数器中的当前内容与指令中给出的偏移量 rel 相加，其结果作为跳转指令的转移地址（也称转移目的地址）。其中，程序计数器 PC 的当前内容也称为基地址。转移目的地址可用下式表示：

转移目的地址 = 当前 PC 值 + 偏移量 rel

其中，当前 PC 值 = 转移指令地址 + 转移指令字节数。

例如指令：SJMP　30H

该指令为一条跳转指令，表示以 PC 的当前内容为基地址，加上偏移量 30H 后所得到的结果作为转移的目的地址。其机器码为 80H、30H，其中 30H 为偏移量，如图 3-6 所示。

若转移指令的操作码放在 2000H 单元，偏移量放在 2001H 单元，PC 的当前值为 2002H，2002H 与偏移量 30H 相加后，得到 2032H。偏移量为补码形式，其范围为 －128 ~ ＋127。

6. 变址寻址

在变址寻址中，指令的操作数部分指定 8 位累加器 A 作为变址寄存器，16 位程序计数器 PC 或数据指针 DPTR 作为基寄存器。变址寻址时，变址寄存器的内容与基寄存器中的内容相加，所得到的结果作为操作数地址。

例如指令：MOVC　A，@ A + DPTR

表示累加器 A 与数据指针 DPTR 中的内容相加，其结果作为操作数的地址，取出该地址单元中的数传入累加器 A 中。如图 3-7 所示。设该指令执行前 A 的内容为 18H,从图中可知,该指令执行后 A 的内容为 54H。

7. 位寻址

位寻址是对内部 RAM 位寻址区和特殊功能寄存器中字节地址被 8 整除的单元进行位操作的一种寻址方式。在进行位操作时,以进位位 C 作为位累加器,以上述位寻址区中的位单元作为操作数,进行位变量的传送、修改和逻辑运算等操作。

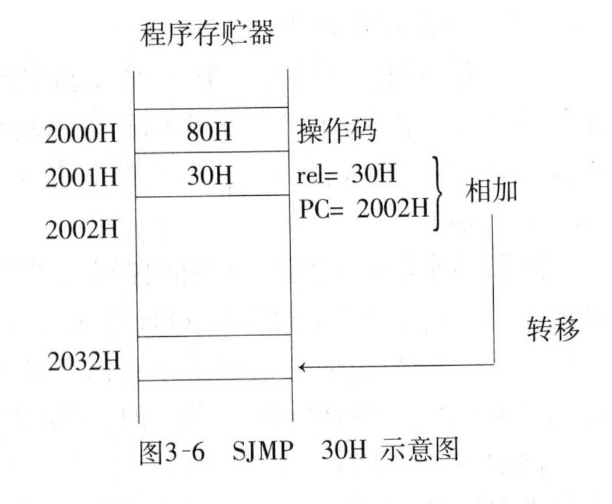

图3-6 SJMP 30H 示意图

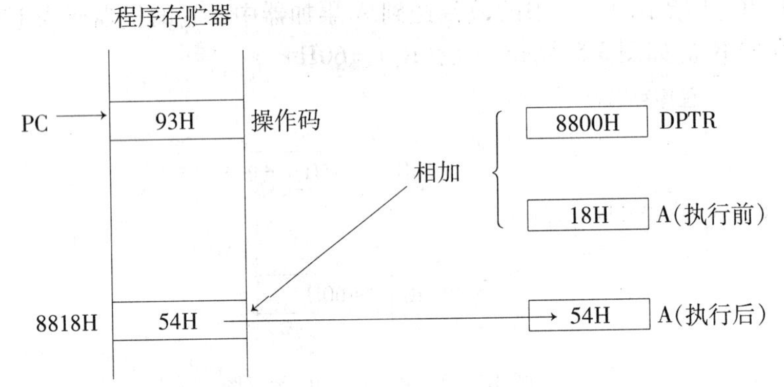

图3-7 MOVC A, @ DPTR + A 示意图

以上介绍了 MCS-51 单片机中所使用的 7 种寻址方式,概括起来,如表 3-1 所示。

表 3-1 MCS-51 寻址方式

寻址方式	寻址空间
立即寻址	程序存贮器
直接寻址	内部 RAM 和特殊功能寄存器
寄存器寻址	工作寄存器 R_0 ~ R_7、A、B、Cy、DPTR
寄存器间接寻址	内部 RAM(@ R_i,SP) 外部 RAM(@ R_i,@ DPTR)
相对寻址	程序存贮器 256 字节范围(PC + 偏移量)
变址寻址	程序存贮器(@ A + PC,@ A + DPTR)
位寻址	内部 RAM 20H ~ 2FH 字节地址、SFR 中字节地址被 8 整除单元

3.2 数据传送指令

在 MCS-51 单片机指令系统中,共使用了 42 类助记符,7 种寻址方式组合,构成了 111 条指令,从本节开始,我们将分别予以介绍。

在以下的指令叙述中,我们采用了如下一些符号:

#data: 表示 8 位立即数。

#data16: 表示 16 位立即数。

direct：表示 8 位直接地址，指内部 RAM 及特殊功能寄存器的直接地址。

R_n：工作寄存器 $R_0 \sim R_7$。

R_i：可作为间接寻址的地址指针 R_0 和 R_1。

(×)：×中的内容。

((×))：由×指出的地址单元的内容。

3.2.1 内部 8 位数据传送指令

这类数据传送指令的指令格式为：

MOV 〈目的字节〉,〈源字节〉

内部 8 位数据传送指令主要用于 MCS-51 单片机内部数据存贮器、寄存器之间的数据传送，共 15 条。它是将源字节中的数传送到目的字节中去。数据传出去之后，源字节中的数据仍然保留，不会因传送而丢失，这就是所谓"取之不尽"的特性，要清除源字节中的数据，必须将它送零，即所谓清零。

1. 以 A 累加器为目的字节的传送指令

这类指令有 4 条，它们是：

$$\text{MOV}\quad \text{A},\ \begin{cases} R_n & ;\ n=0,\cdots,7 \\ \text{direct} & \\ @\,\text{Ri} & ;\ i=0,1 \\ \#\text{data} & \end{cases}$$

上述指令中源操作数分别涉及到寄存器寻址、直接寻址、寄存器间接寻址以及立即寻址。除奇偶标志 P 始终跟踪 A 中数据的奇偶性外，不影响 PSW 中其他标志位。

例 3.1 指出下列指令的不同含义。

(1) MOV A, #20H

(2) MOV A, 20H

(3) MOV A, R_0

(4) MOV A, @ R_0

解：第一条指令是将立即数 20H 传送到 A 累加器中，它完成的操作是 A←20H。

第二条指令是将直接地址 20H 单元中的数传送到 A 中，它完成的操作是 A←(20H)。

第三条指令是将寄存器 R_0 中的数传送到 A 中，它完成的操作是 A←(R_0)。

第四条指令是指以 R_0 中的内容为操作数地址，将该地址单元中的数传送到 A 中。它完成的操作是：A←((R_0))。

2. 以 R_n 为目的字节的传送指令

这类指令共 3 条，它们是：

$$\text{MOV}\quad R_n,\ \begin{cases} \text{A} & \\ \text{direct} & ;\ n=0\sim 7 \\ \#\text{data} & \end{cases}$$

R_n 可以是 $R_0,\cdots,R_7$ 中的任一个。这些指令源操作数有寄存器寻址、直接寻址和立即寻址。

需注意的是:MCS-51 指令系统没有寄存器之间直接传送的指令。

3. 以直接地址为目的字节的传送指令

这类指令有 5 条,它们是:

$$\text{MOV}\quad \text{direct1},\ \left\{\begin{array}{ll} \text{A} & \\ R_n & ;\ n=0\sim7 \\ \text{direct2} & \\ @R_i & ;i=0,1 \\ \#\text{data} & \end{array}\right.$$

这些指令中源操作数有寄存器寻址、直接寻址、寄存器间接寻址和立即寻址等方式。直接地址单元指内部 RAM 00H ~ 7FH 区域,以及特殊功能寄存器。

例如 MOV　P_1, P_2,指令中用特殊功能寄存器名代替直接地址,该指令与 MOV 90H,A0H 等价。其中 90H 为 P_1 的地址,A0H 为 P_2 的地址。

4. 以寄存器间接地址为目的字节的传送指令

这类指令有 3 条,它们是:

$$\text{MOV}\quad @R_i,\ \left\{\begin{array}{ll} \text{A} & \\ \text{direct} & ;\ i=0,1 \\ \#\text{data} & \end{array}\right.$$

这类指令的功能是将源字节中的数传送到 R_0 或 R_1 所指定的单元中去。源操作数有寄存器寻址、直接寻址以及立即寻址方式。

上述几类数据传送指令均不影响 PSW 中标志位。

例 3.2　设(R_6) = 30H,(70H) = 40H,(R_0) = 50H,(50H) = 60H,(R_1) = 66H,(66H) = 45H,执行以下指令后,结果如下:

MOV　A,　R_6　　; A←(R_6), (A) = 30H

MOV　R_7,　70H　　; R_7←(70H),(R_7) = 40H

MOV　70H,　50H　　; 70H←(50H),(70H) = 60H

MOV　40H,　@ R_0　; 40H←((R_0)),(40H) = 60H

MOV　@ R_1,　#88H ; (R_1)←88H,(66H) = 88H

3.2.2　16 位数据传送指令

16 位数传送指令:MOV　DPTR,# data16

指令的功能为:把 16 位立即数送入 DPTR。16 位的数据指针 DPTR 由 DPH 和 DPL 组成,这条指令执行结果是把立即数高 8 位送入 DPH,低 8 位送入 DPL。

16 位数据传送指令在执行时,不影响程序状态标志寄存器 PSW。

3.2.3　外部数据传送指令

外部数据传送指令共有 4 条,它们是:

$$\text{MOVX}\quad \text{A},\ \left\{\begin{array}{ll} @\text{DPTR} & \\ @R_i & ;\ i=0,1 \end{array}\right.$$

$$\text{MOVX}\quad \left.\begin{array}{l} @\text{DPTR} \\ @R_i \end{array}\right\},\ \text{A}\quad ;\ i=0,1$$

外部数据传送指令主要用于与外部存贮器之间的数据传送。当外部数据存贮器的地址小于256时,可以使用R_0、R_1作为间接寻址的寄存器,当外部数据存贮器的地址大于等于256时,则要用DPTR作为间接寻址的寄存器。

例3.3 把累加器A中的数传到外部数据存贮器2000H单元中去。

```
MOV     DPTR,#2000H    ; DPTR←2000H
MOVX    @DPTR,A        ; (DPTR)←(A)
```

例3.4 把外部数据存贮器2040H单元中的数传送到外部数据存贮器2560H单元中去。

```
MOV     DPTR , #2040H
MOVX    A , @DPTR
MOV     DPTR , #2560H
MOVX    @DPTR , A
```

3.2.4 交换与查表类指令

1. 字节交换指令

$$\text{XCH}\quad \text{A},\ \begin{cases} R_n & ;\ n=0\sim7 \\ \text{direct} & \\ @R_i & ;\ i=0,1 \end{cases}$$

指令的功能是将累加器A的内容与源字节中的内容相互交换。

2. 半字节交换指令

XCHD A, @R_i ; i=0,1

该指令是将A的低四位和R_0或R_1指出的内部RAM单元中的低四位交换,它们的高四位均不变。

3. 累加器A中高四位和低四位交换

SWAP A

该指令所执行的操作是$(A_{3\sim0})\rightleftharpoons(A_{7\sim4})$。

例3.5 设(A)=80H,(R_7)=08H,执行指令

XCH A, R_7 ; (A)↔(R_7)

结果:(A)=08H,(R_7)=80H。

例3.6 设(A)=15H,(R_0)=30H,(30H)=34H,执行指令

XCHD A, @R_0

结果:(A)=14H,(30H)=35H。

例3.7 设内部数据存贮器2AH、2BH单元中连续存放有四个BCD码数符,试编一程序把这四个BCD码数符倒序排列,即

a_3 a_2	a_1 a_0	→	a_0 a_1	a_2 a_3
2AH	2BH		2AH	2BH

程序如下:

```
MOV     R0, #2AH
MOV     A, @R0
```

```
SWAP    A
MOV     @R0,A           ; (2AH) = a2a3
MOV     R1, #2BH
MOV     A,@R1
SWAP    A               ; (A) = a0a1
XCH     A,@R0           ; (2AH) = a0a1,(A) = a2a3
MOV     @R1,A           ; (2BH) = a2a3
```

4. 查表指令

$$\text{MOVC}\quad \text{A},\ \begin{cases} @\text{A}+\text{PC} \\ @\text{A}+\text{DPTR} \end{cases}$$

查表指令是一条访问程序存贮器的指令。它以 PC 的当前值或 DPTR 中内容为基地址,以 A 中的内容为偏移地址,两者相加后形成一个 16 位地址,由该地址指出的程序存贮器单元中的内容送到 A 累加器中。查表指令常用于将程序存贮器中的固定表格或常数读入内存。在查表指令中,指令 MOVC A,@A+DPTR 允许数表存放在程序存贮器的任意单元;而指令 MOVC A,@A+PC 只允许数表存放在该指令以下的 256 个单元。

交换与查表指令除 P 标志跟踪 A 中数据的奇偶性外,对 PSW 中其他标志位均无影响。

例 3.8 在外部 ROM 1000H 开始存放了 0~9 的 ASCII 码 30H,31H,…,39H,要求根据 A 中的值(0-9)来查找对应的 ASCII 码。

解:若用 DPTR 作基址寄存器:

```
MOV   DPTR,  #1000H
MOVC  A,     @A+DPTR
```

此时,(A)+(DPTR)就是所查找的 ACSII 码的地址。

若用 PC 作基址寄存器,则应在 MOVC 指令之前先用一条加法指令进行地址调整:

```
ADD     A,#data
MOVC    A,@A+PC
```

其中#data 要根据 MOVC 指令所在的地址进行调整。设该指令所在地址为 0FF0H,则该指令执行完后当前 PC 值为 0FF1H,data = 1000H - 0FF1H = 0FH,因此,指令应为:

```
ADD     A,#0FH
MOVC    A,@A+PC
```

则(A)+(PC)就是所查 ASCII 码的地址。

3.2.5 堆栈操作指令

在 MCS-51 内部 RAM 中,可以设定一个后进先出的堆栈,特殊功能寄存器中的堆栈指针 SP 指向栈顶位置。

堆栈指令共两条,其中:

压栈(进栈)指令:PUSH direct

其功能是将堆栈指针 SP 加 1,然后将源地址单元中的数传送到 SP 所指示的单元中去。

弹出(出栈)指令:POP　direct

其功能是将堆栈指针 SP 所指示的单元中的数弹出,传送到目标地址单元中去,然后 SP 减去 1。

堆栈操作指令执行的结果不影响程序状态字寄存器 PSW。

堆栈操作指令为单字节操作指令。也就是说,16 位的双字节数据压栈或弹出要分两次进行。

例如,数据寄存器 DPTR 中的内容压栈时,要用两条压栈指令来实现:

```
PUSH  DPL
PUSH  DPH
```

弹出时,也要用两条指令来完成:

```
POP  DPH
POP  DPL
```

例 3.9　设(A)=30H,(B)=31H,执行以下各条指令后,堆栈指针及堆栈内容变化。

```
MOV    SP, #3FH     ; (SP)=3FH
PUSH   A            ; (SP)=40H  (40H)=30H
PUSH   B            ; (SP)=41H  (41H)=31H
POP    A            ; (SP)=40H  (A)=31H
POP    B            ; (SP)=3FH  (B)=30H
```

该指令执行后,A、B 内容进行了交换。

数据传送类指令如表 3-2 所示。

表 3-2　数据传送类指令

指令名称	指令助记符		功能	机器周期
八位数据传送指令	MOV A,	R_n	A←(R_n)	1
		direct	A←(direct)	1
		@R_i	A←((R_i))	1
		#data	A←data	1
	MOV R_n,	A	R_n←(A)	1
		direct	R_n←(direct)	2
		#data	R_n←data	1
	MOV direct1,	A	direct1←(A)	1
		R_n	direct1←(R_n)	2
		direct2	direct1←(direct2)	2
		@R_i	direct1←((R_i))	2
		#data	direct1←data	2

续 表

指令名称	指令助记符		功能	机器周期
	MOV @R_i,	A	$(R_i)\leftarrow(A)$	1
		direct	$(R_i)\leftarrow(\text{direct})$	2
		#data	$(R_i)\leftarrow\text{data}$	1
十六位数据传送指令	MOV DPTR,#data 16		DPTR←data 16	2
外部数据传送指令	MOVX A,	@R_i	$A\leftarrow((R_i))$	2
		@DPTR	A←((DPTR))	2
	MOVX @R_i, A		$(R_i)\leftarrow(A)$	2
	MOVX @DPTR, A		(DPTR)←(A)	2
查表指令	MOVC A,	@A+PC	A←((A)+(PC))	2
		@A+DPTR	A←((A)+(DPTR))	2
交换指令	SWAP A		$(A)_{7\sim4}\leftrightarrow(A)_{3\sim0}$	1
	XCHD A, @R_i		$(A)_{3\sim0}\leftrightarrow((R_i))_{3\sim0}$	1
	XCH A,	R_n	$(A)\leftrightarrow(R_n)$	1
		direct	(A)↔(direct)	1
		@R_i	$(A)\leftrightarrow((R_i))$	1
堆栈操作指令	PUSH direct		SP←(SP)+1 (SP)←(direct)	2
	POP direct		direct←((SP)) SP←(SP)-1	2

3.3 算术运算指令

MCS-51 的算术运算指令有加、减、乘、除、加 1 和减 1 指令。

3.3.1 加、减法指令

1. 加法指令

$$\text{ADD}\quad A,\begin{cases}R_n & ;\ n=0\sim7\\ \text{direct} & \\ @R_i & ;\ i=0,1\\ \#\text{data} & \end{cases}$$

$$\text{ADDC}\quad A,\begin{cases}R_n & ;\ n=0\sim7\\ \text{direct} & \\ @R_i & ;\ i=0,1\\ \#\text{data} & \end{cases}$$

助记符 ADD 表示把源操作数的地址所指示的单元中的数与累加器 A 中的数相加,

其结果存放在累加器 A 中。助记符 ADDC 为带进位的加法运算指令，比前者多加一个进位位 C_y，运算结果影响程序状态字寄存器 PSW 的 C_y、OV、AC 和 P。

例 3.10 设(A) = 53H，(R_0) = 0FCH，

执行指令 ADD A，R_0。

结果：(A) = 4FH C_y = 1 AC = 0 OV = 0 P = 1。

例 3.11 设(A) = 85H，(20H) = 0FFH，C_y = 1，

执行指令：ADDC A，20H。

结果：(A) = 85H C_y = 1 AC = 1 OV = 0 P = 1。

2. 减法运算指令

减法运算指令：

$$\text{SUBB} \quad \text{A}, \begin{cases} R_n \\ \text{direct} \\ @R_i \\ \#\text{data} \end{cases}$$

其功能为：从累加器 A 中减去指定的变量和进位标志，结果存放在累加器 A 中。运算结果影响程序状态字寄存器 PSW 的 C_y、OV、AC 和 P。

例 3.12 设(A) = 0C9H，(R_2) = 54H，C_y = 1，

执行指令：SUBB A，R_2。

结果：(A) = 74H C_y = 0 AC = 0 OV = 1 P = 0。

带进位的加法和减法指令主要用于多字节加减法运算。在进行多字节加减法时，最低字节用不带进位的加法运算指令或清除 PSW 中 C_y 之后的减法指令，其他字节需用带进位的加法或减法指令。

例 3.13 将(31H)、(30H)和(41H)、(40H)中两个双字节无符号数相加，结果送 51H、50H。

解：程序如下：

```
MOV   A,  30H
ADD   A,  40H
MOV   50H,  A
MOV   A,  31H
ADDC  A,  41H
MOV   51H,  A
```

3. BCD 码调正指令

DA A

该指令只适用于 BCD 码的加法运算，当两个 BCD 码相加时，则应在加法指令后面紧跟一个 DA A 指令，以对结果进行十进制调正。

指令的具体操作为：

(1)若$(A)_{0\sim3}$大于 9 或半进位标志 AC = 1，则 A←(A) + 06H；

(2)若$(A)_{4\sim7}$大于 9 或 C_y = 1，则 A←(A) + 60H。

例 3.14 设(20H) =97H,(21H) =19H,执行以下指令后(A) =? C_y =?

```
MOV  A, 20H
ADD  A, 21H
DA   A
```

解:这是两个十进制数相加,应对结果进行十进制调正。第二条指令执行后(A) = B0H,C_y =0,半进位标志 AC =1。执行指令 DA A 后,低四位应加 06H,高四位加 60H,故(A) =16,C_y =1。

4. 加 1 减 1 指令

$$\text{INC}\begin{cases}\text{A} & \\ R_n & ;\ n=0\sim7 \\ \text{direct} & \\ @R_i & ;\ i=0,1 \\ \text{DPTR} & \end{cases}$$

$$\text{DEC}\begin{cases}\text{A} & \\ R_n & ;\ n=0\sim7 \\ \text{direct} & \\ @R_i & ;\ i=0,1\end{cases}$$

加 1 减 1 指令表示将目的地址单元中的数加 1 或减 1,其结果仍然存放在原来地址单元中。以上指令除 INC A,DEC A 影响 P 标志外,其他指令对程序状态字寄存器 PSW 没有影响。

3.3.2 乘、除法指令

1. 乘法指令

乘法指令: MUL AB

其功能是将累加器 A 和寄存器 B 中的 8 位无符号整数相乘,其结果的低 8 位存放在累加器 A 中,高 8 位存放在寄存器 B 中,如果积大于 255(0FFH),则溢出标志 OV 置“1”,否则将 OV 清“0”。进位标志总是清“0”。

例 3.15 设(A) =50H(80),(B) =80H(128),

执行指令:MUL AB。

结果为:2800H(10240), (A) =00H, (B) =28H, OV =1, C_y =0。

例 3.16 设被乘数为 16 位无符号数,乘数为 8 位无符号数,被乘数的地址为 M_1 和 M_1+1(M_1 为低位),乘数地址为 M_2,积存放在 R_2、R_3、R_4 三个单元之中。

解:相乘的步骤可示意如下:

$$\begin{array}{rrr} & (M_1+1) & (M_1) \\ \times & & (M_2) \\ \hline & R_3 & R_4 \\ +\ B & A & \\ \hline R_2 & R_3 & R_4 \end{array}$$

程序设计如下:

```
MOV  R0,  #M1   ;设置被乘数地址指针
MOV  A,   @R0   ;取被乘数低八位
```

```
MOV   B,  M2      ; 取乘数
MUL   AB          ; (M1)×(M2)
MOV   R4,  A      ; 存积低八位
MOV   R3,  B      ; 暂存积高八位
INC   R0          ; 指向被乘数高八位地址
MOV   A,  @R0     ; 取高八位
MOV   B,  M2      ; 取乘数
MUL   AB          ; (M1+1)×(M2)
ADD   A,  R3      ; 得(积)15~8
MOV   R3,  A      ; 存入R3
MOV   A,  B
ADDC  A,#0        ;得(积)23~16
MOV   R2,A        ;存入R2
```

2. 除法指令

除法指令：DIV　AB

其功能为把累加器 A 中的 8 位无符号整数除以寄存器 B 中的 8 位无符号整数,所得商的整数部分存放在累加器 A 中,余数存放在寄存器 B 中。

除法指令对程序状态字寄存器 PSW 的影响是溢出位 OV 和进位位 C_y 均被清“0”,若除数为 0,则相除时商不定,溢出标志 OV 置“1”。

例 3.17　设(A)=0FFH(255),(B)=18H(24),

执行指令：DIV　AB

运算结果商为 0AH,余数为 0FH。即

(A)=0AH,(B)=0FH,OV=0,C_y=0

算术运算指令如表 3-3 所示。

表 3-3　算术运算类指令

指令名称	助记符		功　能	对标志位影响				机器周期
				C	AC	OV	P	
加法指令	ADD　A,	R_n	A←(A)+(R_n)	✓	✓	✓	✓	1
		direct	A←(A)+(direct)	✓	✓	✓	✓	1
		@R_i	A←(A)+((R_i))	✓	✓	✓	✓	1
		#data	A←(A)+data	✓	✓	✓	✓	1
带进位加法指令	ADDC　A,	R_n	A←(A)+(R_n)+(C)	✓	✓	✓	✓	1
		direct	A←(A)+(direct)+(C)	✓	✓	✓	✓	1
		@R_i	A←(A)+((R_i))+(C)	✓	✓	✓	✓	1
		#data	A←(A)+data+(C)	✓	✓	✓	✓	1

续 表

指令名称	助记符		功 能	对标志位影响				机器周期
				C	AC	OV	P	
加 1 指令	INC	A	A←(A) +1	-	-	-	✓	1
		R_n	R_n←(R_n) +1	-	-	-	-	1
		direct	R_n←(direct) +1	-	-	-	-	1
		@ R_i	(R_i)←((R_i)) +1	-	-	-	-	1
		DPTR	DPTR←(DPTR) +1	-	-	-	-	2
十进制调正指令	DA A		若(A)$_{3\sim0}$ >9 或 AC =1,则 A←(A) +06H 若(A)$_{7\sim4}$ >9 或 C_y =1 则(A) +60H	✓	✓	-	✓	1
带借位减法指令	SUBB A,	R_n	A←(A) -(R_n) -(C)	✓	✓	✓	✓	1
		direct	A←(A) -(direct) -(C)	✓	✓	✓	✓	1
		@ R_i	A←(A) -((R_i)) -(C)	✓	✓	✓	✓	1
		#data	A←(A) -data -(C)	✓	✓	✓	✓	1
减 1 指令	DEC	A	A←(A) -1	-	-	-	✓	1
		R_n	R_n←(R_n) -1	-	-	-	-	1
		direct	direct←(direct) -1	-	-	-	-	1
		@ R_i	(R_i)←((R_i)) -1	-	-	-	-	1
乘法指令	MUL AB		BA←(A) ×(B)	0	-	✓	✓	4
除法指令	DIV AB		A←(A)/(B) B←余数	0	-	✓	✓	4

注:指令执行后对标志位影响:"✓"表示受指令影响,"-"表示不受影响,"0"表示指令执行后清 0。

3.4 逻辑运算及移位指令

3.4.1 逻辑运算指令

逻辑运算指令共 20 条,包括与、或、异或运算三类,每类有六条指令,此外还有两条对 A 累加器清零和取反指令。执行逻辑运算时,除了 P 标志对 A 累加器有影响外,对 PSW 中其他标志位均无影响。

1. 逻辑与指令

$$\text{ANL}\quad \text{A},\begin{cases}R_n & ;\ n=0\sim7\\ \text{direct} & \\ @R_i & ;\ i=0,1\\ \#\text{data} & \end{cases}$$

$$\text{ANL}\quad \text{direct},\begin{cases}\text{A}\\ \#\text{data}\end{cases}$$

这组指令的功能是将目的字节单元中的数与源字节单元中的数按位相“与”，其结果放在目的字节单元中。

例如：(A)＝10101001，(R_2)＝01100110，执行指令

```
ANL   A, R2
```

后，(A)＝00100000

2. 逻辑或指令

$$\text{ORL}\quad \text{A},\ \begin{cases} R_n & ;\ n=0\sim7 \\ \text{direct} & \\ @R_i & ;\ i=0,1 \\ \#\text{data} & \end{cases}$$

$$\text{ORL}\quad \text{direct},\ \begin{cases} \text{A} \\ \#\text{data} \end{cases}$$

这组指令的功能是将目的字节单元中的数与源字节单元中的数按位相“或”，其结果存放在目的字节单元之中。

例如，将 A 的高四位送 P_1 口的高四位，而 P_1 口的低四位保持不变，可通过以下指令实现：

```
MOV   R1,  A       ; 暂存 A 中内容
ANL   A,   #0F0H   ; 屏蔽 A 的低四位
ANL   P1,  #0FH    ; 屏蔽 P1 的高四位
ORL   P1,  A       ; A 高四位送 P1 口高四位
MOV   A,   R1      ; 恢复 A 的内容
```

3. 异或指令

$$\text{XRL}\quad \text{A},\ \begin{cases} R_n & ;\ n=0\sim7 \\ \text{direct} & \\ @R_i & ;\ i=0,1 \\ \#\text{data} & \end{cases}$$

$$\text{XRL}\quad \text{direct},\ \begin{cases} \text{A} \\ \#\text{data} \end{cases}$$

这组指令的功能是将目的字节单元中的数和源字节单元中的数进行异或运算，结果存放在目的字节单元中。

4. 累加器 A 清零和取反指令

```
CLR   A
CPL   A
```

第一条指令的功能是将 A 中内容清零，即 A←00H。第二条指令的功能是将 A 中内容按位取反，即 A←($\overline{A}$)。这两条指令只影响 P 标志。

逻辑运算指令如表 3-4 所示。

表 3-4　逻辑运算指令

指令名称	助记符		功能	机器周期
逻辑与指令	ANL　A,	R_n	$A \leftarrow (A) \wedge (R_n)$	1
		direct	$A \leftarrow (A) \wedge (\text{direct})$	1
		@ R_i	$A \leftarrow (A) \wedge ((R_i))$	1
		#data	$A \leftarrow (A) \wedge \text{data}$	1
	ANL　direct,	A	$\text{direct} \leftarrow (\text{direct}) \wedge (A)$	1
		#data	$\text{direct} \leftarrow (\text{direct}) \wedge \text{data}$	2
逻辑或指令	ORL　A,	R_n	$A \leftarrow (A) \vee (R_n)$	1
		direct	$A \leftarrow (A) \vee (\text{direct})$	1
		@ R_i	$A \leftarrow (A) \vee ((R_i))$	1
		#data	$A \leftarrow (A) \vee \text{data}$	2
	ORL　direct,	A	$\text{direct} \leftarrow (\text{direct}) \vee (A)$	1
		#data	$\text{direct} \leftarrow (\text{direct}) \vee \text{data}$	1
异或指令	XRL　A,	R_n	$A \leftarrow (A) \oplus (R_n)$	1
		direct	$A \leftarrow (A) \oplus (\text{direct})$	1
		@ R_i	$A \leftarrow (A) \oplus ((R_i))$	1
		#data	$A \leftarrow (A) \oplus \text{data}$	1
	XRL　direct,	A	$\text{direct} \leftarrow (\text{direct}) \oplus (A)$	1
		#data	$\text{direct} \leftarrow (\text{direct}) \oplus \text{data}$	1
A 清零指令	CLR　A		$A \leftarrow 00H$	1
A 取反指令	CPL　A		$A \leftarrow \overline{(A)}$	1

3.4.2　循环移位指令

循环移位指令包括带进位位 C 和不带进位位 C 的循环移位，如表 3-5 所示。其功能是将累加器 A 中的数循环左移一位或循环右移一位。对于带进位位 C 的循环移位，C 的状态由移入的数位决定，其他状态标志不变，对于不带进位的循环移位，不影响状态标志。

表 3-5　循环移位类指令表

指令名称	助记符	功能	对标志位影响				机器周期
			C	AC	OV	P	
循环左移	RL　A	$A_7 \leftarrow \cdots \leftarrow A_1 \leftarrow A_0$（$A_7$ 移入 A_0）	–	–	–	–	1
带进位循环左移	RLC　A	$C \leftarrow A_7 \leftarrow \cdots \leftarrow A_1 \leftarrow A_0$（C 移入 A_0）	✓	–	–	✓	1

续 表

指令名称	助记符	功　　能	对标志位影响				机器周期
			C	AC	OV	P	
循环右移	RR　A	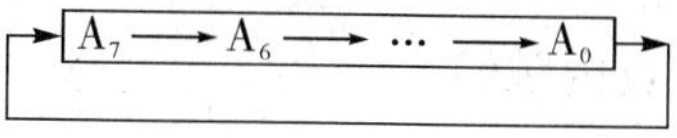 $A_7 \rightarrow A_6 \rightarrow \cdots \rightarrow A_0$（$A_0$ 回送 A_7）	–	–	–	–	1
带进位循环右移	RRC　A	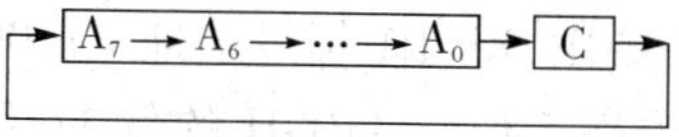 $A_7 \rightarrow A_6 \rightarrow \cdots \rightarrow A_0 \rightarrow C$（C 回送 A_7）	✓	–	–	✓	1

3.5　控制转移指令

转移指令分为无条件转移指令和条件转移指令，其功能是无条件或根据条件把程序转到目的地址所指示的单元中去。

3.5.1　无条件转移指令

无条件转移指令有四条：

1. 长转移指令：LJMP　addr16

长转移指令也称 16 位地址的无条件转移指令，指令操作数域给出 16 位转移地址，寻址范围为 0000H ~ FFFFH。指令的执行结果是将 16 位目的地址送程序计数器 PC。该指令为三字节指令，即操作码、16 位地址高 8 位、16 位地址低 8 位。

例 3.18　MAIN：LJMP　MAI

若标号 MAIN 地址 = 1000H，标号 MAI 地址 = 2000H，则指令执行后（PC）= 2000H，程序从 2000H 开始执行。

2. 绝对转移指令 AJMP　addr11

绝对转移指令也称为 11 位地址的无条件转移指令。与长转移指令的区别在于指令操作数域给出的是 11 位转移地址。该指令为一条双字节指令，指令执行后，首先是 PC 的内容加 2，然后由当前 PC 的高 5 位和指令中的 11 位偏移地址构成 16 位转移地址。该指令要求转移的目的地址的高 5 位和该指令执行后当前的 PC 值高 5 位要相同，因此寻址范围为 00000000000 ~ 11111111111，即可转移的范围为 2k 区域。转移可以向前也可以向后。指令码如下：

$a_{10}a_9a_8$00001
$a_7a_6\cdots\cdots a_0$

其中 00001 为操作码，$a_0 \sim a_{10}$为目的地址的低 11 位。

该跳转指令要求转移目的地址和当前的 PC 值在同一 2k 区域内。若把 64k 程序存贮器每 2k 分为一页，则 64k 空间共有 32 页，同一页地址分配如下：

0000H ~ 07FFH

0800H ~ 0FFFH

1000H ~ 17FFH

…

…

F000H ~ F7FFH

F800H ~ FFFFH

因此,AJMP 要求在同一页内跳转。

例 3.19 KWR:AJMP KWR1

如果 KWR 标号地址 =1030H,KWR1 标号地址 =1100H,该指令执行后(PC)首先加2变为 1032H,然后由 1032H 的高 5 位和 1100H 的低 11 位拼装成新的 PC 值,即(PC) = 0001000100000000,程序从 1100H 开始执行。

3. 相对转移指令 SJMP rel

这是一条双字节指令。偏移量 rel 是 8 位带符号的二进制补码,它所表示的范围为 -128 ~ +127。该指令执行后,程序转移到当前 PC 值与 rel 之和所指示的单元,即 PC←(PC) + rel。指令码如下:

10000000
rel

其中第一个字节为操作码,rel 为偏移量。

```
例如:here:   SJMP   here
或            SJMP   $
```

其机器码为 80 FE。

4. 间接寻址的无条件转移指令

JMP @A + DPTR

其功能为把累加器中 8 位无符号数与数据指针 DPTR 中的 16 位数相加,结果作为转移地址送程序计数器 PC,即 PC←(A) + (DPTR)。这条指令亦称为散转指令,即可根据 A 中的不同内容实现多分支转移。

3.5.2 条件转移指令

1. 累加器 A 判零指令

JZ rel 表示累加器(A) =0 时转移,即 PC←(PC) +2 + rel,否则程序顺序执行。

JNZ rel 表示累加器(A) ≠0 时转移,否则程序顺序执行。

例 3.20 将外部 RAM 中起始地址为 1000H 的数据传送到内部 RAM 起始地址为 20H 的单元中,遇到数字 0 则停止传送。

解:该程序结束的条件是传送到数字 0 时停止传送。程序设计如下:

```
        MOV   DPTR,#1000H    ; 设置外部 RAM 地址指针
        MOV   R0,#20H        ; 设置内部 RAM 地址指针
LOOP:   MOVX  A,@DPTR
HERE:   JZ    HERE           ; (A) =0 则终止
        MOV   @R0,A          ; (A)≠0 传送到内部 RAM
```

```
    INC   R0              ；修改内部 RAM 地址指针
    INC   DPTR            ；修改外部 RAM 地址指针
    SJMP  LOOP            ；继续重复执行
```

2. 判 C 标志指令

JC rel 表示有进位或借位(即 $C_y=1$)时转移。

JNC rel 表示无进位或借位(即 $C_y=0$)时转移。

3. 位转移指令

位转移指令共三条。指令功能如下：

JB bit, rel 表示 bit 所指示的位等于 1 时转移,即 PC←(PC)+3+rel,否则 PC←(PC)+3,程序顺序执行。

JNB bit, rel 表示 bit 所指示的位等于 0 时转移。

JBC bit,rel 表示 bit 所指示的位等于 1 时转移,同时将该位清"零"。

位转移指令都是三字节的相对寻址指令,其中第二字节的 bit 表示位寻址区中某一位地址。

上述转移指令均不影响程序状态字寄存器 PSW 中各位。

4. 比较转移指令

```
CJNE  A,#data, rel
CJNE  A,direct, rel
CJNE  Rn,#data, rel; n=0~7
CJNE  @Ri,#data, rel; i=0,1
```

比较转移指令共有 4 条,都是三字节的相对寻址指令。它们表示两个无符号操作数经比较后不相等时转移。比较指令执行后不影响两个操作数的内容,仅对 C_y 标志产生影响。如果第一操作数小于第二操作数则将进位标志 C_y 置 1,否则将 C_y 清 0。

例 3.21 设内部数据存贮器的 50H 单元和 60H 单元之中各存放有一个 8 位无符号数,找出其中较大者送入 70H 单元。

解: CJNE 指令和 JC 指令配合使用,即可实现两数比较大小。

```
      MOV   A,  50H          ；A←(50H)
      CJNE  A,  60H,  LL     ；(50H)≠(60H)转移
      MOV   70H,  A          ；相等存结果
      SJMP  HH
LL:   JC    MM               ；(50H)<(60H)转移
      MOV   70H,  A          ；(50H)>(60H)存结果
      SJMP  HH
MM:   MOV   70H,  60H        ；存结果
HH:   SJMP  $。
```

5. 减 1 非零转移指令

```
DJNZ  Rn, rel
DJNZ  direct, rel
```

减1非零转移指令共2条，为相对寻址指令，其功能是将R_n或内部RAM单元中的数减1，若结果不为0，则相对转移，否则顺序执行。指令执行结果不影响程序状态字寄存器PSW。

例3.22 将内部RAM从30H单元开始的16个数清零。

解：利用DJNZ指令很容易实现。

```
        MOV   R0,#30H       ；设置地址指针
        MOV   R7,#10H       ；设置数据个数
        CLR   A
LOOP：  MOV   @R0,A         ；内部RAM单元清零
        INC   R0            ；修改地址指针
        DJNZ  R7,LOOP       ；未完继续
        SJMP  $
```

3.5.3 调用和返回指令

调用和返回指令共4条。

1. 绝对调用指令 ACALL addr11

绝对调用指令为11位地址的调用指令，在指令的操作数域给出11位地址。指令的执行过程如下：

$PC \leftarrow (PC)+2$

$SP \leftarrow (SP)+1$，$(SP) \leftarrow (PC_{0\sim7})$

$SP \leftarrow (SP)+1$，$(SP) \leftarrow (PC_{8\sim15})$

$PC_{10\sim0} \leftarrow addr11$

绝对调用指令的范围与AJMP类似，即该指令执行完后的当前PC值和子程序在同一2k范围内，该指令指令码如下：

$a_{10}a_9a_8 10001$
$a_7a_6 \cdots\cdots a_0$

其中10001为操作码，$a_0 \sim a_{10}$为子程序入口地址低11位。

2. 长调用指令 LCALL addr16

长调用指令的执行过程如下：

$PC \leftarrow (PC)+3$

$SP \leftarrow (SP)+1$，$(SP) \leftarrow (PC_{0\sim7})$

$SP \leftarrow (SP)+1$，$(SP) \leftarrow (PC_{8\sim15})$

$PC \leftarrow addr16$

长调用指令可以调用64k程序存贮器中任何一个子程序。

3. 返回指令

子程序返回指令：RET

中断返回指令：RETI

RET的执行过程如下：

$PC_{15\sim8} \leftarrow ((SP))$，$SP \leftarrow (SP)-1$

$PC_{7\sim0} \leftarrow ((SP)), SP \leftarrow (SP)-1$

RETI 的执行过程与 RET 相同。RETI 执行后将清除中断响应时所置位的优先状态触发器,使得已申请的较低级中断申请可以响应。RET 及 RETI 指令应分别放在子程序及中断服务程序的末尾。

4. 空操作 NOP

表 3-6 控制转移类指令

指令名称	助 记 符		功 能	机器周期
无条件转移指令	LJMP addr16		PC←addr16, 64kB 内长转移	2
	AJMP addr11		$PC_{10\sim0}$←addr11,2kB 内绝对转移	2
	SJMP rel		PC←(PC)+rel, -80H~7FH 短转移	2
	JMP @A+DPTR		PC←(DPTR)+(A) 64kB 内相对长转移	2
条件转移指令	JZ rel		IF(A)=0,PC←(PC)+rel	2
	JNZ rel		IF(A)≠0,PC←(PC)+rel	2
	JC rel		IF(C)=1,PC←(PC)+rel	2
	JNC rel		IF(C)=0,PC←(PC)+rel	2
位测试转移指令	JB bit,rel		IF (bit)=1,PC←(PC)+rel	2
	JNB bit,rel		IF (bit)=0,PC←(PC)+rel	2
	JBC bit,rel		IF(bit)=1,PC←(PC)+rel,bit←0	2
比 较 转移指令	CJNE	A,#data,rel	IF(A)≠data,PC←(PC)+rel 若(A)<data,C 置 1,否则置 0	2
		R_n,#data,rel	IF(R_n)≠data,PC←(PC)+rel 若(R_n)<data,C 置 1,否则置 0	2
		@R_i,#data,rel	IF((R_i))≠data,PC←(PC)+rel 若((R_i))<data,C 置 1,否则置 0	2
		A,direct,rel	IF(A)≠(direct),PC←(PC)+rel 若(A)<(direct),C 置 1,否则置 0	2
非零转移指令	DJNZ	R_n,rel	R_n←(R_n)-1, IF(R_n)≠0 则 PC←(PC)+rel	2
		direct,rel	direct←(direct)-1, IF(direct)≠0,PC←(PC)+rel	2
长调用指令	LCALL addr16		PC←(PC)+3,(SP)←(PC) PC← addr16	2
绝对调用指令	ACALL addr11		PC←(PC)+2,(SP)←(PC) $PC_{10\sim0}$←addr11	2
子程序返回指令	RET		PC←((SP))	2
中断返回指令	RETI		PC←((SP)),并消除优先级状态触发器相应位	2
空操作指令	NOP			1

空操作指令的功能是取指令、译码。这条指令只是在时间上消耗一个机器周期的时间,可用于延迟、等待等情况。

上述指令均不影响程序状态字 PSW。

控制转移类指令如表 3-6 所示。

3.6 位操作指令

在 MCS-51 单片机内有一个布尔处理器,它以进位位 C_y 作为 C 累加器,以内部 RAM 中位寻址区以及特殊功能寄存器中位寻址区作为操作数,进行位变量的传送、修改和逻辑操作。

1. 位传送指令

```
MOV   C,bit
MOV   bit,C
```

位传送指令的功能是将源地址位中的数传送到目的地址位中去,其中一个操作数必须为位累加器 C,另一个可以是任何直接寻址的位。

例如将 20H.0 传送到 21H.0,可通过以下指令实现:

```
    MOV   C,00H
    MOV   08H,C
```

2. 位变量修改指令

位清零指令:

$$\text{CLR} \quad \begin{cases} \text{C} \\ \text{bit} \end{cases}$$

位清零指令功能是将 C 累加器或目的地址位清 0。

位置 1 指令:

$$\text{SETB} \quad \begin{cases} \text{C} \\ \text{bit} \end{cases}$$

位置 1 指令的功能是将 C 累加器或目的地址位置 1。

位取反指令:

$$\text{CPL} \quad \begin{cases} \text{C} \\ \text{bit} \end{cases}$$

位取反指令的功能是将 C 累加器或目的地址位取反。

这组指令不影响其他标志位。

3. 位变量逻辑操作指令

位与指令:

$$\text{ANL} \quad \text{C}, \quad \begin{cases} \text{bit} \\ /\text{bit} \end{cases}$$

位与指令的功能是将 C 累加器和源地址中位或该位的反码相与,其结果存放在 C 中。

位或指令:

ORL　C, $\begin{cases}\text{bit}\\ /\text{bit}\end{cases}$

位或指令的功能是将 C 累加器和源地址中位或该位的反码相加,其结果存放在 C 中。

例 3.23　设 X、Y、Z 均代表位地址,试编写 $Z = X\overline{Y} + \overline{X}Y$ 的程序。

解:程序设计如下:

```
MOV   C,X
ANL   C,/Y     ; C←XY̅
MOV   Z,C      ; 暂存
MOV   C,Y
ANL   C,/X     ; C←X̅Y
ORL   C,Z      ; C←XY̅ + X̅Y
MOV   Z,C      ; 存结果
```

利用位逻辑指令,可以对各种组合逻辑电路进行模拟,从而用软件的方法来实现组合逻辑电路的功能。

位操作指令如表 3-7 所示。

表 3-7　位操作指令

指令名称	助记符	功能	机器周期
位传送指令	MOV　C,bit	C← (bit)	1
	MOV　bit,C	bit← (C)	1
位清零指令	CLR　C	C← 0	1
	CLR　bit	bit← 0	1
位取反指令	CPL　C	$C \leftarrow \overline{(C)}$	1
	CPL　bit	$bit \leftarrow \overline{(bit)}$	1
位置 1 指令	SETB　C	C←1	1
	SETB　bit	bit←1	1
位与指令	ANL　C,bit	$C \leftarrow (C) \wedge (bit)$	2
	ANL　C,/bit	$C \leftarrow (C) \wedge \overline{(bit)}$	2
位或指令	ORL　C,bit	$C \leftarrow (C) \vee (bit)$	2
	ORL　C,/bit	$C \leftarrow (C) \vee \overline{(bit)}$	2

习题与思考题

3-1　MCS-51 单片机有哪几种寻址方式?对每种寻址方式各举一例说明。

3-2　试说明下列指令的作用:

MOV　A,#76H

MOV　R_0,A

MOV　@R_0,#75H

MOV　76H,75H

3-3　外部数据传送指令有哪几条？试比较下面每一组中两条指令的区别。

（1）MOVX　A,@R_0

MOVX　A,@DPTR

（2）MOVX　@R_0,A

MOVX　@DPTR,A

（3）MOVX　A,@R_0

MOVX　@R_1,A

3-4　若要完成以下数据传送,应如何实现？

（1）R_2 内容传送到 R_1。

（2）外部 RAM 30H 单元内容送 R_1。

（3）外部 RAM 30H 单元内容送内部 RAM 30H 单元。

（4）内部 RAM 30H 单元内容送外部 RAM 2000H 单元。

（5）ROM 1000H 单元内容送 R_0。

（6）ROM 1000H 单元内容送外部 RAM 20H 单元。

（7）ROM 1000H 单元内容送内部 RAM 20H 单元。

（8）外部 RAM 1000H 单元内容送外部 RAM 2000H 单元。

3-5　试说明下列指令的作用。当第 4 条指令 XCH　A,R_0 执行以后,R_0 中的内容是什么？

MOV　R_0,#72H

XCH　A,R_0

SWAP　A

XCH　A,R_0

3-6　试编一程序将外部数据存贮器 2000H 单元中的数进行高低四位交换。

3-7　设在 2000H 单元中存放有两个 BCD 码数,试编一程序将这两个 BCD 码分别存放到 2000H 和 2001H 单元的低 4 位。

3-8　试说明下列指令的作用。执行每一组的最后一条指令后对 PSW 有什么影响？

（1）MOV　R_0, #72H

MOV　A, R_0

ADD　A, #41H

ADD　A, R_0

（2）MOV　A, #06H

MOV　B, A

MOV　A, #6AH

ADD　A, B

MUL　AB

(3)MOV　A, #20H

MOV　B, A

ADD　A, B

SUBB　A, #10H

DIV　AB

3-9　试编一程序对外部 RAM 2000H 单元中高 4 位置 1,其余位置 0。

3-10　试编一程序对外部 RAM 2000H 单元的第 0 位及第 7 位置 1,其余位取反。

3-11　编写程序,若累加器 A 中内容分别满足以下条件,则程序转至标号为 COMP 的存贮单元。设 A 中为无符号数。

(1)A≥20　　　　(2)A>20

(3)A≤20　　　　(4)A<20

3-12　已知(SP)=25H,(PC)=2345H,(24H)=12H,(25H)=34H,(26H)=56H,问执行 RET 指令后,(SP)=?,(PC)=?

3-13　若(SP)=25H,(PC)=2345H,标号 COMP 所在地址为 3456H,问执行 LCALL COMP 之后,堆栈指针和堆栈内容发生什么变化?

3-14　分析下列程序执行结果;

```
MOV     SP, #30H
MOV     A,#31H
MOV     B,#32H
PUSH    A
PUSH    B
POP     B
POP     A
```

3-15　试编写程序,查找在 30H~50H 单元中是否有 88H 这一数据,若有这一数据,将 F_0 置 1,否则置 0。

3-16　设 X、Y、Z、F 均为位单元,试利用布尔操作指令模拟图 3-8 电路功能。

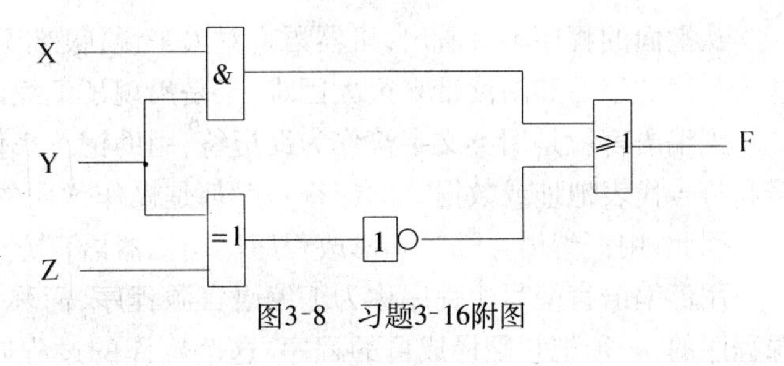

图3-8　习题3-16附图

□第 4 章

汇编语言程序设计

上一章,我们介绍了 MCS-51 单片机的指令系统,这些指令只有有机地排列在一起,构成一段完整的程序,才能起到一定的作用,完成某一特定的任务。本章我们将介绍 MCS-51 单片机的汇编语言及汇编语言程序设计的思想方法。

4.1 汇编语言的基本概念

4.1.1 机器语言、汇编语言和高级语言

在计算机内部,所有的数、字符都是用二进制代码来表示的,指令也是用二进制代码表示。这种用二进制代码来表示的指令系统称为机器语言系统,简称机器语言。有时为了书写简单,机器语言也可以用 16 进制表示。用机器语言编写的程序称为机器语言程序。下面是用机器语言编写的计算 55H +0FH 并将结果送入 50H 单元中去的机器语言程序:

01110100	(74H)	01010101	(55H)
00100100	(24H)	00001111	(0FH)
11110101	(F5H)	01010000	(50H)

从上面的程序不难看出,机器语言对人来说,很难识别和记忆,编写程序时容易出错,这给程序的编写和阅读带来很大困难,于是出现了汇编语言。

汇编语言就是用英文字符作为助记符,用助记符来代表指令的操作码和操作数,用标号和符号代表地址或数据。助记符一般都是操作说明的英文字符缩写,它便于识别和记忆。因此,用汇编语言编写和修改程序比用机器语言方便得多。

用汇编语言编写的程序称为汇编语言源程序,简称源程序。计算机是不能直接识别源程序的,必须把它翻译成目的程序,这个翻译的过程叫做“汇编”。把汇编语言源程序自动翻译成目的程序的程序叫做“汇编程序”。由此可见,从汇编语言源程序到得出目的程序的运行结果需要两个阶段,即汇编和运行阶段,如图 4-1 所示。

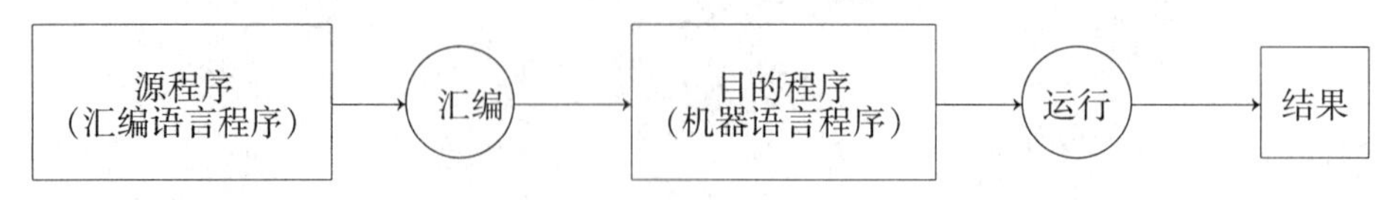

图 4-1 从源程序到运行结果的两个阶段

汇编语言虽然比机器语言前进了一大步,给编程带来了很大的方便。但是,汇编语言

和机器语言一样都离不开具体机器,这两种语言都是面向机器的语言。

高级语言比较接近于自然语言,很容易为人们所掌握。高级语言的一个语句相当于许多条汇编语言的语句或机器语言指令,因此,对于同样的问题,用高级语言编程要比用汇编语言编程简单得多。当然,高级语言也不能直接为机器所识别和执行,也需通过专门的程序翻译成目的程序。现在,世界上已有多种高级语言如:BASIC、PASCAL 等。高级语言不依赖于计算机结构和指令系统,同一种语言在不同的机器上基本上是一致的。用高级语言解题,只关心解题的过程,不关心具体的机器。因此,高级语言是一种面向过程的语言。

既然有了高级语言,汇编语言是不是可有可无呢?其实不然,与高级语言相比,汇编语言有它自己的优点:得到的目的程序比较短,节省内存空间,执行速度快,能准确计算执行时间,适于实时控制。特别是汇编语言具有直接的输入/输出指令,便于自控系统及检测系统中数据的采集与发送,又能准确计算出控制操作的时间。因此,掌握汇编语言有着特殊的重要性。

4.1.2 汇编语言格式

为了使汇编语言程序清晰明了,易读易懂,也为了使汇编程序易于翻译,汇编语言的格式有具体的规定。一般而言,一条汇编语言语句最多有四个域:标号域、操作码域、操作数域及注释部分,其排列顺序如下:

标号: 操作码 操作数 ;注释

在编写程序时,标号、注释并不是所有语句必需的,可以省略。对于无操作数的指令,操作数域也省去。具体格式如下:

```
标号:操作码    操作数          ;注释
例如:LOOP:MOV   DPTR,#2020H    ; DPTR←2020H
```

下面对这四个域进行说明:

(1)标号:标号是一个名字,用来标明指令的地址,它位于指令的开始。标号必须由字母开头,冒号结束,其间可以为字母或数字,但字母数字最多不超过 8 个。另外,在一般的计算机中还规定,不能用保留字(如指令助记符,寄存器名称等)作标号。

(2)操作码:操作码部分是指令或伪指令的助记符,用来表示指令的性质,指明指令的功能。在书写时,无论指令是否有标号,操作码应与上一行的操作码对齐。

(3)操作数:操作数域给出的是参与操作的数据和这些数据的地址,它位于操作码之后,与操作码用空格分开。如果有多个操作数时,操作数之间一般用“,”分开。

对于操作数域中出现的常数,在常数的末尾应当注明其进位制标志。十六进制用“H”表示,二进制用“B”表示,十进制可不注明进位制标志。特别需说明的是,当十六进制以 A、B、C、D、E、F 开头时,其前面必须添一个“0”进行引导说明,如 0AB61H。

(4)注释部分:注释部分是用来对指令或程序段的功能、性质进行说明的部分,仅供人们便于阅读和理解,对机器不起作用。它由分号引导开头,后面可以为任意字符串。

4.2 汇编语言源程序的机器汇编和人工汇编

汇编语言源程序需要通过汇编变成目的程序,才能在计算机上运行。汇编过程可以由计算机执行汇编程序自动进行汇编,也可以通过人工查表的方式用手工进行。机器汇编速度快,不出错,是得到目的程序的主要手段。手工汇编方法可以使我们对程序的存贮情况有一个清楚的了解。为了介绍源程序的汇编方法,我们先来介绍伪指令。

4.2.1 伪指令

伪指令是告诉计算机汇编程序如何进行汇编的指令。它不属于机器指令系统,对于程序本身不起实质性的作用。在进行汇编时,伪指令不直接转换成目的程序代码,而是在把汇编语言源程序翻译成目的程序的过程中起控制作用。下面介绍几种常用的伪指令。

1. ORG(汇编起始命令)

ORG 为程序定位伪指令,规定目的程序的起始地址。

格式:[标号:]　ORG　16 位地址

其中括号内为任选项。ORG 伪指令要求定位从小到大,且不能有重叠。例如:

```
ORG    8000H
MOV  A, #74H
ORG    8009H
MOV  A, #75H
…
```

2. END(汇编结束命令)

END 为汇编语言程序结束标志,它必须在源程序的最后一行。

格式:[标号:]　END

3. DB(字节定义命令)

从指定单元开始定义若干八位二进制数据。

DB 伪指令用于告诉汇编程序把该语句中给出的一个字节或一串字节作为数据,存放在相应的存贮单元中。如果数据为 ASCII 字符,则应放在单引号“‘’”内。

格式:[标号:]DB　8 位二进制数

例如:

```
       ORG  8000H
SEG1:DB   53H,74H,78H,‘1’,‘2’
SEG2:DB   23H
       END
```

则:(8000H)=53H,(8001H)=74H

(8002H)=78H,(8003H)=31H

(8004H)=32H,(8005H)=23H

其中 31H 及 32H 为 1 及 2 的 ASCII 码。

4. DW(字定义命令)

从指定单元开始,定义若干 16 位二进制数据。

格式:[标号:]DW　16 位二进制数

例如:

```
        ORG   8000H
TABA:   DW    7583H,7589H
TABA1:  DW    74H
        END
```

则:(8000H) = 75H　　(8001H) = 83H

(8002H) = 75H　　(8003H) = 89H

(8004H) = 00H　　(8005H) = 74H

5. DS(定义空间命令)

从指定单元开始,定义若干空单元。

格式:[标号:]　DS　字节数

例如:

```
    ORG   8000H
    DS    07H
    MOV   A,  #7AH
    END
```

则 8000H ~ 8006H 7 个字节单元内容为随机数,(8007H) = 74H,(8008H) = 7AH(MOV　A,#7AH 的机器码为 74H、7AH)。

6. EQU(等值命令)

将某一个数或特定的汇编符号赋予一个字符名称。

格式:字符名称　EQU　数或汇编符号

例如:

```
        ORG   8000H
AA      EQU   R6
        MOV   A,  AA
        END
```

等价于:

```
        ORG   8000H
        MOV   A,  R6
        END
```

用 EQU 定义的标号必须先定义后使用。

7. DATA(数据地址赋值命令)

DATA 伪指令是将数据地址或代码地址赋予规定的字符名称。

格式:字符名称　DATA　表达式。

该伪指令常在程序中定义地址。例如:

```
        ORG   8000H
INDEXT  DATA  8096H
        LJMP  INDEXT
        END
```

等价于：

```
ORG   8000H
LJMP  8096H
END
```

DATA 与 EQU 的主要区别是：

（1）用 EQU 伪指令定义的符号必须先定义后使用，而 DATA 伪指令无此限制。

（2）用 EQU 伪指令可以把一个汇编符号赋予一个字符名称，而 DATA 伪指令则不能。

4.2.2 机器汇编

机器汇编是计算机通过执行汇编程序将源程序翻译成目标程序的过程。一般包括源程序的编辑、汇编程序的调用、目标程序的调试等几个过程。

1. 源程序的编辑

将编好的程序用编辑软件编制成汇编语言的源程序。

2. 汇编程序的调用

用编辑软件编好的源程序可以通过调用汇编程序将其翻译成目标程序。这一过程可以发现源程序中的语法错误。如果有语法错误，则再次用编辑软件修改源程序，重新进行汇编，直到汇编通过，没有错误，再进行目标程序的调试。

3. 目标程序的调试

源程序通过汇编虽然能发现语法错误，但如果一个程序有逻辑错误，则需通过目标程序的动态调试来完成。

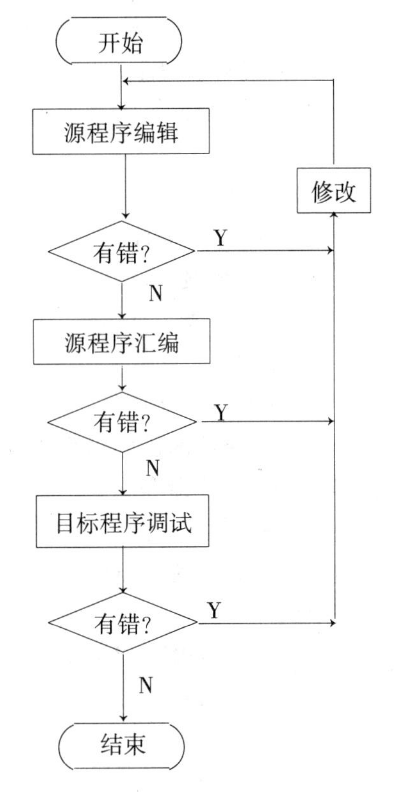

图4-2 机器汇编过程

目标程序的动态调试实际上是调用动态调试软件，对目标程序中的有关寄存器、存贮单元设置初值，然后进行设断点运行、单步运行、全速运行的过程。当发现运行结果与预期结果不一致时，应找出原因，进行修改，直到正确为止。

机器汇编的过程如图 4-2 所示（流程图符号参见图 4-3）。

4.2.3 人工汇编

以上我们介绍了将汇编语言源程序输入计算机进行机器汇编的过程。当条件不具备时，也可以采用人工查指令表将汇编语言源程序翻译成目标程序。人工汇编一般需进行二次汇编过程。

（1）第一次汇编。查出各条指令的机器码，并根据初始地址和每条指令的字节数查出各条指令的起始地址，对于控制转移中偏移地址暂不处理。

（2）第二次汇编。计算控制转移中的实际地址或偏移地址。

例 4.1 将 8031 内部 RAM 30H～3FH 单元置初值 00H～0FH，并将该源程序翻译成

目标程序。

程序设计如下：

```
        ORG   2000H
MAIN:   MOV   R0,#30H
        MOV   R7,#10H
        CLR   A
LOOP:   MOV   @R0,A
        INC   R0
        INC   A
        DJNZ  R7,LOOP
        SJMP  $
```

第一次汇编：

地址	机器码	源程序
2000H	7830	MAIN:MOV R_0,#30H
2002H	7F10	MOV R_7,#10H
2004H	E4	CLR A
2005H	F6	LOOP:MOV @R_0,A
2006H	08	INC R_0
2007H	04	INC A
2008H	DF __	DJNZ R_7,LOOP
200AH	80 ___	SJMP $

第二次汇编是将第一次汇编中尚不能确定的偏移量通过简单计算求得。

第二次汇编：

地址	机器码	源程序
2000H	7830	MAIN:MOV R_0,#30H
2002H	7F10	MOV R_7,#10H
2004H	E4	CLR A
2005H	F6	LOOP:MOV @R_0,A
2006H	08	INC R_0
2007H	04	INC A
2008H	DFFB	DJNZ R_7,LOOP
200AH	80FE	SJMP $

4.3 简单程序设计

为了让计算机计算某一问题或实现某一特定的功能，总要先对问题或功能要求进行分析，确定相应的算法和解决问题的步骤，然后选择相应的指令，并按一定的顺序排列起来，这样就构成了求解某一问题或实现某一功能的程序。通常把这一编制程序的工作称为程序设计。下面主要介绍汇编语言程序设计的思想方法。

4.3.1 流程图

程序设计工作往往很复杂。为了能把复杂的工作条理化、直观化，通常使用的方法是流程图法。所谓流程图法，就是用矩形框、菱形框和半圆弧形框来表示求解某一特定问题或实现某一特定功能的步骤或过程。这些矩形、菱形、半圆弧形框通常用箭头线连接起来，以表示实现这些步骤或过程的顺序，这样的图形称为流程图。流程图中常用的符号和功能如图 4-3 所示。

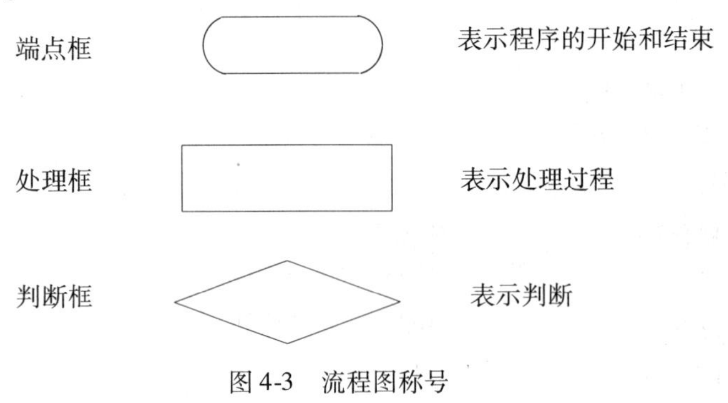

图 4-3 流程图称号

有了流程图以后，就可以按流程图中提供的步骤或过程选择合适的指令，一步一步地编写程序。

4.3.2 直接程序的设计

直接程序是最简单的程序。这种程序没有分支、循环等复杂结构，也不调用子程序，程序设计比较简单，下面通过实例说明。

例 4.2 试编写计算 $y=10x$ 的程序（假定 x 为一非负整数，且 $10x \leqslant 255$）。

程序设计过程可按以下几个步骤进行：

(1) 确定算法或解决问题的步骤。

$y=10x$ 经过数学变换，可改写成如下形式：

$y=10x=8x+2x$

(2) 画出流程图。该程序流程图如图 4-4 所示。

(3) 编写源程序。

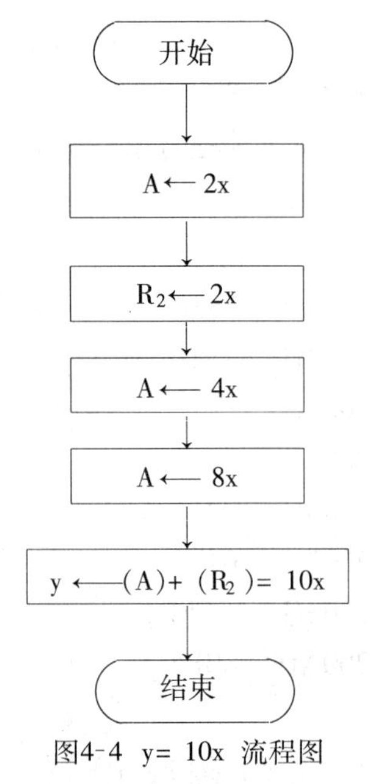

图4-4 y= 10x 流程图

在根据框图编写源程序之前，应对存贮器的使用情况预先有个安排，其中包括常数和自变量的存贮单元、工作单元和控制单元。有些较复杂的问题还有数据缓冲区和暂存区等。对于程序放在程序存贮区的哪个区域也应有个考虑。本例较简单，主要考虑变量 x 及运算结果存放单元，同时使用 R_2 作为中间结果暂存寄存器。程序放在程序存贮器 1000H 开始的单元。程序设计如下：

```
X   DATA   30H
Y   DATA   31H
    ORG    1000H
ST:MOV     A,X
   CLR     C
   RLC     A                 ; 计算 2x
   MOV     R2,A              ; 暂存 R2 中
   CLR     C
   RLC     A                 ; 计算 4x
   CLR     C
   RLC     A                 ; 计算 8x
   ADD     A,R2              ; 计算 10x
   MOV     Y,A               ; 存放结果
   END
```

由于在 MCS-51 单片机指令系统中,设有专门的乘法指令,所以上例也可以用乘法指令实现。

例 4.3 设有两个四位十进制数,分别存放在 23H、22H 单元和 33H、32H 单元中,求它们的和,并送入 43H、42H 单元中去(设低位存放在低字节)。

解:首先确定算法。由于是两个四位十进制数相加,因此,要从低位开始相加,每进行一次加法,需要进行一次十进制调整。流程图如图 4-5 所示。程序从 1000H 单元开始存放。

源程序如下:

```
   ORG    1000H
   MOV    A,22H
   ADD    A,32H          ; 低二位相加
   DA     A              ; BCD 码调整
   MOV    42H,A          ; 存低位结果
   MOV    A,23H
   ADDC   A,33H          ; 高二位相加
   DA     A              ; BCD 码调整
   MOV    43H,A          ; 存高位结果
   END
```

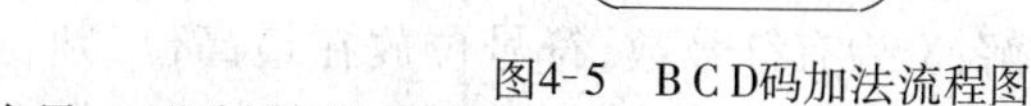

图4-5 B C D码加法流程图

例 4.4 将 30H 单元中的 8 位无符号二进制数转换成三位 BCD 码,并存放在 HIGH(百位)和 LOW(十位、个位)两个单元中。

解:将 8 位无符号二进制数转换成三位十进制数,有二种方法:一是先将原数除以 100,得百位数;再将余数除以 10 得十位数,最后的余数就是个位数。二是连续除以 10,

第一次除以10余数为个位数，再将商除以10可得百位数(商)和十位数(余数)。本程序设计采用第一种方法。

```
HIGH    DATA   41H
LOW     DATA   40H
        ORG    2000H
        MOV    A,30H        ; 取数
        MOV    B,#100
        DIV    AB
        MOV    HIGH,A       ; 百位数送 HIGH
        MOV    A,B
        MOV    B,#10
        DIV    AB           ; 确定十位数
        SWAP   A            ; 十位数移至高四位
        ORL    A,B          ; 与个位数合并
        MOV    LOW,A        ; 十位、个位存入 LOW
        END
```

4.4 分支程序设计

上面我们介绍了直接程序的设计方法。直接程序的特点是，从第一条指令开始执行，按自然的顺序一直执行到最后一条指令，程序中的每一条指令都要执行一次。但是，在许多问题中往往要根据前面处理得到的中间结果来决定后面的处理方法，这种情况在程序中称为"分支"。含有分支的程序就称为"分支程序"。在计算机中，程序的分支是由转移指令实现的，计算机执行到这条指令时，就可以根据当前的结果转到各个不同的程序段处理。

在 MCS-51 单片机的指令系统中，比较指令、测试指令、转移指令等专门用于分支程序的设计。下面通过举例来说明分支程序的设计思想方法。

例 4.5 设变量 X 存放在 40H 单元、变量 Y 存放在 41 单元，试根据下式给 Y 赋值。

$$Y=\begin{cases}1 & X>0\\0 & X=0\\-1 & X<0\end{cases}$$

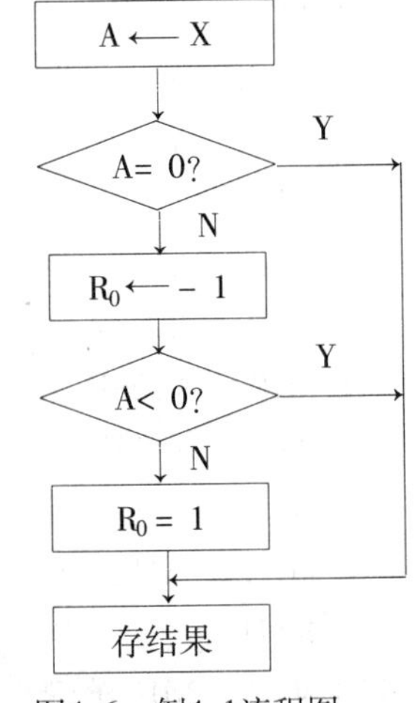

图4-6 例4-1流程图

解：X 为有符号数，符号位放在最高位，判正、负可利用 JB 或 JNB 指令实现。判零可用 CJNE 指令，或放在累加器 A 中用 JZ 指令实现。

流程图如图 4-6 所示。本程序编写特点是采用先赋值，后判断的方法。即先认为 X<0，Y 赋值 -1，若判断后和假设相同，则赋值不变，否则修改赋值。这种方法比先比

较、判断后赋值可减少一个分支。

程序设计如下：

```
X        DATA   40H
Y        DATA   41H
         ORG    1000H
         MOV    A,X             ; 取数
         JZ     RESULT          ; X=0 转移
         MOV    R0,#0FFH        ; 先设 x<0,R0 = -1
         JB     ACC.7,NEG       ; 若 x<0 直接存结果
         MOV    R0,#1           ; x>0 修改 R0 =1
NEG:     MOV    A,R0
RESULT:  MOV    Y,A             ; 存结果
         END
```

例 4.6 多分支程序设计。

设累加器 A 中存放了 5 个键值 00H ~04H,试根据不同的键值转向不同的分支。

解:这是一个在键盘处理中常碰到的实际问题。可以用散转指令 JMP @A+DPTR 来实现。程序设计如下：

```
KEY:        MOV    DPTR,#JMPTAB     ; 建立散转基地址
            CLR    C
            RLC    A                ; 键值 *2
            JMP    @A+DPTR          ; 按键值转
JMPTAB:     AJMP   PROM0
            AJMP   PROM1
            AJMP   PROM2
            AJMP   PROM3
            AJMP   PROM4
```

以上设计中由于用 AJMP 指令,该指令为 2 字节指令,所以键值 *2,这样分支最多可达 128 个,但分支入口必须和其相应的 AJMP 指令在同一 2k 区域内。若改用 LJMP 指令,则分支入口可按排在 64kB 范围内,但程序应作相应修改。

4.5 循环程序设计

4.5.1 循环程序的导出

在实际应用中,往往要多次反复地执行某种相同的操作,例如计算 $y = \sum_{i=1}^{n} x_i$。如果直接按这个公式编制程序,当 n=10 时,需编写连续 9 次加法。这样程序太长,当 n 可变时,将无法编制出直接程序。遇到这种情况,可以采用循环结构的程序,以达到反复使用同一段程序的目的。循环程序结构如图 4-7 所示。

循环程序结构包括四个部分。

1. 置循环初值

在进入循环之前,要对循环中需要使用的寄存器和存贮器赋予规定的初值。例如,将某寄存器清零,置地址指针、规定循环结束条件等,通常用循环次数作为结束条件,即循环到达规定的次数不再循环。

2. 循环体部分

循环体就是指需要重复执行的程序段,也是循环结构的主要部分。

3. 修改部分

凡执行一次循环,就要对有关值进行修改,如地址指针、控制循环次数的计数器等。

4. 判断部分

判断部分也称控制部分,即每循环一次,检查一次循环结束条件是否满足,若条件满足就停止循环。如果条件尚未满足,就要返回循环体,继续执行循环体程序。一般可以用条件转移指令来实现这种控制。

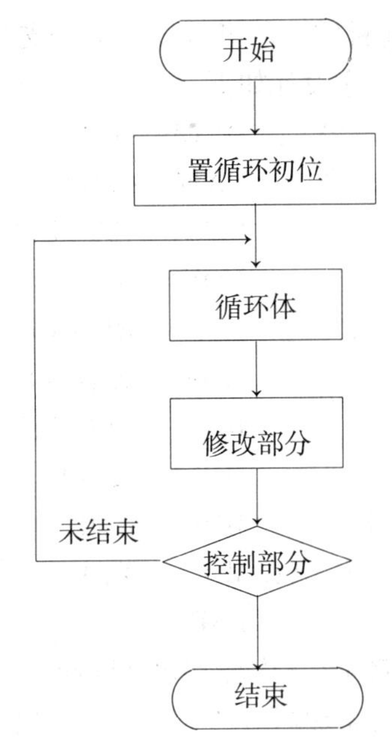

图 4-7　循环程序的结构

从图 4-7 可见,在上述循环程序的结构中,如果循环体中不再包括循环程序,那么这样的循环程序就称为单重循环程序;如果在循环体中还包含有循环程序,这种现象称为循环的嵌套,这样的循环程序就称为多重循环程序。在多重循环程序中,允许循环的嵌套或并列,但不允许循环的交叉;允许从循环体内"跳出"循环体外,但不允许从循环体外"跳入"到循环体内。

4.5.2　循环程序举例

例 4.7　计算 n 个数 $x_1, x_2, \cdots, x_n$ 之和。

解:计算 n 个数之和,可用数学式表示为

$$y = \sum_{i=1}^{n} x_i$$

如果直接按这个公式编制程序,则需编写连续的 $n-1$ 次加法,但如果将此公式修改为:

$$\begin{cases} y_1 = 0 & (i = 1) \\ y_{i+1} = y_i + x_i & (1 \leqslant i \leqslant n) \end{cases}$$

当 $i = n$ 时,y_{i+1} 即为所求 n 个数之和 y。

根据这个公式,画出流程图如图 4-8 所示。

设 x_i 均为单字节数,并按 i 顺序存放在 30H 单元开始的内部 RAM 中,n 存放在 R_2 中,其和存放在 R_3、R_4 中(假设和为双字节),则可编制出程序如下:

```
        MOV   R3,#0          ; 和存放单元清零
        MOV   R4,#0
```

```
         MOV   R0,#30H      ; 设置地址指针
         MOV   R2,#n
LOOP:    MOV   A,R4         ; 计算 n 个数之和
         ADD   A,@R0
         MOV   R4,A
         CLR   A
         ADDC  A,R3
         MOV   R3,A
         INC   R0           ; 修改地址指针
         DJNZ  R2,LOOP      ; 循环终止控制
         END
```

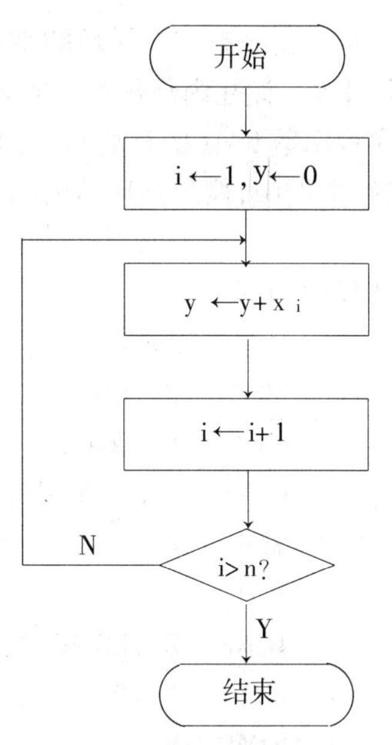

图4-8 求 $y=\sum_{i=1}^{n} x_i$ 程度流程图

例 4.8 从 30H 单元开始存放一个无符号数数据块,其长度为 20H,试求出该数据块中的最大数,并存入 MAX 单元。

解:这是一个基本的搜索问题。寻找最大值的最基本方法是比较和交换依次进行的方法。在本例中,我们选 0 作为第一次比较基准值。先取第一个数和基准值比较,若小于基准值,则不交换,即基准值不变;若大于基准值,则交换,即基准值为较大数,然后用同样方法取第二个数进行比较。比较结束时,基准数即为所搜索到的最大值。

程序设计如下:

```
MAX      DATA  20H
         CLR   A            ; 初始基准值为 0
         MOV   R2,#20H      ; 设置比较个数
         MOV   R1,#30H      ; 设置数据块地址指针
LOOP:    CLR   C
         SUBB  A,@R1        ; 与基准值比较
         JNC   NEXT         ; A≥((R1)),转移
         MOV   A,@R1        ; A<((R1)),交换
         SJMP  NEXT1
NEXT:    ADD   A,@R1        ; 恢复 A
NEXT1:   INC   R1           ; 修改地址指针
         DJNZ  R2,LOOP      ; 循环终止控制
         MOV   MAX,A
         END
```

以上两例,我们均用 R_2 寄存器作为循环控制变量,用以控制循环次数。这种用计数方法控制循环终止的方法只适用于循环次数已知的情况。对于循环次数未知的问题,不能用循环次数来控制。例如在近似计算中,一般用误差小于终定值这一条件来控制循环体的结束。对于这类问题,往往需要根据某种条件来判断是否应该终止循环。这时可以

用条件转移指令来控制循环的结束。下面举一个例子来说明这种循环程序的设计方法。

例 4.9 设在内部数据存贮器中存放有 100 个字节数据,其起始地址为 M。试编写一程序找出数 0AH 的存放地址,并送入 N 单元。若 0AH 不存在,则将 N 单元清零。

解:本例中,控制循环结束的条件是 A 是否找到,因此循环次数是不确定的,但小于等于 100。

源程序如下:

```
        ORG     2040H
        MOV     R0,#M
        MOV     R1,#64H
LOOP:   CJNE    @R0,#0AH,L1
        SJMP    L2
L1:     INC     R0
        DJNZ    R1,LOOP
        MOV     N,#0
        SJMP    L3
L2:     MOV     N,R0
L3:     END
```

下面举一个多重循环的例子。

例 4.10 采用软件延时方法编写 5ms 延时程序。

解:延时程序取决于 MCS-51 指令的执行时间。当采用 6MHz 晶振时,一个机器周期为 2μs,执行一条 DJNZ 指令需 2 个机器周期,即 4μs 时间,可采用双重循环程序实现:

```
DELAY:MOV   R6,#5
DEL1: MOV   R7,#250
DEL2: DJNZ  R7,DEL2
      DJNZ  R6,DEL1
```

延时时间≈4μs * 250 × 5 = 5(ms)。如考虑其他指令的执行时间,该段程序的延时时间约为 5.03ms。若需要延时更多时间,可采用更多的多重循环实现。

4.6 子程序设计

4.6.1 子程序的概念

在一个程序中,往往有许多地方需要执行同样的一种操作,但又不能用循环程序来实现。这时我们可以把这个操作单独编制成一个独立的程序段,这个独立的程序段称为子程序。

有了子程序之后,在编制其他程序时,就可以使用该子程序。当子程序执行完后,再回到原来的程序执行。这个使用子程序的程序称为主程序或调用程序。使用子程序的过程称为子程序的调用,由子程序调用指令来实现。子程序执行完后,返回到原来程序的过程称为子程序的返回,由子程序返回指令来实现。子程序本身并不是什么特殊的程序,它的设计方法和前面介绍的方法相同。一段程序被称为子程序,主要由这段程序与其他程序之间的关系而定。这就是程序之间的调用和被调用的关系。图 4-9 表示了主程序和子程序的关系。

从图 4-9 可以看出,主程序和子程序由调用和返回指令确定它们的调用和被调用的关系,其中还涉及到两个地址 SR 和 MR。SR 是子程序的运行首地址,一般称它为“子程序入口地址”,它包含在 LCALL 及 ACALL 的指令码中。MR 称为“返回地址”,它在调用子程序时被保存在堆栈中,当执行子程序返回指令 RET 时,从堆栈弹出,送给程序计数器 PC。

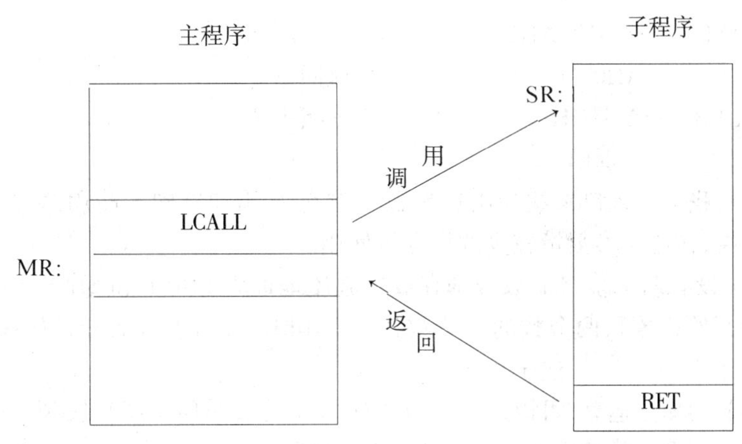

图4-9 主程序和子程序的关系

另外,在子程序执行过程中,还可能发生子程序再次调用子程序的情况。这种子程序调用子程序的现象,称为子程序的嵌套。在子程序嵌套中,应处理好子程序的调用和返回的关系,处理好有关信息的保护和交换工作,否则容易造成混乱。

4.6.2 子程序的设计

子程序是具有某种功能的独立程序段。从结构上讲,它与一般程序无多大区别,唯一的区别是在子程序的末尾有一条子程序返回指令。为了能正确地调用子程序,子程序执行完返回到主程序后又能正确地工作,在编写子程序时,需特别注意参数的传递问题。

在调用子程序时,主程序应先把有关参数(常称为入口参数)放到某些约定的位置,如寄存器、A 累加器或堆栈等,子程序在运行时,从约定的位置得到有关参数。同样,子程序在运行结束前,也应把运行结果(常称为出口参数)送到约定位置,在返回主程序后,主程序可以从这些地方得到所需的结果,这就是所谓的参数传递。

除参数传递外,保护现场和恢复现场也是编写子程序时常需注意的问题。

下面我们通过一些例子来说明子程序的设计和调用。

例 4.11 有两个 ASCII 字符存放在内部 RAM AS1 及 AS2 单元,试将它们转换成十六进制数,并回存到原单元之中。

解:ASCII 字符 0 ~ 9 的编码为 30H ~ 39H, A ~ F 的编码为 41H ~ 46H。由于有两个 ASCII 字符需转换,故采用子程序设计方法。程序如下:

```
MAIN:MOV    A,AS1           ; 取第一个 ASCII 字符
```

```
        ACALL   ASCH        ; 调用转换子程序
        MOV     AS1,A       ; 回存到原单元
        MOV     A,AS2
        ACALL   ASCH
        MOV     AS2,A
        SJMP    $
ASCH:   CLR     C
        SUBB    A,#30H
        CJNE    A,#10,AH1
AH1:    JC      AH0         ; (A)<10 返回
        SUBB    A,#07H      ; (A)>10 则减去 7
AH0:    RET     ; 返回
```

在本题中,我们把入口参数和出口参数均放在 A 累加器中。使用这种方法,程序简单、运行速度快,在传递参数量较少的场合可使用。

例 4.12 设有两个多字节数分别存放在起始地址为 FIRST 和 SECOND 的连续区域中(从低字节开始存放),两个数的字节数为 NUMBER,最后求得的和存放在 FIRST 开始的区域中。试编写多字节加法子程序。

解:多字节的加法运算,可以用单字节加法指令通过循环程序来实现。根据题意,编写子程序如下,并设和的长度不超过字节数 NUMBER。

```
NADD:   MOV     R0,#FIRST           ; 设置被加数地址指针
        MOV     R1,#SECOND          ; 设置加数地址指针
        MOV     R2,#NUMBER          ; 设置数据长度
        CLR     C
LOOP:   MOV     A,@R0               ; 加法运算
        ADDC    A,@R1
        MOV     @R0,A               ; 存和
        INC     R0                  ; 修改被加数地址指针
        INC     R1                  ; 修改加数地址指针
        DJNZ    R2,LOOP             ; 计算及循环控制
        RET
```

这里使用了存贮区域 FIRST、SECOND 以及 NUMBER 作为数据、结果交换区。

由于数据一般存放在数据存贮器而不是寄存器中,故可用指针来指示数据的位置,这样可大大节省传递数据的工作量,并可实现可变长度运算。一般如参数在内部 RAM 中,可用 R_0 或 R_1 作为指针;参数在外部 RAM 或程序存贮器中,可用 DPTR 作指针。可变长度运算时,可用一个寄存器来指出数据长度,也可在数据末尾存放一个结束标志以指示数据长度。

例 4.13 计算 $c=a^2+b^2$,设 a、b、c 分别存放在内部 RAM 20H、21H 及 22H 单元中,a、b 为小于 10 的非负整数。

解:本题由于要计算二次平方运算,故采用子程序设计。计算平方运算,可采用乘法实现,也可采用查表的方法实现,本例采用查表程序设计。

源程序如下:

```
MAIN:    PUSH    20H         ; 将 a 压入堆栈
         ACALL   SQR         ; 计算 a²
         POP     20H         ; 20H←a²
         PUSH    21H
         ACALL   SQR         ; 计算 b²
         POP     21H         ; 21H←b²
         MOV     A,20H
         ADD     A,21H       ; 计算 a² + b²
         MOV     22H,A       ; 存结果
         SJMP    $
SQR:     DEC     SP
         DEC     SP          ; 修改 SP 到参数位置
         POP     ACC         ; 弹出参数到 A
         ADD     A,#07       ; 加表格偏移量
         MOVC    A,@A+PC     ; 查平方表
         PUSH    ACC         ; 压入堆栈
         INC     SP
         INC     SP          ; 修改 SP 到返回地址
         RET
SQRTAB:  DB      0,1,4,9,16
         DB      25,36,49,64,81
```

以上程序通过堆栈进行参数传递,即入口时,将要计算的数放在堆栈中,出口时,从堆栈中读出结果。查表指令除用 MOVC A,@A+PC 外,还可使用 MOVC A,@A+DPTR 指令实现。

4.7 运算程序设计

4.7.1 双字节无符号数加减法

补码表示的数可以直接相加,所以双字节无符号数加减法程序也适用于补码的加减法。由于 MCS-51 指令只支持八位数加法,因此双字节加减应编制相应的程序。

例 4.14 将(R_2R_3)和(R_6R_7)两个双字节无符号数相减,结果送 R_4R_5。

解:减法指令只有带借位的减法,所以低字节相减时,应将 C_y 标志清零。源程序如下:

```
CLR  C
MOV  A,R3
SUBB A,R7
```

```
MOV   R5,A
MOV   A,R2
SUBB  A,R6
MOV   R4,A
RET
```

4.7.2 无符号数二进制乘法

例 4.15 将(R_2R_3)和(R_6R_7)两个双字节无符号数相乘,结果送 $R_4R_5R_6R_7$。

解:乘法只有单字节乘法指令,我们可以利用单字节乘法指令实现多字节的乘法,具体算法如下:

```
                          [R2]          [R3]
                     ×    [R6]          [R7]
                    ---------------------------
                         [R3R7] h      [R3R7] l
               [R2R7] h  [R2R7] l
               [R6R3] h  [R6R3] l
   +  [R6R2] h [R6R2] l
   --------------------------------------------
        R4         R5        R6          R7
```

其中$\boxed{R_3R_7}$ l 表示 R_3*R_7 的低 8 位,$\boxed{R_3R_7}$ h 表示 R_3*R_7 的高 8 位,其余几项的含义类似。

根据算法编制程序如下:

```
DMUL:MOV     A,R3
     MOV     B,R7
     MUL     AB                 ; R3 * R7
     XCH     A,R7               ; R7←(R3 * R7)l,A←R7
     MOV     R5,B               ; R5←(R3 * R7)h
     MOV     B,R2
     MUL     AB                 ; R2 * R7
     ADD     A,R5
     MOV     R4,A
     CLR     A
     ADDC    A,B
     MOV     R5,A               ; R5←(R2 * R7)h
     MOV     A,R6
     MOV     B,R3
     MUL     AB                 ; R3 * R6
     ADD     A,R4
     XCH     A,R6
     XCH     A,B
```

```
ADDC    A,R5            ;(R2 * R7)h + (R3 * R6)h
MOV     R5,A
MOV     F0,C            ;暂存 Cy
MOV     A,R2
MUL     AB              ;R2 * R6
ADD     A,R5
MOV     R5,A
CLR     A
MOV     ACC.0,C
MOV     C,F0            ;加前次加法的进位
ADDC    A,B
MOV     R4,A
RET
```

在本例中,考虑到$(R_2 * R_6)l + R_5$会影响C_y标志,故将C_y暂存于F_0之中。

4.7.3 无符号数二进制除法

由于 MCS-51 指令系统只支持 8 位二进制数的除法,因此要进行多位二进制的除法,其算法比较复杂。我们以 16 位除以 8 位为例来说明它的基本算法。其中被除数为 16 位、除数是 8 位,商数和余数也都为 8 位。为使叙述简明起见,这里假定:(1)除数不为 0;(2)被除数高 8 位小于除数。

除法运算过程和手算的过程基本类似。我们先做一个具体的除法运算:

(1001100010001000) ÷ (11000000) = (11001011)…(01001000)

竖式如下:

```
                  11001011      …8 位商数
         ─────────────────
11000000)[1] 001100010001000
做减法………  -) 11000000
            ──────────
            [0] 11100010
做减法 ……    -) 11000000
            ──────────
              [0]01000100
              ─────────
保持余数………   [0]10001000
保持余数………     [1]00010001
做减法…………     -) 11000000
                ──────────
                 [0]10100010
                ──────────
保持余数………       [1]01000100
做减法…………        -) 11000000
                   ──────────
                    [1]00001000
做减法…………        -)   11000000
                   ──────────
                      01001000  ……8 位余数
```

由以上竖式可以看到,整个除法运算过程可分成三种不同情况:

$$\text{本次运算余数最高位（见竖式中的方框）}=\begin{cases}1,\text{商上 1,减法够减。}\\0\begin{cases}\text{若添位后余数}\geq\text{除数,则商上 1 减法够减。}\\\text{若添位后余数}<\text{除数,则商上 0,不做减法,保持余数。}\end{cases}\end{cases}$$

假定被除数在 R_6、R_5 中(其中 R_6 为高位),除数在 R_2 中,运算结束时,余数在 R_6 中,商在 R_5 中,R_7 为做除法次数计数单元,初值为 8。程序如下:

```
DV:   MOV   R7,#08H        ; 除法次数为 8
DV1:  CLR   C
      MOV   A,R5
      RLC   A              ; 低 8 位左移 1 位
      MOV   R5,A
      MOV   A,R6
      RLC   A              ; 高 8 位左移 1 位
      MOV   07H,C          ; 保存移出位
      CLR   C
      MOV   B,A
      SUBB  A,R2           ; 添位后余数 - 除数
      JB    07H,DV2        ; 移出位为 1,跳转
      JNC   DV2            ; 添位后余数≥除数,跳转
      MOV   A,B            ; 保持原余数
      AJMP  DV3
DV2:  INC   R5             ; 商上 1
DV3;  MOV   R6,A
      DJNZ  R7,DV1
      RET
```

按照以上除法程序的设计方法,不难编制出 32 位除以 8 位,32 位除以 16 位的除法程序。

习题和思考题

4-1　什么是机器语言、汇编语言和高级语言?三者各有什么优缺点?

4-2　在下面程序中三个标号所表示的意义是什么?

```
             ORG   1000H
FIRST:   DB   01H,02H,03H,04H
SECOND:DW   0001H,0002H
THIRD:   DS   10H
         END
```

4-3　对下列程序进行人工汇编:

```
        CLR   C
        MOV   R2,#3
LOOP:   MOV   A,@R0
        ADDC  A,@R1
        MOV   @R0,A
        INC   R0
        INC   R1
        DJNZ  R2,LOOP
        JNC   NEXT
        MOV   @R0,#01H
        SJMP  $
NEXT:   DEC   R0
        SJMP  $
```

(1)设(R_0)=20H,(R_1)=25H,若(20H)=80H,(21H)=90H,(22H)=A0H,(25H)=A0H,(26H)=6FH,(27H)=30H,则程序执行后,结果如何?

(2)若(27H)的内容改为6FH,则结果有何不同?

4-4 设有100个单字节数组成的数据块,存放在外部RAM中,其起始地址为1000H,试编一程序,将这一数据块传送到以6000H为起始地址的区域中去。

4-5 设有两个长度均为10的数组,分别存放在以6000H和8000H为起始地址的外部RAM中,试编一程序,求其对应项之和,结果存放在第一数组区域中。

4-6 试编写以下乘法程序:

$(R_2R_3) * (R_4) \rightarrow (R_5)(R_6)(R_7)$

4-7 试编写计算下式的程序,设结果均为单字节数。

$$y=\begin{cases} a \times b & (a \leqslant b) \\ a \div b & (a > b) \end{cases}$$

4-8 设有100个单字节带符号数,连续存放在以1000H为起始地址的存贮区域中,试编一程序统计其中正数(包括零)和负数的个数。

4-9 设有100个无符号数的数组,其起始地址为5000H,试编一程序把它们由小到大排列到以5000H为起始地址的区域中去。

4-10 设有100个带符号的单字节数组成的数组,存放在以2800H为起始地址的存贮区域中,试编一程序,找出它们中的最小数,并存放到2000H单元之中。

4-11 试编一查表程序,从起始地址为1600H长度为128个字节的ASCII码数表中找出代码K,将其地址送到2000H和2001H单元中去。

4-12 利用查表程序计算a^3+b^3,设a、b均为正整数,且≤10。

4-13 试编写一段程序,将内部RAM 30H~32H和33H~35H中两个3字节压缩BCD码十进制数相加,将结果以单字节BCD码形式存放到外部RAM的1000H~1005H单元。

4-14 在21H、20H存放二位分离BCD码,其中21H为高位。试将它们转为二进制数并存放在 22H 单元之中。

4-15　编写一段程序,模拟如图 4-10 逻辑电路的逻辑功能。要求将四输入与非门的逻辑先写成子程序,然后多次调用实现整个电路的功能。设 X、Y、Z、W、F 均为位变量。

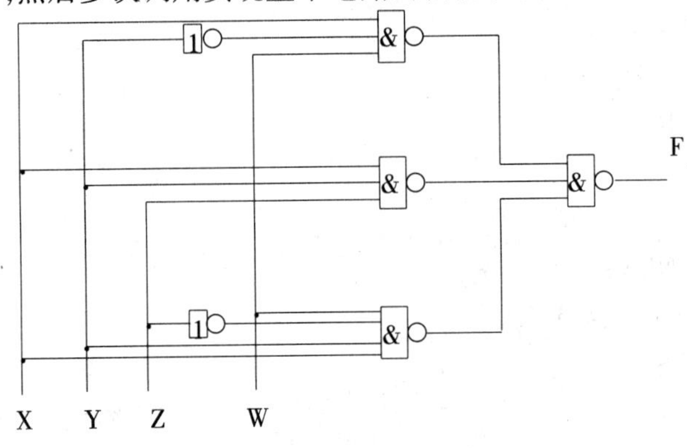

图4-10　习题4-15附图

□第 5 章

MCS-51 定时器

在自动控制过程中，我们常常想要获得一定时间间隔的信号，或需要对外部的信号进行计数。虽然这些工作 CPU 都能完成，但这样做的后果是降低了 CPU 的工作效率。为了提高工作效率，于是人们设计了硬件定时/计数器，专门用于定时和计数，工作方式和定时间隔由初始化编程设定。定时/计数器的核心是加 1 计数器，当定时时间到或计数终止时，加 1 计数器产生溢出，同时向 CPU 产生中断请求。这样 CPU 平时可以做别的工作，只有在定时/计数器初始化和 CPU 响应中断请求时才进行处理，使 CPU 的工作效率大大提高。

MCS-51 单片机的内部有 2 个 16 位的定时器/计数器，它们采用的是加 1 计数器。

5.1　定时器结构

8051 单片机定时器结构如图 5-1 所示。定时器 T_0 由二个特殊功能寄存器 TH_0 和 TL_0 构成，定时器 T_1 由 TH_1 和 TL_1 构成。

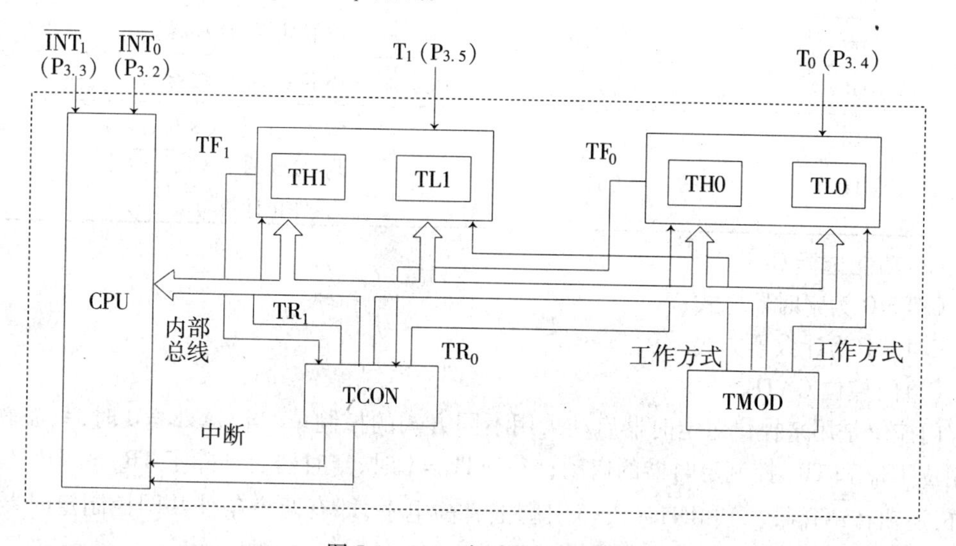

图 5-1　8051 定时器结构框图

定时器内部实质上是加法计数器，其控制电路受软件控制、切换。作定时用时，对机器周期计数，每过一个机器周期，计数器加 1，所以定时器可看作计算机机器周期的计数器。由于每个机器周期包含 12 个振荡信号周期，所以加 1 计数器的计数频率为振荡器信号频率的1/12。

当用作计数器功能时，加1计数器的计数脉冲取自外部输入端 T_0($P_{3.4}$)和 T_1($P_{3.5}$)，只要这些引脚上有从“1”到“0”的负跳变，加1计数器就加1。CPU在每个机器周期的 S_5P_2 时刻对外部输入状态进行采样，计数器加1的执行是在检测到跳变后的下一个机器周期的 S_3P_1 时刻。由于需要两个机器周期来识别一个从“1”到“0”的负跳变，所以最大计数频率为振荡信号频率的1/24。而外部时钟脉冲持续为0和为1的时间不能少于一个机器周期。

CPU可以用软件设置定时器工作方式，定时器就会按被设定的工作方式独立运行，不再占有CPU操作(在中断方式下)。有两个特殊功能寄存器TMOD和TCON，对定时/计数器的工作方式和控制进行管理。

5.1.1 定时器方式寄存器TMOD

TMOD用于定义工作方式及操作方式，其格式如下：

TMOD	D_7							D_0	
	GATE	$C/\overline{T}$	M_1	M_0	GATE	$C/\overline{T}$	M_1	M_0	字节地址 89H
	T_1				T_0				

(1)方式选择位 M_1M_0，定义如表5-1所示。其中方式3只有 T_0 具有，如 T_1 定义为方式3，则 T_1 停止计数。

表5-1 定时器工作方式

M_1M_0	工 作 方 式	功 能 描 述
00	方式0	13位定时/计数器
01	方式1	16位定时/计数器
10	方式2	常数自动装入8位计数器
11	方式3	T_0:分成两个8位计数器 T_1:停止计数

(2)功能选择 $C/\overline{T}$：

$C/\overline{T}=0$ 为定时器方式；

$C/\overline{T}=1$ 为计数器方式。

(3)门控位GATE

门控位是用来提供对定时器启动采用不同方式的控制位，当GATE=0时，只需软件控制位 TR_0 和 TR_1 控制定时器的启动；当GATE=1时，定时器启动除了 TR_0 和 TR_1 位控制外，还须在 $\overline{INT_0}$($P_{3.2}$)和 $\overline{INT_1}$($P_{3.3}$)引脚上有高电平，即有两个条件共同控制定时器 T_0 或 T_1 的启动。

TMOD中各位不能位寻址，复位时，TMOD所有位均为0。

5.1.2 定时器控制寄存器 TCON

	位地址	8FH	8EH	8DH	8CH	8BH	8AH	89H	88H	
TCON		TF_1	TR_1	TF_0	TR_0	IE_1	IT_1	IE_0	IT_0	字节地址 88H

TCON 高 4 位分别为定时器/计数器的起动控制和溢出中断标志,低 4 位与外部中断控制有关,与中断有关位留待第七章讨论。

(1)TF_1/TF_0:定时器/计数器 T_1/T_0 溢出中断标志。

定时器 T_1/T_0 溢出时,由硬件将该位置 1,并且提出中断请求。进入中断服务程序后,由硬件自动清零。该位也可以作为软件查询位。

(2)TR_1/TR_0:定时器 T_1/T_0 运行控制位。

1:开启 T_1/T_0。

0:关闭 T_1/T_0。

该位可以通过软件设置,如用一条 SETB TR_0 指令,则定时器 T_0 开始启动,用 CLR TR_0,则关闭定时器 T_0。

复位时,TCON 所有位均为 0。

5.2 定时器工作方式

如前所述,8051 单片机的定时/计数器,由软件对特殊功能寄存器 TMOD 中的控制位 $C/\overline{T}$ 的设置,可选择定时或计数功能;对 M_1、M_0 两位的设置,可选择四种工作方式。

5.2.1 方式 0

方式 0 是一个 13 位定时/计数器。图 5-2 表示了 T_0(或 T_1)在方式 0 下的逻辑图。在这种方式下,16 位寄存器(TH_0 和 TL_0)只有 13 位,其中 TL_0 高 3 位未用。计数脉冲的来源由 TMOD 的 $C/\overline{T}$ 来决定。当 TL 和 TH 的值由全 1 变为全 0 时,定时器产生溢出,此时 TF 位置位,并向 CPU 提出中断请求。启动定时器工作的条件是:

$$\begin{cases} GATE = 0 \\ TR = 1 \end{cases} \quad 或 \quad \begin{cases} GATE = 1 \\ TR = 1 \\ \overline{INT_0}/\overline{INT_1}\text{引脚电平} = 1 \end{cases}$$

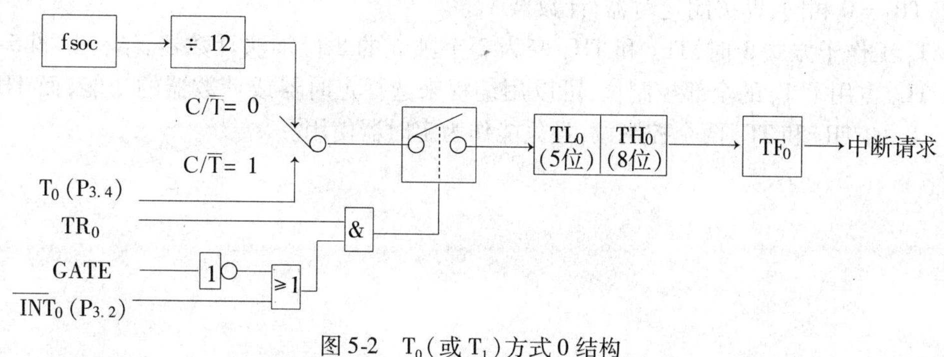

图 5-2 T_0(或 T_1)方式 0 结构

在定时器工作于方式 0 时，若 TH 和 TL 的计数初值为 x，则定时时间为：

$$\frac{2^{13}-x}{fsoc}\times 12$$

5.2.2 方式 1

方式 1 和方式 0 的区别在于：方式 1 是 16 位计数器，其定时时间为：

$$\frac{2^{16}-x}{fsoc}\times 12$$

5.2.3 方式 2

方式 2 是能自动装入计数初值的 8 位定时/计数器，其结构如图 5-3 所示。由该图可知，TL 作为 8 位的加 1 计数器，TH 为初值暂存寄存器，在启动前，对 TH 和 TL 赋同样的计数初值。定时器启动后，TL 作为加法计数，当 TL 计满溢出时，置位 TF 标志的同时，TH 内暂存的计数初值又会重新装入 TL 中，使 TL 从初值重新计数。这就是所谓的常数自动装入的 8 位定时/计数工作方式。

在方式 2 下，定时时间为：

$$\frac{2^{8}-x}{fsoc}\times 12$$

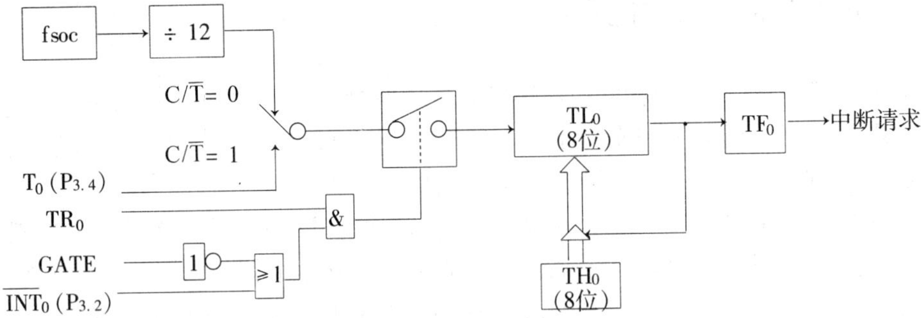

图 5-3 T_0（或 T_1）方式 2 结构

5.2.4 方式 3

方式 3 只适用于定时/计数器 T_0。如果 T_1 也设置为方式 3 时，则它停止计数，其效果与置 $TR_1=0$ 相同，即关闭定时器/计数器 T_1。

T_0 工作于方式 3 时，TL_0 和 TH_0 变为 2 个独立的 8 位加法计数器，结构如图 5-4 所示。TL_0 占用了 T_0 的全部控制位，可以用编程来选择定时器或计数器的功能，而 TH_0 借用了 T_1 的 TR_1 和 TF_1 两个控制位，且只能作为定时器使用。

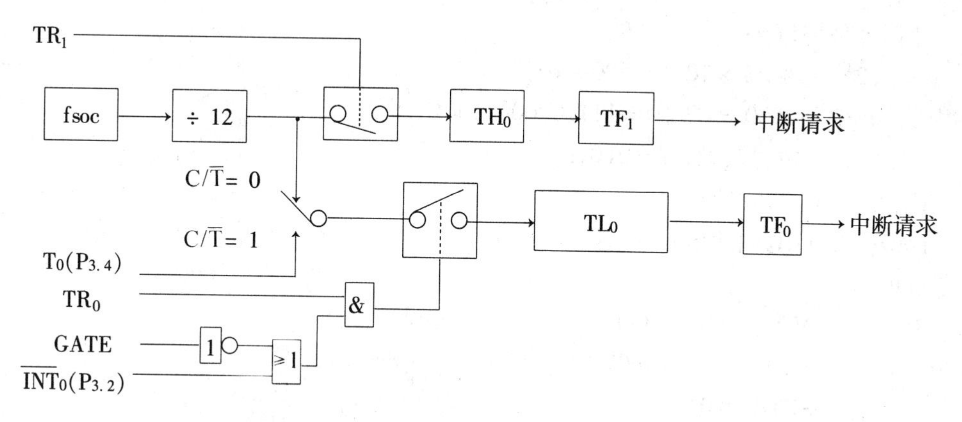

图 5-4　定时器 T_0 方式 3

5.3　定时器应用举例

由于定时/计数器是可编程的,因此在进行定时/计数之前要对定时/计数器进行初始化编程,初始化一般包括以下几个步骤:

(1)确定工作方式:对 TMOD 寄存器赋值;

(2)置定时/计数器的初值 x,写入寄存器 TH_0、TL_0 或 TH_1、TL_1;

(3)根据需要,开放中断;

(4)启动定时器。

初值 x 的计算可以通过下式来得:

定时方式:$X = 2^M - \frac{\text{定时值} \times fsoc}{12}$

计数方式:$x = 2^M - \text{计数值}$

其中,M 为计数器的长度(在不同工作方式中 M 可以为 13、16 或 8),fsoc 为振荡器频率。

本节所讨论的实例,全部采用查询 TF_0 或 TF_1 的状态,暂不使用中断方式。

5.3.1　方式 0 应用

例 5.1　选用 T_0 方式 0 产生 500μs 定时,在 $P_{1.0}$输出周期为 1ms 的方波,晶振 fsoc = 12MHz。

解:根据题意,只要使 $P_{1.0}$每隔 500μs 取反一次即可得到方波(如图 5-5 所示):

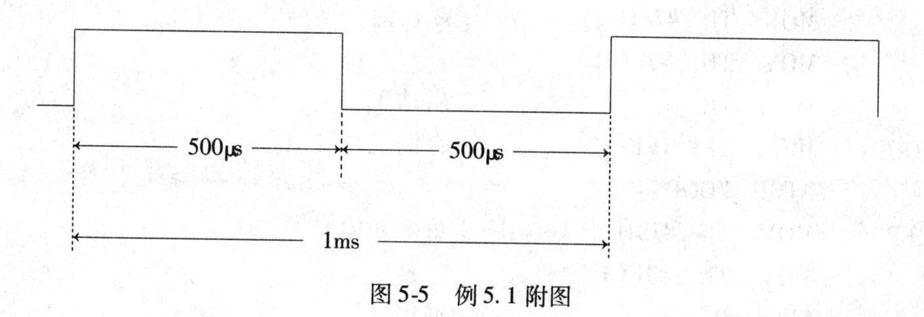

图 5-5　例 5.1 附图

计算定时初值 x:

$$(2^{13}-x)\times 1\times 10^{-6}=500\times 10^{-6}$$

求得 $x=2^{13}-500=7692D=1111000001100B$

TH_0 取高 8 位,故(TH_0) = 0F0H

TL_0 取低 5 位,故(TL_0) = 0CH

TMOD 取 00H,由于复位后 TMOD 及 TCON 均为 0,可不必再对 TMOD 置 0。

程序清单如下:

```
BEGIN:  MOV   TL0,#0CH        ; 设置计数初值
        MOV   TH0,#0F0H
        SETB  TR0             ; 启动T0
LOOP:   JBC   TF0,PIFO        ; 查询计数溢出
        AJMP  LOOP
PIFO:   MOV   TL0,#0CH        ; 重置计数初值
        MOV   TH0,#0F0H
        CPL   P1.0            ; 输出取反
        AJMP  LOOP            ; 重复循环
```

通过对 TF_0 标志查询,可以知道一次定时时间有否到,未到继续查询,时间到转到 PIFO,同时将 TF_0 标志清 0。此处采用了 JBC　TF_0,rel 指令来实现上述功能。若采用 JB　TF_0,rel指令,则必须加一条 CLR　TF_0 指令,使 TF_0 标志复位。

5.3.2 方式 1 应用

如前所述,方式 1 与方式 0 操作完全相同,唯一差别是方式 1 是一个 16 位定时/计数器。

例 5.2 利用 T_1 方式 1 定时,在 $P_{1.1}$ 端输出 50Hz 方波。晶振频率为 6MHz。

解: 方波周期 T = 1/50 秒 = 20ms,故 T_1 定时值可选为 10ms、TMOD = 10H。

设初值为 x,则

$$(2^{16}-x)\times 2\times 10^{-6}=10\times 10^{-3}$$

$$x=2^{16}-5000=60536D=EC78H$$

得: (TH_1) = 0ECH,(TL_1) = 78H

程序清单如下:

```
BEGIN:  MOV   TMOD,#10H       ; 设置T1为方式1
        MOV   TL1,#78H        ; 赋初值
        MOV   TH1,#0ECH
        SETB  TR1             ; 启动T1
LOOP:   JBC   TF1,REP         ; 查询定时溢出
        AJMP  LOOP
REP:    MOV   TL1,#78H        ; 重赋初值
        MOV   TH1,#0ECH
        CPL   P1.1            ; 输出取反
```

```
        AJMP  LOOP                    ；反复循环
```

5.3.3 方式2应用

例5.3 已知8051单片机时钟频率为6MHz，请利用定时器 T_0 和 $P_{1.0}$ 输出矩形脉冲，其波形如下：

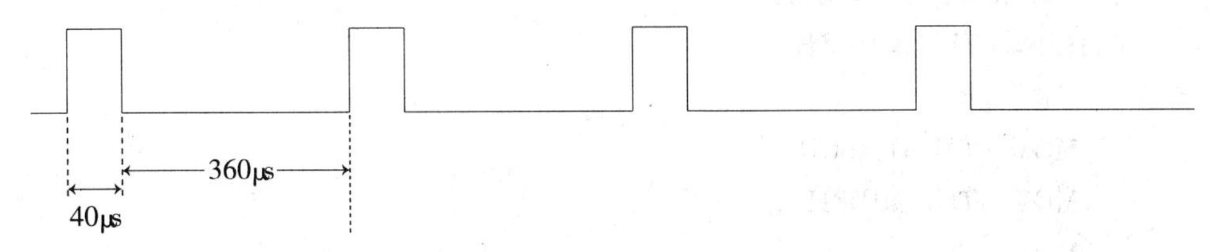

图5-6 例5.3附图

解：设 T_0 为方式2定时，先定时40μs，再定时360μs，反复循环。

(1) TMOD = 02H；

(2) 定时40μs初值；

$$(2^8 - x) \times 2 \times 10^{-6} = 40 \times 10^{-6}$$

$$x = 2^8 - 20 = 236D = 0ECH$$

故 $(TH_0) = (TL_0) = 0ECH$

(3) 定时360μs初值；

$$(2^8 - x) \times 2 \times 10^{-6} = 360 \times 10^{-6}$$

$$x = 2^8 - 180 = 76D = 4CH$$

得 $(TH_0) = (TL_0) = 4CH$

程序清单如下：

```
BEGIN: MOV   TMOD,#02H
       MOV   TH0,#0ECH
       MOV   TL0,#0ECH
       SETB  TR0
DEL1:  JBC   TF0,REP1              ；40μs定时到否
       AJMP  DEL1
REP1:  CLR   P1.0
       MOV   TH0,#4CH              ；360μs定时
       MOV   TL0,#4CH
DEL2:  JBC   TF0,REP2              ；360μs定时到否
       AJMP  DEL2
REP2:  SETB  P1.0
       MOV   TH0,#0ECH             ；40μs定时
       MOV   TL0,#0ECH
       AJMP  DEL1
```

例5.4 用定时器 T_1 方式2计数，要求每计满40次，$P_{1.0}$ 端取反。

解:定时器工作在计数方式,计数脉冲应从 $T_1(P_{3.5})$ 引脚输入,计数脉冲每下跳变一次,计数器加1。

设计数器初值为 x,则

$2^8-x=40$

$x=2^8-40=216D=0D8H$

$(TH_1)=(TL_1)=0D8H$

程序清单如下:

```
REGIN:MOV   TMOD,#60H
      MOV   TH1,#0D8H
      MOV   TL1,#0D8H
      SETB  TR1
DEL:  JBC   TF1,REP
      AJMP  DEL
REP:  CPL   P1.0
      AJMP  DEL
```

5.3.4 门控位应用

在一般应用场合,设置门控位 GATE = 0,使定时器的运行只受 TR 位的控制。当 GATE = 1 时,定时器的运行将同时受 TR 位和 $\overline{INT}$ 引脚电平的控制,在 TR = 1 时,若 $\overline{INT}=1$,则启动计数,若 $\overline{INT}=0$,则停止计数。这一特点可以极为方便地用于测试外部输入脉冲的宽度,减少了测量的误差。

例 5.5 设外部脉冲由 $\overline{INT_0}(P_{3.2})$ 输入,T_0 工作于定时器方式 1。测试时,应在 $\overline{INT_0}$ 为低电平时,设置 $TR_0=1$;当 $\overline{INT_0}$ 变为高电平时,就启动计数;$\overline{INT_0}$ 再次变低时,停止计数。此计数值即为被测正脉冲的宽度,其单位是机器周期。若 fsoc = 12MHz 时,其单位为 μs。测量结果存放在 R_0 指向的两个单元中。

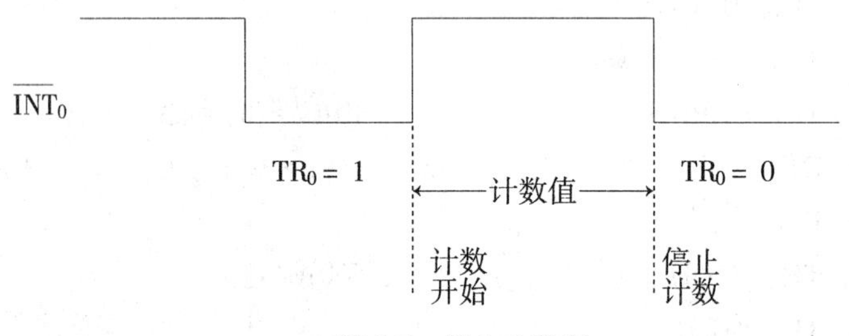

图 5-7 例 5.5 附图

程序清单如下:

```
MOV   TMOD,#09H      ; 设T0为方式1,GATE=1
MOV   TL0,#0         ; 设置计数初值
MOV   TH0,#0
MOV   R0,#20H        ; 设置地址指针
JB    INT0, $        ; 等待INT0变低
SETB  TR0            ; 准备起动定时器
```

```
JNB   INT0, $          ; 等待INT0变高,起动计数
JB    INT0, $          ; 等待INT0再次变低
CLR   TR0              ; 停止计数
MOV   @R0, TL0         ; 读入计数值
INC   R0
MOV   @R0, TH0
```

由于定时器长度只有16位,因此被测信号的高电平宽度只能小于65536个机器周期。

以上各例我们均采用查询的方法,这样占用了CPU的全部时间,降低了CPU的利用率。在实际应用中,我们更多的是采用中断方式,有关中断方法我们在中断章节中讨论。

习题和思考题

5-1　8051单片机内部有几个定时器/计数器?它们由哪些特殊功能寄存器组成?各有几种操作方式?

5-2　定时器作计数时,对外界计数频率有何限制?作定时时,定时时间与哪些因素有关?

5-3　为什么说MCS-51定时器是编程的,编程具体指什么工作?

5-4　用定时器 T_1 方式1在 $P_{1.0}$ 产生脉宽为20ms的方波(设单片机晶振为6MHz)。

5-5　设单片机的晶振为6MHz,在定时器方式0、方式1、方式2中,一次定时时间最长为多少?

5-6　试用8051单片机的定时器 T_1 产生1s的定时,设单片机晶振为12MHz。

□第 6 章

MCS-51 串行接口

串行通信是一种低成本远距离的通信方式。MCS-51 串行接口,不仅可以用来扩展输入/输出口,而且还可以实现双机及多机之间的通信。它为实现一个较大规模的多机实时控制系统,提供了简单可行的方法。

6.1 串行通信的基本知识

6.1.1 并行通信和串行通信

我们把微型计算机和外部设备之间进行数据交换称为通信。通信方式一般有并行通信和串行通信两种。

并行通信是指将组成数据字节的各位同时发送或接收。在并行通信中,一个并行数据占有多少个二进制数的位,就需要多少根并行传输线。因此,并行通信传送速度快,适合于短距离通信。在较长距离通信时,由于所需的传输线多,传输线的成本急剧增加,因此,在位数较多,距离较远时,不宜采用并行通信的方式。

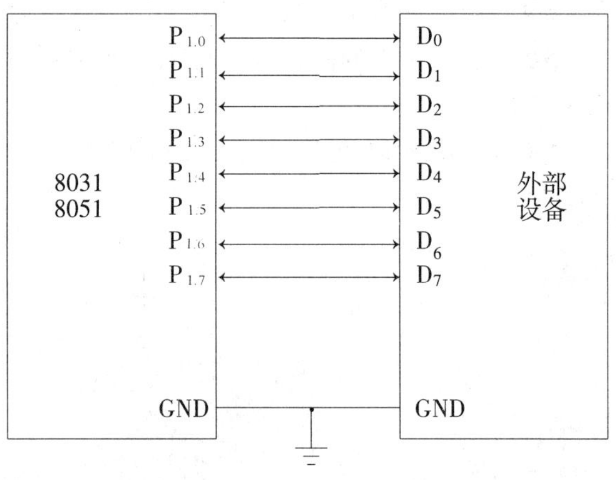

图6-1 并行通信

串行通信就是组成数据的字节一位一位地按顺序传送的方式。它的优点是占有传输线少,与外部设备的连接简单。这样就可以大大降低传输成本,因此串行通信特别适合于远距离通信。由于每次传送一位,因此串行通信传送速度较慢。

图 6-1 及 6-2 分别示出了 8031 的 P_1 口与外部设备并行通信连接方法以及 8031 串行口和外部设备进行串行通信的连接方法。

6.1.2 串行通信两种基本方式

串行通信分为同步传送和异步传送两种方式。

异步传送方式的特点是数据在线路上传送是不连续的。它是以字符为单位来传送的,各个字符可以是连续传送也可以是间断传送的。由于字符的发送是随机进行的,因此对接收端来说就有一个判断何时传送数据，何时传送结束的问题。因此在异步通信中，数据分为一帧一帧地传送，每帧的格式如图 6-3 所示。

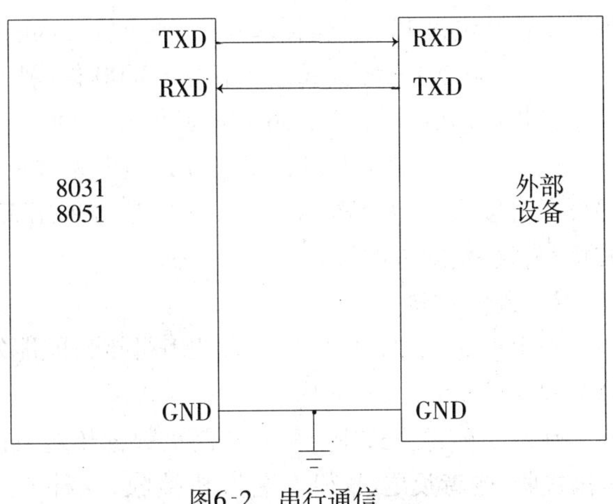

图6-2　串行通信

一个字符由四部分组成：起始位、数据位、奇偶校验位和停止位。起始位占有一位，用低电平表示（逻辑 0），数据位可以是 5 ~ 8 位，奇偶检验位只占一位，这一位也可在字符格式中不使用，或者作其他控制位用，因此该位可根据需要设置。停止位表示一个字符传送的结束，它一定是高电平（逻辑 1）。图 6-3 表示字符连续传送的情况。若字符间断传送，则在两个字符间插入若干个空闲位，空闲位为高电平，表示线路处于等待状态。异步传送方式不要求接收方和发送方采用同步时钟脉冲，即双方各用自己的时钟源来控制发送和接收。

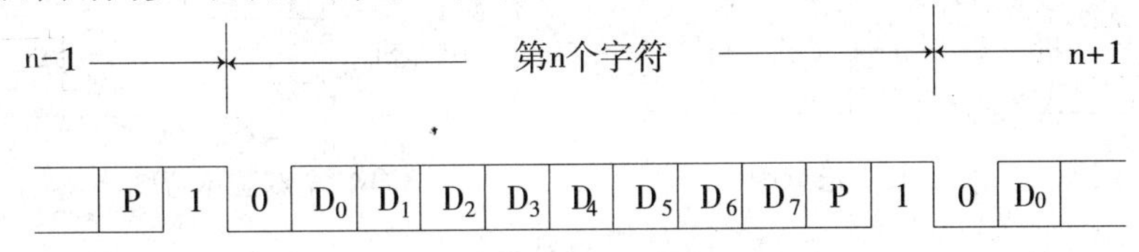

图 6-3　异步通信的字符格式

同步传送方式的特点是数据是连续传送的，亦即数据以数据块为单位传送的。在每个数据块发送之前，先发送 1 ~2 个同步字符。然后紧接着发送数据，数据之间没有间隙，因此传送速度比异步传送来得快。图 6-4 示出同步传送字符格式。同步传送方式要求接收端和发送端必须有同步时钟进行严格同步，这就增加了硬件设计的难度。

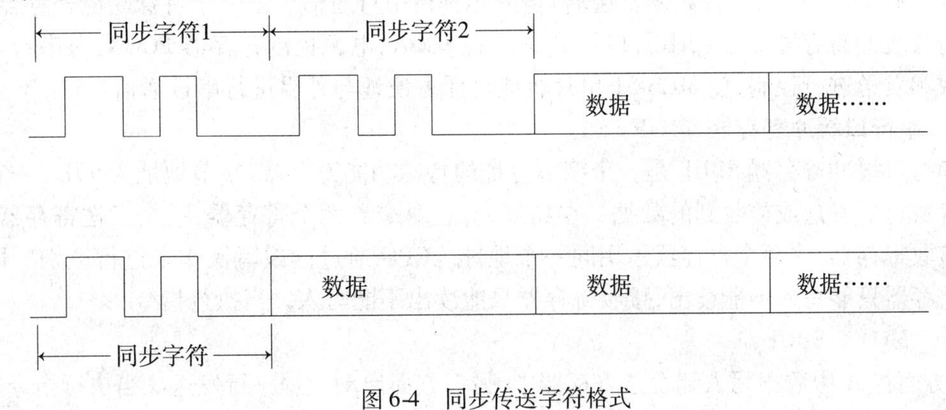

图 6-4　同步传送字符格式

6.1.3　波特率

在串行通信中，有一个反映串行通信速率的物理量，称为波特率。它定义为每秒钟传送二进制数码的位数，以位/秒为单位。例如在同步通信中每秒钟传送速度为 360 字符/秒，而

每个字符又包含 10 位(包括起始位、停止位及八位数据),则波特率为:

360 字符/秒 × 10 位/字符 = 3600 位/秒 = 3600 波特

一般异步通信的波特率在 50 ~ 9600 波特之间。

因此在异步通信中,收、发双方必须事先规定以下两点:一是字符格式,即规定字符各部分所占位数,主要是数据占有几位,是否采用奇(或偶)校验。二是规定传送过程中的波特率,收、发双方的波特率应该一致。

6.1.4 通信方向

在串行通信中,若 A、B 两机的串行接口既能发送又能接收,也即数据可以双向传送,称为双工传送。

在双工传送方式中,若 A、B 两机数据传送方向同时只有一个,即每次只能 A 机发送,B 机接收,或者反之,B 机发送 A 机接收,这种方式称为半双工传送方式,如图 6-5(a)所示。半双工传送只需一根传输线。

假如 A 机 B 机可同时向对方发送数据,又同时接收对方发来的数据,这种方式称为全双工传送,如图 6-5(b)所示。全双工传送需二根传输线。

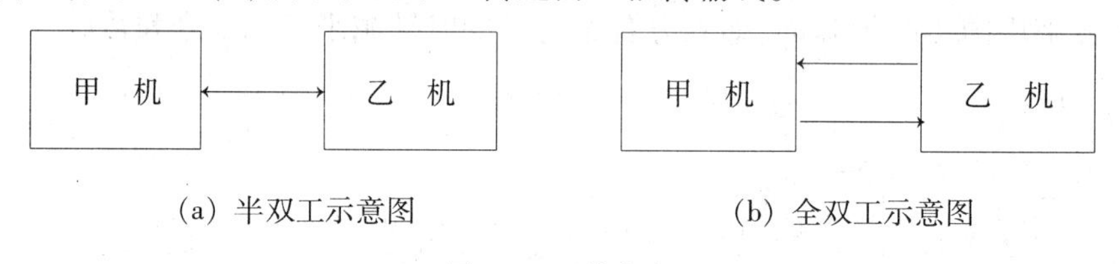

(a) 半双工示意图　　(b) 全双工示意图

图 6-5　通信方向

6.2 串行接口的控制

MCS-51 有一个可编程的全双工通信的串行接口。通过引脚 RXD($P_{3.0}$),串行数据接收端和引脚 TXD($P_{3.1}$,串行数据发送端)与外界进行串行通信。由三个特殊功能寄存器,即串行口缓冲寄存器 SBUF,串行口控制寄存器 SCON,电源控制寄存器 PCON,对串行口的接收和发送进行控制,使 MCS-51 单片机能灵活方便地与外界进行串行通信。

6.2.1 串行口缓冲寄存器 SBUF

串行口缓冲寄存器 SBUF 是一个字节寻址的特殊功能寄存器(字节地址为 99H)。它用来存放将要发送或接收到的数据。在物理上,它对应着两个寄存器,一个发送寄存器,一个接收寄存器,这两个寄存器占用同一个地址。CPU 通过读或写操作来进行区别。即发送寄存器只能写入不能读出,接收寄存器只能读出不能写入。当执行指令

```
MOV   SBUF,A
```

时,一方面将 A 中数据写入到发送寄存器中,另一方面启动数据串行发送。当执行指令

```
MOV   A,SBUF
```

时,将接收到的数据从接收寄存器中读出。

串行口缓冲寄存器 SBUF 的结构框图如图 6-6 所示。

从图中可以看出,接收器是双缓冲结构。即从 RXD 串行输入的数据先进入输入移位

寄存器，然后再送入接收寄存器SBUF，这主要是避免在接收到第二帧数据之前，CPU 未及时将第一帧数据读走，而造成两帧数据重迭的错误。对于发送寄存器 SBUF，则是单缓冲结构，因为发送时 CPU 处于主动地位，不会产生两帧数据重迭错误，同时可保持最大的传送速率。

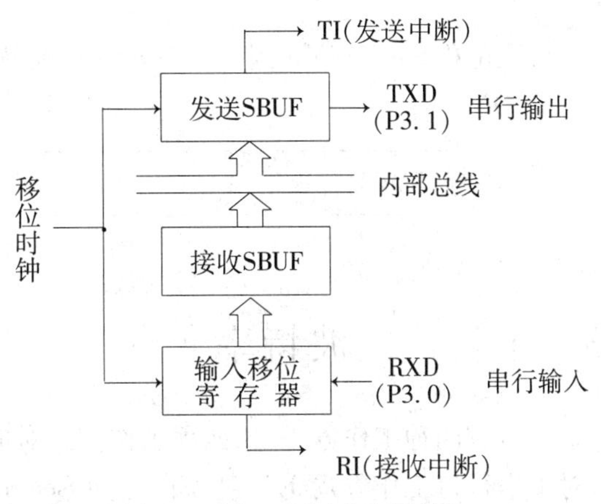

图6-6　串行口缓冲寄存器结构

6.2.2　串行口控制寄存器 SCON

串行口控制寄存器 SCON 是一个可以位寻址的特殊功能寄存器（字节地址是98H），它用于串行通信的方式选择、控制串行口的发送、接收以及保存串行口的状态信息，各位定义如下：

SCON　D_7 … D_0　地址 98H

SM_0	SM_1	SM_2	REN	TB_8	RB_8	TI	RI

SM_0、SM_1：串行口方式选择位。四种工作方式见表 6-1。

表 6-1　串行口工作方式选择

SM_0	SM_1	模　式	功　能	波　特　率
0	0	0	同步移位寄存器	fsoc/12
0	1	1	8 位数据	可变
1	0	2	9 位数据	fsoc/64 或 fsoc/32
1	1	3	9 位数据	可变

SM_2：在方式 2 和 3 中用作多机通信控制位。SM_2 在一般情况下设置为 0。若允许多机通信，则 SM_2 可设置为 1。当 $SM_2=1$ 时，从机要根据接收到的第九位数据是 1 还是 0 来决定是否接收主机的信号。当第九位 $RB_8=1$ 时，从机接收主机发来的信号，当 $RB_8=0$ 时，从机不接收主机信号。

REN：允许接收控制位，软件置 1 允许接收，软件清 0 禁止接收。

TB_8：发送数据第九位。在方式 2 和方式 3 中存放发送数据第九位。由软件置位和复位。TB_8 可用作奇偶校验位，也可在多机通信中作为区别地址帧或数据帧的标识位，$TB_8=0$ 为数据，$TB_8=1$ 为地址。

RB_8：接收数据第九位。在方式 2 和方式 3 中存放接收到的第九位数据。

TI：发送中断标志。由硬件置位，TI 置位表示一帧信息发送结束。串行口发送中断被响应后，TI 不会自动复位，必须由软件清零。

RI：接收中断标志，由硬件置位。RI 置位表示一帧数据接收结束。串行口接受中断被响应后，RI 不会自动复位，必须由软件清零。

6.2.3　电源控制寄存器 PCON

电源控制寄存器 PCON 是字节寻址的特殊功能寄存器（字节地址 87H）。它主要用于 CHMOS 的 80C51 单片机实现电源控制。在 HMOS 的 8051 单片机中，只用了一位

PCON.7，该位称 SMOD 位。当 SMOD = 1 时，波特率加倍，复位时 SMOD = 0。

PCON	D_7						D_0	地址 87H
	SMOD							

6.3 串行口的波特率

串行口有四种工作方式，这四种工作方式对应三种波特率。

对于串行口工作方式 0，波特率固定为 fsoc/12，不受 SMOD 位影响。

对于串行口工作方式 2，有两种波特率可供选择，由以下公式决定

$$\text{波特率} = \frac{2^{SMOD}}{64} \cdot fsoc \tag{6-1}$$

对于串行口工作方式 1 和方式 3，有

$$\text{波特率} = \frac{2^{SMOD}}{32} \cdot (T_1\ \text{溢出率}) \tag{6-2}$$

T_1 溢出率即为一次定时时间的倒数，即

$$T_1\ \text{溢出率} = \frac{1}{(2^M - x) \cdot 12/fsoc} \tag{6-3}$$

其中 x 为定时初值，M 由 T_1 的工作方式决定。

将式 6-3 代入式 6-2，并整理后得：

$$\text{波特率} = \frac{2^{SMOD} \cdot fsoc}{384(2^M - x)} \tag{6-4}$$

例 6.1 设两机通信的波特率为 2400 波特，若晶振为 6MHz，串行口工作在方式 1，试计算定时器 T_1 的初值。

解：设定时器工作在方式 2，由式(6-4)，M = 8，则

$$x = 2^8 - \frac{6 \times 10^6}{2400 \times 384/2^{SMOD}}$$

若取 SMOD = 0，x = 249.49≈250，此时舍入误差较大。改取 SMOD = 1，x = 242.98≈243 = 0F3H，舍入误差较小。实际的波特率为 2403.85 波特。

6.4 串行口的工作方式及应用

串行口有四种工作方式，通过软件对 SM_0 及 SM_1 二位编程进行选择。

6.4.1 方式 0 及其应用

串行口工作方式 0 是八位同步移位寄存器方式。串行数据由 RXD($P_{3.0}$)端输入或输出。同步移位脉冲由 TXD($P_{3.1}$)端输出。方式 0 主要用于输入/输出口的扩展。

方式 0 的发送操作是在 TI = 0 的情况下，执行以下一条指令开始的。

```
MOV  SBUF,A
```

然后，在 RXD 线上串行发出 8 位数据，同时，在 TXD 线上发出同步移位脉冲。8 位数据发送完毕，由硬件置位 TI。若中断不开放，则可以通过查询 TI 来确认是否发送完一帧数据。若中断开放，就可以申请串行口发送中断。当 TI = 1 后，必须用软件使 TI 清零，然后再发送下一帧数据。

方式 0 的接收操作是在 RI = 0 条件下，由 REN 位进行控制，当执行以下一条指令

SETB REN

后，八位数据从 RXD 端口输入，同时 TXD 发出同步移位脉冲，收到八位数据以后，由硬件置位 RI。与发送操作类似，可以通过查询 RI 来确定是否接收完一帧数据。或者在中断允许的情况下进入串行口接收中断。RI 也必须用软件清零，以准备接收下一帧数据。

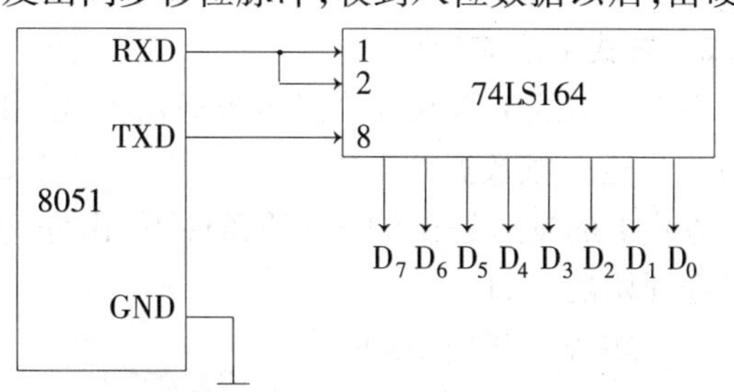

图6-7 方式0用于扩展输出口

方式 0 的波特率固定为振荡频率的 12 分频，SMOD 位不起作用。

在方式 0 中，SCON 寄存器中的 SM_2、RB_8、TB_8 都不起作用，一般设置为 0。

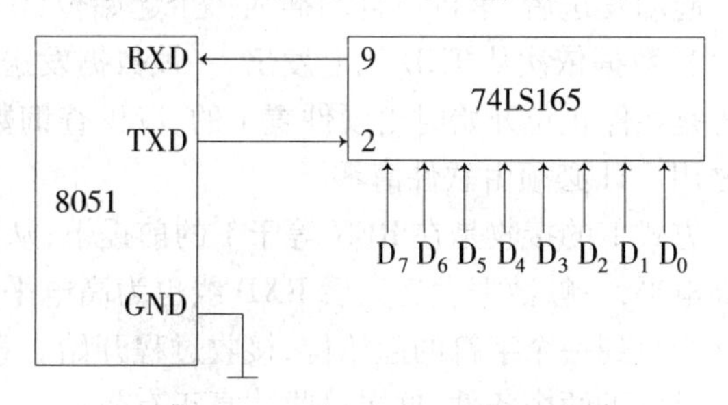

图6-8 方式0用于扩展输入口

串行口方式 0 常常外接移位寄存器来扩展输入/输出口，如图 6-7 所示。用一块或多块"串入并出"的移位寄存器 74LS164 扩展多位输出口。扩展输入口时，则可用"并入串出"的移位寄存器 74LS165，如图 6-8 所示，也可用相同功能的 CMOS 组件。

例 6.2 用 8031 串行口和 74LS164 扩展 8 位并行口，8 位并行口每位各接一个发光二极管，要求发光二极管从右到左以一定延迟轮流循环显示。

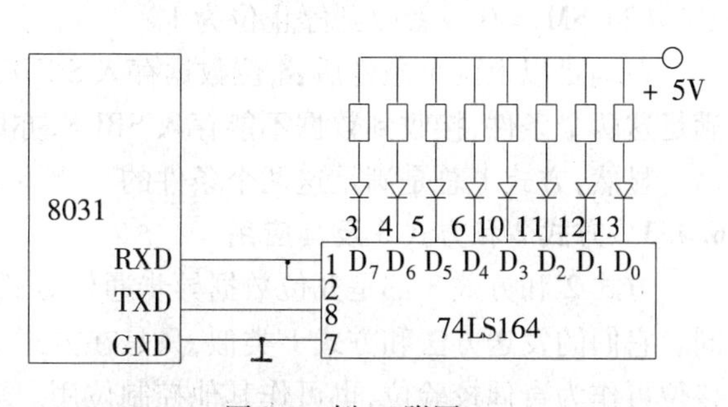

图6-9 例6.2附图

解：74LS164 是 8 位串入/并出的移位寄存器，其中 1、2 引脚是串行数据输入端，$D_0 \sim D_7$ 为并行数据输出端，8 端为 CP 脉冲输入端，7 端接地。硬件连接如图 6-9 所示。

程序设计如下：

```
ORG  1000H
MOV  SCON,#0         ；设置串行口方式 0
MOV  A,#0FEH         ；最右一位发光二极管先亮
MOV  SBUF,A          ；开始串行输出
```

```
LOOP:JNB    TI,LOOP      ; 一帧数据未发送完等待
     CLR    TI
     ACALL  DALAY
     RL     A            ; 准备显示下一位
     MOV    SBUF,A       ; 再一次串行输出
     SJMP   LOOP
```

其中 DALAY 为延时程序,延时时间可取为 40ms,由读者自行完成。

6.4.2 方式 1 及其应用

串行口方式 1 是八位数据异步通信方式。同时自动插入一个起始位(0),一个停止位(1),发送一帧数据共十位。

方式 1 的发送是在 TI = 0 的条件下,由任何一条以 SBUF 为目的地址的指令作为启动发送开始的。如

```
MOV  SBUF,@R0
MOV  SBUF,20H
```

起动发送后,串行口自动插入一个起始位(0),在八位数据发送结束前插入一个停止位(1),数据依次从 TXD 线上发出,一帧数据发送完后,维持 TXD 线上的高电平不变。TI 标志是在停止位开始时由硬件置 1 的,以供查询数据是否发送完毕或作发送中断申请标志之用。TI 必须由软件清零。

方式 1 的接收是在 REN 等于 1 的前提下,从搜索到起始位开始的。复位后,RXD 线为高电平,一帧数据发送完后 RXD 线也为高电平。因此,当检测到由 1 到 0 的负跳变后,即认为收到一个字符的起始位,接收过程开始。直到八位数据和一个停止位收齐后,还必须满足以下两个条件,这次接收才真正有效:

(1) RI = 0;

(2) $SM_2 = 0$ 或者收到停止位为 1。

在满足以上两个条件后,8 位数据存入 SBUF,停止位进入 RB_8 位,并使 RI 置 1。若不满足这两个条件,接收到数据不能存入 SBUF,亦即意味着丢失了一组数据。

显然,方式 1 总是满足这两个条件的。

6.4.3 方式 2 和方式 3 及其应用

方式 2 和方式 3 都是九位数据异步通信方式,它们的区别仅在波特率的设置方法不同。它们的发送方法和方式 1 类似,只是在方式 2(或方式 3)中,第九位数据先送入 TB_8,该位可作为奇偶校验位,也可作其他控制位用。

方式 2(方式 3)的接收过程也和方式 1 基本相同。在方式 1 中是把停止位作为第九位数据的,而方式 2(方式 3)存在着真正的第九位数据,因此,一次数据接受有效的条件是:

(1) RI = 0;

(2) $SM_2 = 0$ 或收到的第九位数据等于 1。

实际上,条件(2)提供了某种控制方式,主要在多机通信中应用。

图 6-10 示出二台 8031 单片机实现双机通信的连接图。由于串行口输入/输出均为

TTL电平,故可直接相连。适合于1米左右的短距离。如两机相距较远,须加驱动电路。

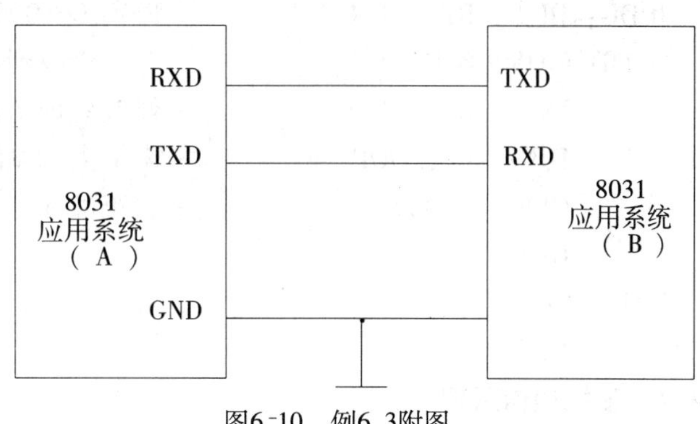

图6-10 例6.3附图

例6.3 现有二台8031单片机进行异步串行通信。A机作为发送方,将片内RAM 60H~6FH中的数据从串行口输出,定义为方式2发送。TB_8作为奇偶校验位。B机作为接收方,将A机发送来的数据存入片内RAM 60H~6FH中,定义为方式2接收,并判奇偶校验RB_8标志,若出错,则置出错标志。硬件连接如图6-10。

A机发送程序如下:

```
TRS:  MOV   SCON,#80H       ;定义方式2
      MOV   PCON,#00H       ;波特率为fsoc/64
      MOV   R0,#60H         ;设置数据地址指针
      MOV   R7,#10H         ;设置数据长度
LOOP: MOV   A,@R0           ;取数据
      MOV   C,PSW.0         ;取奇偶校验位
      MOV   TB8,C
      MOV   SBUF,A          ;启动发送
WAIT: JBC   TI,NEXT         ;一帧数据发完否
      AJMP  WAIT            ;未完等待
NEXT: INC   R0              ;修改地址指针
      DJNZ  R7,LOOP         ;未结束循环
      RET
```

B机接收程序如下:

```
RECE: MOV   SCON,#80H
      MOV   PCON,#00H
      MOV   R0,#60H
      MOV   R7,#10H
      SETB  REN             ;允许接收
LOOP: JBC   RI,READ         ;一帧数据收齐跳转
      AJMP  LOOP            ;未收齐,等待
READ: MOV   A,SBUF          ;读数据
      JNB   PSW.0,JUDG      ;PSW.0=0,跳转
      JNB   RB8,ERR         ;PSW.0=1,RB8=0,出错
      SJMP  GOOD            ;两者均为1,正确
```

```
JUDG: JB     RB8,ERR        ; PSW.0 =0 而 RB8 =1,出错
GOOD: MOV    @R0,A          ; 存放接收到数据
      INC    R0             ; 修改地址指针
      DJNZ   R7,LOOP        ; 未结束,循环
      CLR    PSW.5          ; 置正确标志
      RET
ERR:  SETB   PSW.5          ; 置出错标志
      RET
```

6.4.4 多机通信原理

设有一台 8031 主机和若干台 8031 从机进行通信。不考虑口驱动能力,硬件连接如图 6-11 所示。

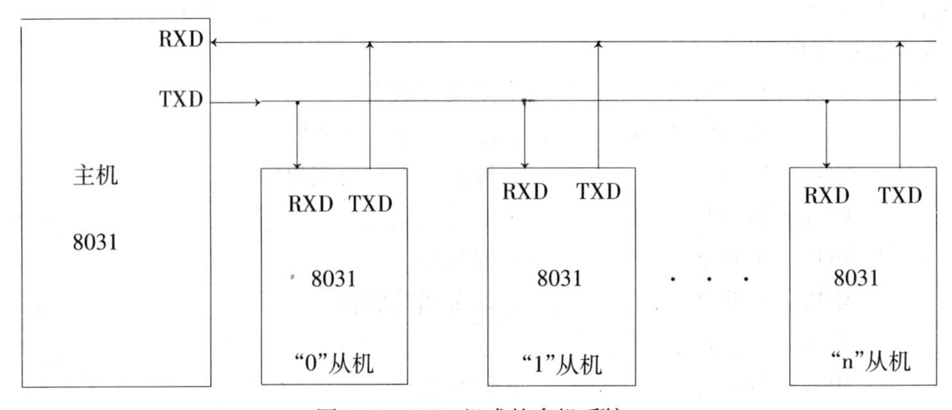

图 6-11　8031 组成的多机系统

若干台从机的地址分别编为 0#、1#、…、n#。串行口定义为方式 2(或方式 3),即九位数据传送方式。其中第九位作为地址帧、数据帧识别控制位。即当发送地址帧时,第九位取 1,发送数据帧时第九位取 0。多机通讯中,主机发地址帧时,所有的从机都应收到,而发送数据帧时,只有与本机地址相符的一台从机能接收到。具体通信方法如下:

1. 先使所有从机的 SM_2 置 1。由于地址帧第九位数据为 1,由数据接受有效条件可知,所有的从机都能收到主机发来的地址。

2. 将主机发来的地址与本机比较,若主机发来的地址与本机相符,则该从机 SM_2 置 0,否则,保持 $SM_2=1$ 不变。

3. 然后主机开始发送数据,由于发数据帧时第九位等于 0,此时只有 $SM_2=0$(即地址相符)的那台从机能接收到数据,其他从机均不能收到数据,直至发送新的地址帧。

这样就实现了主机与从机一对一的通信。

6.4.5 单片机和 PC 机之间的通信

随着微型计算机的发展,特别是 IBM-PC 机(以及兼容机)的不断普及,将单片机和 PC 机按一定方式结合起来,构成集散式的控制系统,成为单片机应用发展的趋势,在这种系统中,各单片机完成采集和信号预处理等工作,PC 机进行协调、调度、发布操作命令、处

理单片机传来的数据,从而组成一个集中管理,分散控制的控制系统。PC 机和单片机之间的数据传送常常用串行通信来实现。

PC 机具有标准的 RS-232 通信接口,为了提高串行通信的可靠性,RS-232 通信接口采用较高的传输电压,并规定逻辑 0 电平为 +5V ~ +15V,逻辑 1 电平为 -5V ~ -15V 之间,因此当 PC 机和单片机进行串行通信时,需要进行电平转换。为了使 8031 单片机的串行接口能和 RS-232 标准接口通信,目前集成的 RS-232 电平转换器有多种,常用的有 RS-232 驱动转换器。RS-232 驱动转换器是 CMOS 器件,内含两组转换器,它的优点在于内部有电平转换电路,并采用 +5V 一组电源,因此接口电路简单可靠。图 6-12 为 RS-232 驱动转换器。图 6-13 示出用 RS-232 驱动转换器组成的串行通信实用电路。

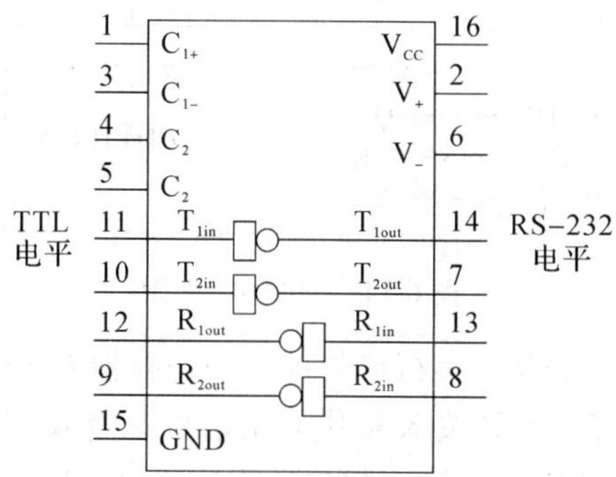

图 6-12　RS-232 驱动转换器

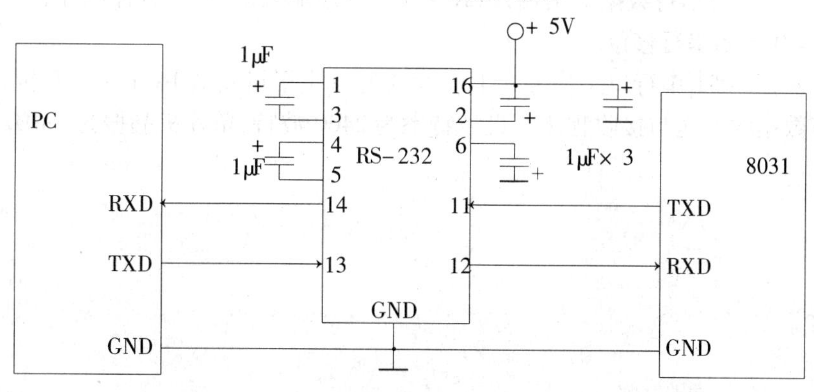

图 6-13　单片机与 PC 机的串行接口电路

习题与思考题

6-1　试比较串行通信和并行通信各自特点。

6-2　串行异步通信的一帧数据格式如何?

6-3　什么是串行通信的波特率?设某 8051 应用系统中,时钟频率为 6MHz,串行口采用工作方式 1,若波特率分别为 4800 波特及 1200 波特,定时器 T_1 工作在方式 2,试分别计算定时器初值。

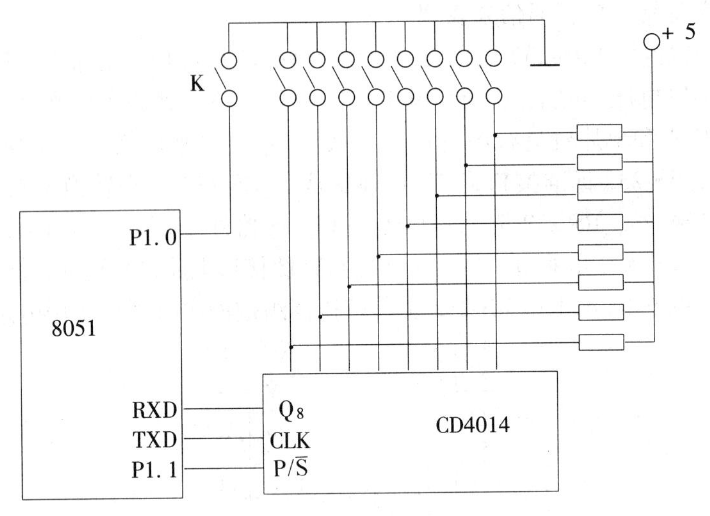

图 6-14　习题 6-4 附图

6-4　如图 6-14 所示,用 8051 串行口外加移位寄存器 CD4014 扩展 8 位输入口,输入数据由 8 个开关提供,另有一个开关 K 提供联络信号。当 K = 0 表示要求输入数据,输入的 8 位为开关量。试编写从输入口读入数据的程序。(CD4114 为 CMOS 并入串出的移位寄存器,其中 Q_8 为串行数据输出端,CLK 为 CP 脉冲输入端,$P/\overline{S}$ 为控制端,$P/\overline{S} = 1$ 并行置入,$P/\overline{S} = 0$ 开始串行移位。)

6-5　利用 8051 串行口工作方式 1,分别编写一个甲机发送 16 个字节数据,乙机接收 16 个字节数据的发送与接收程序。设波特率为 2400 波特,单片机晶振为 6MHz。

□第 7 章

中 断 系 统

为了提高 CPU 的利用率，解决快速的 CPU 和慢速的外设之间的矛盾，广泛采用了程序中断控制方式。所谓中断方式，就是由外设提出申请，迫使 CPU 暂停正在执行的程序，转而为外设服务，服务完后再继续原来程序的执行。

在单片机中，为了实现中断功能而配置的软件和硬件，称为中断系统。中断系统的处理过程应包括中断请求、中断排队、中断响应、中断处理和中断返回。

7.1 中 断 概 述

7.1.1 计算机与外设交换信息的方式

由于外部设备速度各异，因此计算机和外部设备交换信息时，一般有四种传送方式，即无条件传送方式、查询式传送方式、中断传送方式以及直接存贮器存取（DMA）方式。

采用无条件传送方式时，CPU 不考虑外设情况，即总是认为外设已经处于“准备好”状态。例如 CPU 和读写存贮器 RAM 之间的数据传送，就是一种无条件传送方式。CPU 通过访问存贮器的指令，直接与存贮器交换数据。无条件传送方式用在 CPU 和外设速度相当，或者外设虽然速度较慢，但二次传送间隔长，足以使外设处于“准备好”状态。其他情况无条件传送方式采用较少。

查询式传送方式也称条件传送方式，以解决外部设备与 CPU 速度配合问题。为了保证数据传送的正确性，外设需有一个反映其工作状态的信息，CPU 通过查询该状态信息，如外设已准备好，则 CPU 与外设交换数据，如没有准备好，则 CPU 等待。查询式传送方式无论是输入还是输出，CPU 均处于主动状态。图 7-1 示出查询式传送方式的流程图。

查询式传送方式适用范围广，软件调试方便。特别当 CPU 和低速外设传送数据时，解决了它们之间的速度配合问题。但是由于 CPU 化了大量时间进行等待，因此 CPU 利用率较低。提高 CPU 效率的有效方法是采用中断传送方式。

中断传送方式由外设提出请求，在满足一定的条件下，CPU 中断现有程序执行，转而为外设服务，服务完后，又继续执行原来程序。这种方式有效地克服了在查询式方式中所花费的大量等待时间，提高了 CPU 利用率，因此中断传送方式得到了广泛应用。

直接存贮器存取（DMA）方式是外设与存贮器之间直接交换数据，这种方式一般用于存贮器与外设有大量数据进行传送，而且外设速度相当快，为了提高外设与存贮器之间传送速度，可以考虑采用 DMA 方式。

7.1.2　中断的基本概念

如前所述,中断是 CPU 与外设交换数据所采用的一种方式。有了中断功能,CPU 可以和外设同时工作。当外设需要和 CPU 交换数据并提出中断请求时,CPU 暂时中断现有程序的执行,转而处理外设的数据。处理完毕,CPU 继续原来程序的执行。这样 CPU 可以命令多个外设同时工作,并分时处理各个外设提出的中断请求(若中断是开放的话),从而大大提高了输入输出的速度。有了中断功能,计算机就能进行实时控制。现场中各个参数可能随时会要求 CPU 处理,这只有采用中断传送方式,才能使这些参数及时得到处理。特别在计算机运行中还可能出现某些预料不到的故障,如电源突跳、计算溢出、存贮出错等等,计算机可以利用中断系统自行处理,而不必停机。

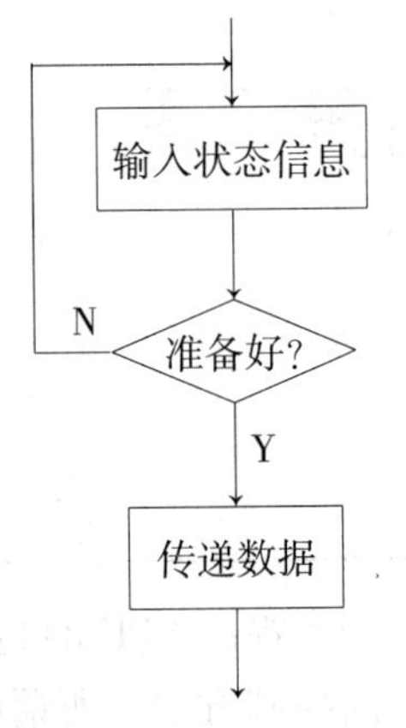

图7-1　查询方式流程图

1. 中断源

能发出中断申请的事件,称为中断源。通常中断源有以下几种:

(1)一般的输入、输出设备。如打印机、键盘等等。

(2)数据通道中的中断源,如磁盘、磁带等等。

(3)定时器。

(4)故障源。如电源掉电、存贮出错等等。

中断源发出的中断申请称中断请求。

2. 中断优先级及中断嵌套

当多个中断源同时向 CPU 提出中断请求,或者 CPU 正在处理某个外部事件的中断服务程序时,又有新的中断源向 CPU 提出中断请求,CPU 如何处理呢? CPU 必须按照事情的轻重缓急,从而确定谁最优先处理,这就是中断优先级别的问题。当多个中断源同时提出中断请求时,CPU 先处理中断优先级别高的中断源提出的中断请求,然后处理中断优先级别低的中断源提出的中断请求。如果 CPU 正在处理某个中断源的中断服务程序时,又有新的中断源提出了中断请求,同级或低级的中断源不能中断正在进行的中断服务程序,只有优先级别高的中断源才能中断正在处理的优先级别低的中断服务程序,这就是中断嵌套问题。图 7-2 示出中断方式流程图。图 7-3 示出中断嵌套流程图。

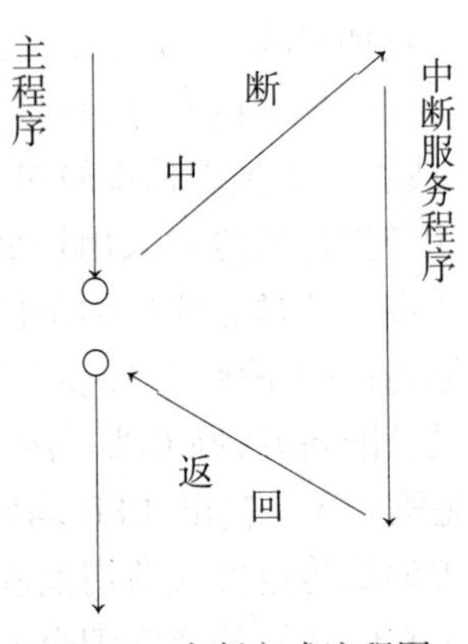

图7-2　中断方式流程图

3. 中断的开放与关闭

当中断源向 CPU 提出中断请求时,CPU 是否能接受呢? 这里就有一个中断的开放和关闭的问题。所谓中断开放,也称开中断,就是允许 CPU 接受中断源提出的中断请求。所谓中断关闭,也称关中断,就是不允许 CPU 接受中断源提出的中断请求。

4. 中断处理过程

中断处理的过程可归纳为中断请求、中断响应、中断处理及中断返回四部分。

当中断源向 CPU 提出中断请求信号,CPU 检测到中断请求信号以后,在一定的条件下才能响应中断,主要有以下一些:

(1)CPU 对中断是开放的。

(2)若 CPU 正在响应某一个中断,则新的中断源的中断优先级别必须高于正在响应的中断源,CPU 才会响应新的中断。

(3)CPU 必须将正在执行的指令执行完后才会响应中断。

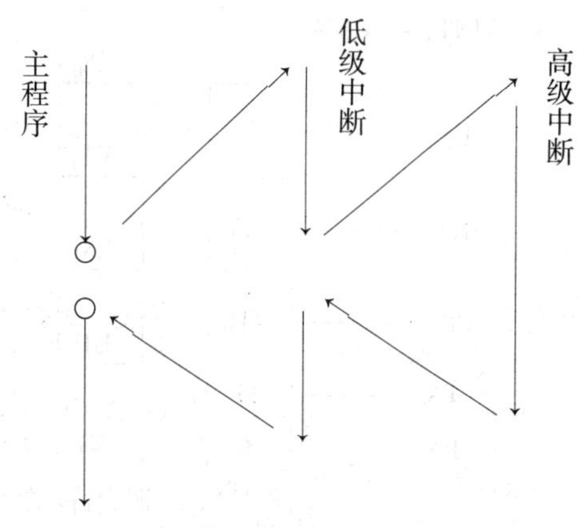

图7-3　中断嵌套流程图

当满足上述条件后,CPU 中断正在执行的程序,并保护断点地址,转入相应的中断服务程序入口,去执行中断服务程序,这就是中断处理。在中断服务程序中,一般需要把有关寄存器内容压入堆栈,以保护原来的数据。还应考虑是否关/开中断。然后根据不同中断源的要求,编写不同的服务程序。在中断服务程序结束之前,需恢复现场,并进行中断返回。中断返回是通过指令"RETI"实现的,它应加在中断服务程序的末尾。

7.2　MCS-51 单片机的中断管理系统

MCS-51 单片机有五个中断源。所谓中断管理系统,就是通过单片机中的某些硬件及软件,对这五个中断源进行管理。它应具备如下功能:五个中断源有各自的中断请求标志,能分别向 CPU 提出中断请求;CPU 分别可以开放或者关闭任一中断源提出的中断请求;CPU 可以识别这些中断源的中断优先级别;当 CPU 要为某个中断源服务时能自动转入该中断源的中断入口矢量地址。

上述功能实现是通过对有关的特殊功能寄存器进行读或写操作实现的。这些特殊功能寄存器是中断源寄存器 TCON、SCON 的相关位,中断允许寄存器 IE、中断优先级别控制寄存器 IP,以及程序存贮器中五个相应的中断入口矢量地址。MCS-51 单片机的中断管理系统如图 7-4 所示。

7.2.1　中断源和中断请求标志

8051 单片机的五个中断源分别是:两个外部输入中断源$\overline{INT_0}$($P_{3.2}$)和$\overline{INT_1}$($P_{3.3}$),两个片内定时器 T_0 和 T_1 的溢出中断源,一个片内串行口发送或接受中断源。

1. 外部中断 0 请求$\overline{INT_0}$

由引脚 $P_{3.2}$输入。它可以通过编程设定下跳变有效或低电平有效。CPU 在每个机器周期的 S_5P_2 状态采样 $P_{3.2}$引脚。当该引脚有下跳变或低电平时,就由硬件置位中断请求

标志 IE_0。进入中断服务程序后，IE_0 自动清零。

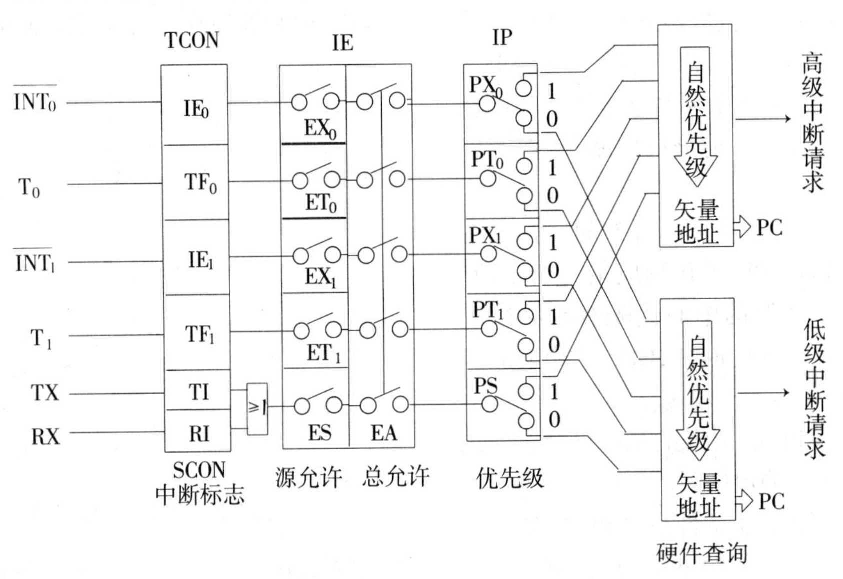

图 7-4 中断管理系统

2. 外部中断 1 请求 $\overline{INT_1}$

由引脚 $P_{3.3}$ 输入。它和 $\overline{INT_0}$ 功能一样。当引脚 $P_{3.3}$ 有下跳变或低电平时，由硬件置位中断请求标志 IE_1。

3. 定时器 T_0 溢出中断请求

当定时器 T_0 产生溢出时，置位定时器 T_0 的中断请求标志 TF_0，进入中断服务程序后，TF_0 自动清零。

4. 定时器 T_1 溢出中断请求

它的中断请求标志为 TF_1，其余功能同 TF_0。

5. 串行口中断请求

当完成接受或发送一帧数据后，由硬件置位串行口接受中断请求标志 RI 或发送中断请求标志 TI。进入中断服务程序后，RI 或 TI 不能自动复位，必须用软件清零。

中断请求标志分别位于 TCON 及 SCON 中。其字节地址和各位位地址如下：

位地址	8FH		8DH		8BH	8AH	89H	88H	
TCON	TF_1		TF_0		IE_1	IT_1	IE_0	IT_0	字节地址 88H

位地址							99H	98H	
SCON							TI	RI	字节地址 98H

6. 外部中断源触发控制位 IT_1 及 IT_0

IT_1 及 IT_0 位于 TCON.2 及 TCON.0。若 $(IT_1)=0$，外部中断为电平触发方式，CPU 在

每个机器周期的 S_5P_2 期间采样 $\overline{INT_1}$($P_{3.3}$)引脚,若为低电平,则置位 IE_1 标志,若为高电平则清除 IE_1 标志。在电平触发式中,CPU 响应中断后,必须同时撤消 $\overline{INT_1}$ 引脚上的低电平,否则就不会复位 IE_1 标志,从而引起又一次中断。若(IT_1) = 1,外部中断 1 为边沿触发方式,CPU 在每个机器周期 S_5P_2 期间采样 $\overline{INT_1}$ 引脚,若在连续两个机器周期先采样到 $\overline{INT_1}$ 引脚为高电平,再采样到该引脚为低电平,则置位 IE_1 标志,直到 CPU 响应中断时,才由硬件清除 IE_1。在边沿触发方式中,为保证 CPU 在两个机器周期内检测到先高后低的负跳变,输入高、低电平持续时间起码保持一个机器周期。IT_0 是外部中断 0 的触发方式控制位,其功能与 IT_1 相同。

7.2.2 中断的开放和关闭

8051 单片机中,特殊功能寄存器 IE 称为中断允许寄存器。通过软件编程可以控制 CPU 对中断源的开放或屏蔽。IE 的字节地址为 A8H,其各位格式如下:

位地址	AFH			ACH	ABH	AAH	A9H	A8H	
IE	EA	–	–	ES	ET_1	EX_1	ET_0	EX_0	字节地址 A8H

EA:CPU 中断允许总控制位。EA = 0,CPU 屏蔽所有中断申请。EA = 1,CPU 开放中断。

ES:串行口中断允许位。ES = 0,串行口关中断。ES = 1 串行口开中断。

ET_1:定时/计数器 T_1 溢出中断允许位。ET_1 = 0 不允许 T_1 溢出中断,ET_1 = 允许 T_1 溢出中断。

EX_1:外部中断 1 $\overline{INT_1}$ 中断允许位。EX_1 = 0 不允许外部中断 1 中断,EX_1 = 1,允许外部中断 1 中断。

ET_0:定时/计数器 T_0 溢出中断允许位,其功能与 ET_1 相同。

EX_0:外部中断 0 $\overline{INT_0}$ 中断允许位,其功能与 EX_1 相同。

通过软件编程可以设置开放中断或屏蔽中断。例如要开放定时器 T_0 的溢出中断,可用以下指令:

```
        SETB  EA
        SETB  ET0
或者    MOV   IE,#82H
```

8051 单片机复位后,CPU 处于关中断状态,即 IE 寄存器各位均为 0。CPU 在响应中断后不会自动关中断,应用相应指令来实现开中断或关中断。

7.2.3 中断源的优先级

8051 单片机设有两个中断优先级,即任一中断源可以通过软件编程设定为高优先级或低优先级,从而实现两级中断嵌套。中断优先级别的设置是通过中断优先级寄存器 IP 来实现的。IP 寄存器的字节地址为 B8H,各位定义如下:

位地址				BCH	BBH	BAH	B9H	B8H	
IP				PS	PT_1	PX_1	PT_0	PX_0	字节地址 B8H

PS:串行口中断优先级控制位;

PT_1:定时/计数器 T_1 中断优先级控制位;

PX_1:外部中断$\overline{INT_1}$中断优先级控制位;

PT_0:定时/计数器 T_0 中断优先级控制位;

PX_0:外部中断$\overline{INT_0}$中断优先级控制位。

通过软件可对各位进行编程。当某位设置为 1 时,定义为高优先级别。当某位设置为 0 时,定义为低优先级别。CPU 复位后,IP 低五位全部清 0,即将所有中断源设置为低优先级中断。

当有几个同级的中断源同时申请中断时,CPU 内部有一固定的软件查询次序,按照查询次序,形成一个自然优先级别,其次序为:

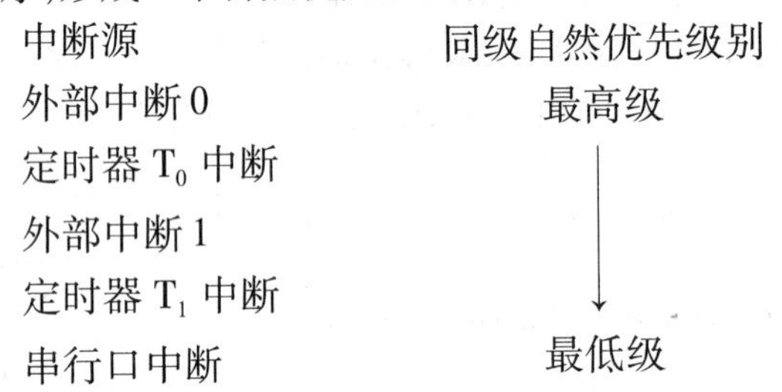

7.2.4 中断响应过程

CPU 在每个机器周期的 S_5P_2 期间,采样各中断源的中断请求标志,在下一个机器周期的 S_6 期间按优先级别次序查询中断标志,如果查询到某个中断标志为 1,并且满足下述条件,则将在再下一个机器周期的 S_1 期间对最高优先级别的中断进行中断处理。这些条件是:

1. 没有同级或更高级的中断正在响应。否则的话,必须等到它们的中断服务程序执行完毕,才能响应新的中断。

2. 必须在当前的指令执行完后,才能响应中断。若查询周期恰好是当前执行指令的最后一个机器周期,则不需等待就可进入中断响应。否则,必须等待当前指令执行完毕才响应中断。

3. 若正在执行 RETI 或访问 IE、IP 的指令,则必须再另外执行一条指令后才可以响应中断。

CPU 响应中断时,首先将中断点的地址也即当前程序计数器 PC 的内容压入堆栈,然后根据中断源类型转入相应的中断矢量地址。对于 8051 单片机,其 5 个中断矢量入口地址如表 7-1 所示。

表 7-1 8051 中断矢量地址

中 断 源	矢 量 地 址
外部中断 0	0003H
定时器 T_0 中断	000BH
外部中断 1	0013H
定时器 T_1 中断	001BH
串行口中断	0023H

由表可知，这五个中断矢量地址之间只有8个空余单元，一般是不足以存放一个中断服务程序的。因此还应在中断矢量地址处安排一条转移指令，以转向实际的中断服务程序入口。例如CPU响应外中断0的中断，则应在$\overline{INT_0}$的中断矢量地址处，安排这样一条指令：

```
ORG   0003H
LJMP  1000H
```

其中1000H为中断服务程序的入口地址。当CPU响应$\overline{INT_0}$中断时，首先将断点地址压入堆栈，然后自动转向0003H，执行LJMP 1000H后，从1000H开始执行中断服务程序。中断服务程序末尾必须用RETI指令。

7.2.5 中断响应时间

从CPU查询到中断请求标志到转入中断服务程序的入口地址之间所需的时间，称为中断响应时间。

中断响应的最短时间是三个机器周期。这时候，查询周期恰好是当前执行指令的最后一个机器周期，加上CPU化两个机器周期执行一条跳转指令，使程序转入中断服务程序入口，这样共花费了三个机器周期。

中断响应的最长时间是八个机器周期。这时候，查询周期正好是执行RETI指令或访问IE、IP指令的第一个机器周期，则需要等待一个机器周期执行完该指令后，再执行一条指令，若执行的是最长的四个机器周期的指令，则共需等待五个机器周期，加上必不可少的三个机器周期，共为八个机器周期。

一般，中断响应时间在3～8个机器周期之间。当然有同级或高级中断正在处理时，等待时间则不好估计了。

中断响应时间在某些精确定时控制场合，应予以考虑，以保证准确定时。

7.3 中断系统的应用

7.3.1 外部中断源的扩展

MCS-51单片机只有两个外部中断源，若直接使用只能为两个外设服务，这在很多应用场合是不够的，以下介绍两种简单的外部中断源扩展方法。

1. 利用定时器扩展外部中断源

8051有两个定时/计数器，当它们不使用时，可用来扩展外部中断源。将定时器T_0或T_1设置为计数方式，计数初值为最大值，一旦外部计数脉冲输入引脚（$P_{3.4}$或$P_{3.5}$）有一个由高到低的下跳变信号，计数器加1后产生溢出中断。

例7.1 写出T_0作为外部中断源使用时的初始化程序。

```
START:MOV   TMOD,#06H      ；置T0为计数器及工作方式2
      MOV   TL0,#0FFH      ；置计数初值
      MOV   TH0,#0FFH
      SETB  ET0            ；开中断
      SETB  EA
```

```
    SETB  TR0                    ；启动T0
```

2. 利用查询方式扩展外部中断源

直接利用外部中断源的输入口，外接一个与门，可扩展多个外部中断源。图7-5示出用查询法扩展外部中断源的连接方法。

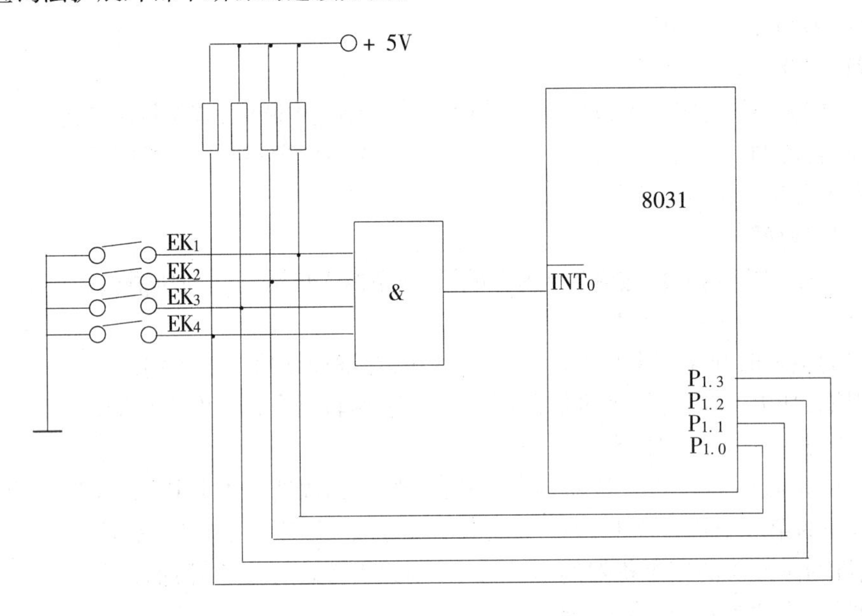

图7-5　外部中断源的扩展

这四个信号平时均为高电平，当其中有一个或一个以上信号变为低电平时，使$\overline{INT_0}$引脚变低，从而引起外部中断。CPU通过对这四个信号的检测，来确定是哪个中断源发出了中断请求。查询可以按照中断优先级别顺序进行，例如查询次序从EK_1 ~ EK_4，则EK_1为最高优先级别，EK_4为最低优先级。

例7.2　按照图7-5所示的中断源扩展方法，编写有关的中断服务程序。

解：在初始化程序中，应规定外中断源的触发方式，以及开放外中断0中断。

中断服务程序如下：

```
      PUSH   PSW          ；保护现场
      PUSH   ACC
      ORL    P1,#0FH      ；P1口低四位置成输入方式
      MOV    A,P1,        ；读入P1口状态
      JB     ACC.0,A1
      ACALL  BR1
A1：  JB     ACC.1,A2
      ACALL  BR2
A2：  JB     ACC.2,A3
      ACALL  BR3
```

```
A3: JB     ACC.3,A4
    ACALL  BR4
A4: POP    ACC
    POP    PSW
    RETI
BR0:…      ; EK1 中断服务程序
    RET
BR1:…      ; EK2 中断服务程序
    RET
BR3:…      ; EK3 中断服务程序
    RET
BR4:…      ; EK4 中断服务程序
    RET
```

7.3.2 中断应用

应用中断技术来设计一个应用程序时,如何编写与中断有关的程序呢,一般来说,与中断有关的程序由以下三部分组成。

(1)在中断矢量地址处安排一条跳转指令。CPU 响应中断时,首先自动进入中断矢量地址,然后执行在中断矢量地址处安排的跳转指令,从而转入中断服务程序的入口。

(2)中断初始化。这部分程序应包括:开中断;确定中断优先级别;若是外部中断源$\overline{INT_0}$或$\overline{INT_1}$,则应规定是电平触发还是边沿触发方式。初始化程序应安排在主程序中。

(3)编写中断服务程序。在中断服务程序中应首先保护现场,然后执行中断服务程序,再恢复现场,最后用 RETI 指令结尾,以实现中断返回。

例 7.3 试设计 8031 的单步操作应用程序。

解:单片机的开发系统一般都有单步运行用户程序的功能。每按一次单步执行键,CPU 就执行一条用户程序,然后等待键按下。

单步操作可以利用 8031 的外中断 0 来实现。具体硬件电路如图 7-6 所示。键未按下时单脉冲电路输出为低电平,当按下一个键后,单脉冲电路输出一个高电平,键释放后,又回到低电平。

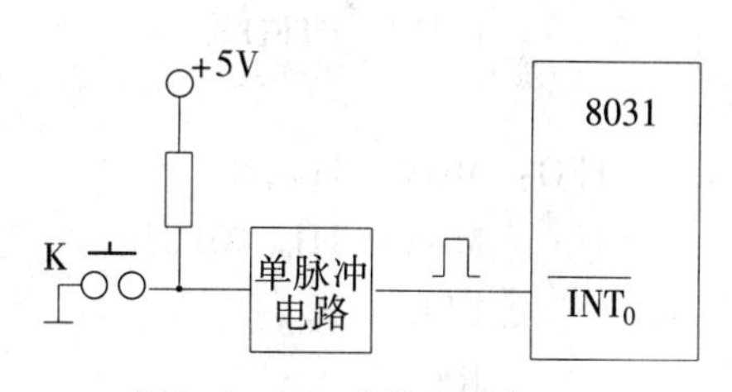

图7-6　8031的单步操作

程序设计如下:

```
ORG   0003H
LJMP  PAUSE0
```

初始化程序如下:

```
CLR   IT0        ; 定义INT0为电平触发方式
SETB  EA         ; 开中断
SETB  PX0        ; 定义为高优先级
SETB  EX0        ; 允许外中断 0 中断
```

中断服务程序为：

```
PAUSE0：JNB    P3.2，PAUSE0；          键未按下等待
PAUSE1：JB     P3.2，PAUSE1；          键未释放等待
        RETI
```

由于键未按下时单脉冲电路输出低电平，则 CPU 响应中断，进入中断服务程序，等键释放后执行一条中断返回指令，此时$\overline{INT_0}$引脚又回到低电平，再次产生$\overline{INT_0}$中断。因为 RETI 指令执行完后，必须再执行一条指令才会产生新的中断，这样 8031 就执行了一条用户程序后才响应新的中断，实现了单步操作的功能。在实际的中断服务程序中，还可加入显示下条指令的地址及累加器 A 的内容等有关程序。

例 7.4 选用 T_0 方式 0 产生 500μs 定时，在 $P_{1.0}$输出 1ms 的方波，晶振 fosc = 12MHz，要求用中断方式实现。

该例曾在定时器一章中采用查询方法实现过，现改为中断方式实现。

```
START：MOV   TMOD，#0
       MOV   TL0，#0CH
       MOV   TH0，#0F0H            ；定时器初始化
       SETB  EA                    ；开放中断
       SETB  ET0
       SETB  PT0                   ；定义高优先级
       SETB  TR0                   ；启动定时器 T0
       SJMP  $                     ；模拟主程序，等待中断

       ORG   000BH                 ；定时器 T0 中断入口
       LJMP  PTFO                  ；转至中断服务程序

PTFO： MOV   TL0，#0CH             ；中断服务程序
       MOV   TH0，#0F0H
       CPL   P1.0
       RETI
```

例 7.5 要求用定时器控制方波输出，但要求方波的周期为 1s，单片机时钟仍为 12MHz。

解：周期为 1s 的方波，要求定时时间为 500ms，该值已超过了定时器的最大定时值。因此可采用定时器定时和软件计数器相结合的办法来实现 500ms 定时。设定时器定时值为 20ms，软件计数器初值为 25，每 20ms 产生一次定时中断，同时软件计数器减 1，当软件计数器等于 0 时，即实现了 500ms 定时，此时再输出方波，并重新赋软件计数器初值 25，如此周而复始，便可输出周期为 1s 的连续方波了。

先计算 20ms 定时器初值 x，采用定时器方式 1。

$$2^{16} - x = 20000$$

$$x = 45536 = B1E0H$$

程序设计如下：

```
         ORG    000BH
         LJMP   INTIME

START:   MOV    TMOD,#01H        ；定时器初始化
         MOV    TH0,#0B1H
         MOV    TL0,#0E0H
         MOV    IE,#82H          ；开放中断
         MOV    R0,#25           ；软件计数器初值
         SETB   TR0              ；启动定时器0
         SJMP   $                ；等待中断,模拟主程序

INTIME:  DJNZ   R0,NEXT          ；中断服务程序
         CPL    P1.0             ；输出方波
         MOV    R0,#25           ；重置初值
NEXT:    MOV    TH0,#0B1H        ；重置T0时间常数
         MOV    TL0,#0E0H
         RETI                    ；中断返回。
```

习题和思考题

7-1　计算机和外部设备有几种交换信息的方法？

7-2　8051 有几个中断源？每个中断源对应的中断入口地址是多少？8051 的中断请求标志置位及复位条件是什么？

7-3　8051 中断系统的中断优先级别怎样？

7-4　如何估算最快的中断响应时间？

7-5　如何区分串行通信中的发送中断和接收中断。

7-6　采用中断方法,完成习题 6-5。

7-7　采用中断方法,设计秒计数器,即从 00 ~ 59 秒循环计数。设 8031 晶振为 6MHz。

□第 8 章

MCS-51 系统扩展

单片机的系统扩展一般有并行扩展和串行扩展两种方法。并行扩展法是利用单片机的三组总线,即数据总线、地址总线和控制总线来完成,它的优点是速度快,常常用在高速应用的场合;串行扩展法是利用 SPI(Serial Peripheral Interface)三线总线和 I^2C(Inter – Integrated Circuit)双总线结构,它的优点是硬件接口简单,需要的 I/O 口线很少,常用在速度要求不高的场合。本章重点讨论并行扩展中的程序存贮器扩展、数据存贮器扩展和 I/O 口扩展。在串行扩展中主要讨论以 I^2C 总线结构的串行存贮器的扩展。

8.1 单片机的三总线结构

在并行扩展中,单片机是利用三总线进行扩展的,图 8-1 示出 MCS-51 单片机的三总线结构。

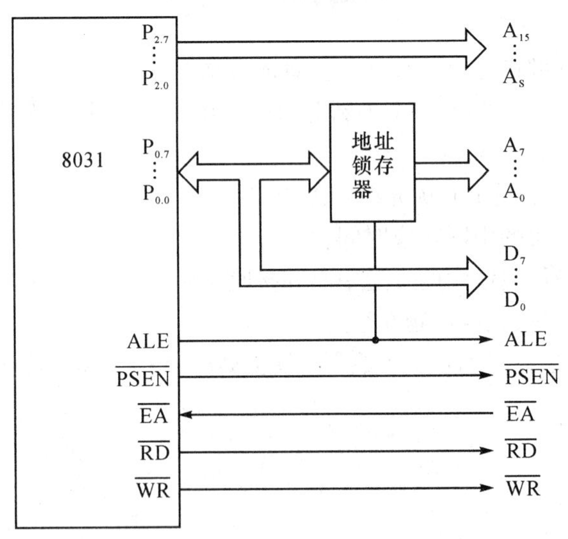

图 8-1 MCS-51 单片机的总线结构

1. 地址总线

MCS-51 单片机的地址总线共 16 根,由 P_0 口提供低八位的地址信号,P_2 口提供高八位的地址信号。

P_0 是地址(低八位)和数据分时复用的总线,在使用时必须经地址锁存器将低八位地址锁存,由 ALE 作为地址锁存控制信号,在 ALE 的下降沿到达时,锁存由 P_0 口送来的低八位地址。P_0 口传送数据时,ALE 处于低电平,所以地址锁存器只接受 P_0 口送来的低八位地址信号。

P_2 本身带有输出锁存器,输出高八位的地址信号。

2. 数据总线

数据总线的宽度为八位,由 P_0 口提供。

3. 控制总线

控制总线主要是单片机提供的对片外系统扩展的控制信号以及片外对单片机的控制信号。主要有:

$\overline{ALE}$:输出,地址锁存控制信号。通常 ALE 在 P_0 口输出地址时产生一个由高到低的脉冲,由该下降沿将地址信号锁存在锁存器中。

$\overline{PSEN}$:输出,用于片外程序存贮器的读控制。

$\overline{EA}$:输入,用于片外或片内程序存贮器的选择。当 $\overline{EA}=0$ 时,只访问外部存贮器。当 $\overline{EA}=1$ 时,对 8051 单片机而言先访问内部存贮器 0 ~ 0FFFH 空间,当 PC 值超过 0FFFH 时,自动转向外部存贮器空间。

$\overline{WR}$:输出,片外数据存贮器写信号。

$\overline{RD}$:输出,片外数据存贮器读信号。

8.2 程序存贮器扩展

在 MCS-51 系列单片机中,$\overline{EA}$ 是片内、片外程序存贮器的选择信号。当 $\overline{EA}=0$ 时,单片机全部从片外程序存贮器取指,片内程序存贮器无效。当 $\overline{EA}=1$ 时,单片机先对片内存贮器在它的寻址范围内取指,如 8051 片内存贮器的寻址范围为 0000 ~ 0FFFH,超出片内存贮器的寻址范围后,才对片外程序存贮器进行寻址。程序存贮器的最大寻址空间为 64K。

随着集成电路集成度的不断提高,现在 80C51 系列单片机有些片内程序存贮器高达 32K×8 位,完全能满足一般应用系统的要求了,因此程序存贮器的扩展并不是必需的了,在此处仅作为一种基本技术加以介绍。

8.2.1 EPROM 存贮器

EPROM 是一种紫外线擦除,用电来编程的只读存贮器。程序存贮器扩展中用得较多的是 EPROM,常用的 EPROM 有 2716、2732、2764、27128、27256 等,它们的存贮容量分别是 2K×8、4K×8、8K×8、16K×8 以及 32K×8,其主要技术指标基本相同。平时工作时只要求 +5V 电源,其编程电压有 12V 或 21V 两种。

图 8-2 示出了部分 EPROM 的引脚配置,其中(a)为 2716 的引脚配置,(b)为 2764 的引脚配置。

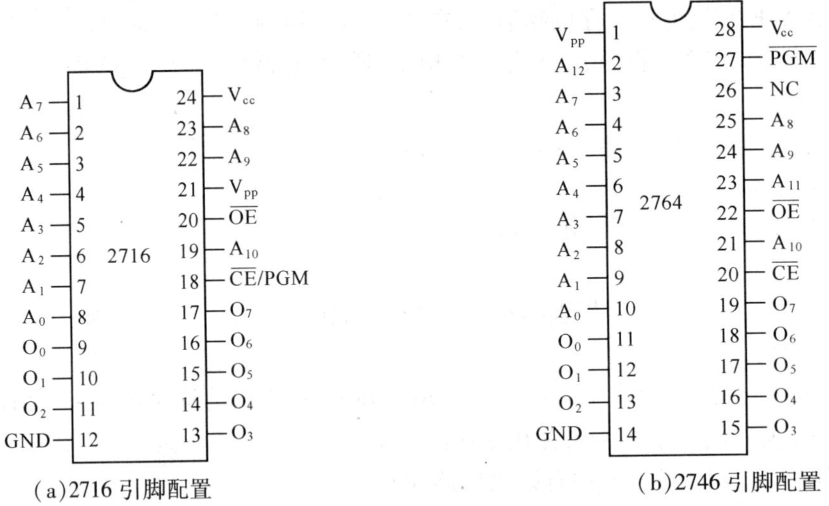

(a)2716 引脚配置

(b)2746 引脚配置

图 8-2 部分 EPROM 引脚配置

EPROM 的引脚可分为地址线、数据线、控制线及电源线、地线等。

地址线：$A_0 \sim A_n$，根据芯片容量不同，地址线根数也不同。如 2716 的地址线是 11 根，$A_0 \sim A_{10}$，其容量为 2K×8，2764 的地址线是 13 根，$A_0 \sim A_{12}$，其容量为 8K×8。

数据线：$O_0 \sim O_7$。数据线为八根，平时工作时作输出用，编程时作输入用。

控制线：$\overline{CE}$：片选信号，输入，低电平有效。

$\overline{OE}$：读允许信号，输入，低电平有效。

$\overline{PGM}$：编程脉冲输入端。

电源及地线：V_{PP}：编程电压，根据芯片不同有 21V 和 12V 两种。如 2716 编程电压为 21V，2764 编程电压为 12.5V。

V_{CC}：芯片工作电源，+5V。

GND：芯片地线。

8.2.2 程序存贮器扩展

1. 扩展 2k 字节 EPROM

8031 片内无程序存贮器，必须外接程序存贮器才能工作，图 8-3 示出 8031 单片机组成的最小系统，程序存贮器使用 2716，容量为 2k 字节。

图中采用三态缓冲输出的八位 D 锁存器 74LS373 作为地址锁存器，三态控制端$\overline{OE}$接地，以保持输出常通。G 端是 373 的 CP 脉冲输入端，G=1 时，D 端接受信号，G=0 时，数据锁存。它通常和 8031 的 ALE 信号相连，以便在 ALE 下跳变时，将 P_0 口低八位地址锁存起来，并输出供系统使用。

2716 是 2k×8 位 EPROM 器件，它有 11 根地址线，这 11 根地址线分别与 8031 的 P_0 口和 $P_{2.0} \sim P_{2.2}$连接，片选信号$\overline{CE}$（低电平有效）取自 $P_{2.3}$，根据上述电路接法，2716 占有的地址空间为 0000H～07FFH，显然该地址不是唯一的。

P_2 口已用作扩展程序存贮器的高 8 位地址总线，多余的 4 根 $P_{2.4} \sim P_{2.7}$一般不宜作通用 I/O 口，以免带来不必要的麻烦。

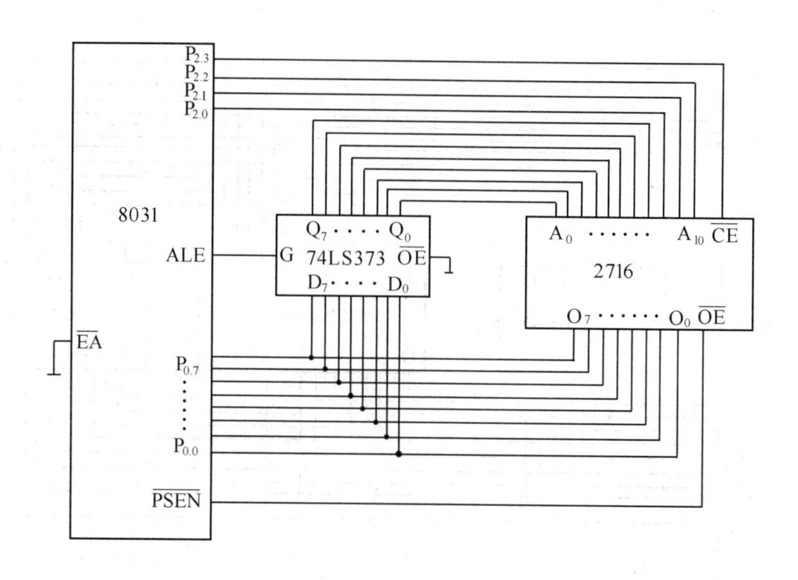

图 8-3　8031 和 2716 的连接

2. 扩展 16k 字节 EPROM

一种常用方案是用 2 片 2764 EPROM 器件组成程序存贮器扩展系统。

当使用多片存贮器芯片时,由于这几片芯片不能同时被选中,而是应按 CPU 发出的地址信号选中其中的一片,因此,这里就有一个片选的问题。通常有两种片选方法,即线选法和译码法。线选法是用低位地址线对每片片内的存贮单元进行寻址,所需的地址线由每片的单元数决定,如 2764 为 8k 字节,需要 13 根地址线。然后用余下的高位地址线分别和芯片各自的片选端相连。哪根低电平就选中哪片芯片(若片选是低电平有效),这样在任何时候这些高位地址线只能一根为低电平,其余为高电平,因此任何时候只能选中一片芯片。译码法仍用低位地址线对每片片内的存贮单元进行寻址,而高位地址线经过译码器译码以后的信号作为各芯片的片选信号。

(1)译码法寻址。

用译码法实现片选典型的扩展方法如图 8-4 所示。当 $P_{2.5}$(A_{13})为“0”时,选中 2764(A)芯片;当 $P_{2.5}$为“1”时,选中 2764(B)芯片。$P_{2.7}$、$P_{2.6}$未用,若 $P_{2.7}$、$P_{2.6}$均取值 0,则 2764(A)的地址为 0000H ~ 1FFFH,2764(B)的地址为 2000H ~ 3FFFH。

(2)线选法实现片选。

典型的扩展方法如图 8-5 所示。由 $P_{2.5}$接 2764(A)的$\overline{CE}$端,$P_{2.6}$接 2764(B)的$\overline{CE}$端。在这种情况下,2764(A)的地址空间为 4000H ~ 5FFFH,2764(B)的地址空间为 2000H ~ 3FFFH。

线选法不必加译码电路,故硬件连接简单,其缺点是地址空间利用率低,地址常常不连续且有重复。如上例中 $P_{2.7}$取高电平,则 2764(A)的地址为 C000H ~ DFFFH,2764(B)的地址为 A000H ~ BFFFH。

从上例中我们可以看到,线选法有时无法扩展 0000H 为首的程序存贮器空间。而 8051 单片机复位后 PC = 0000H,而且中断入口地址也在该区域中,因此在实用中应根据实际情况适当选择译码方法,合理分配外设和存贮器的地址空间。

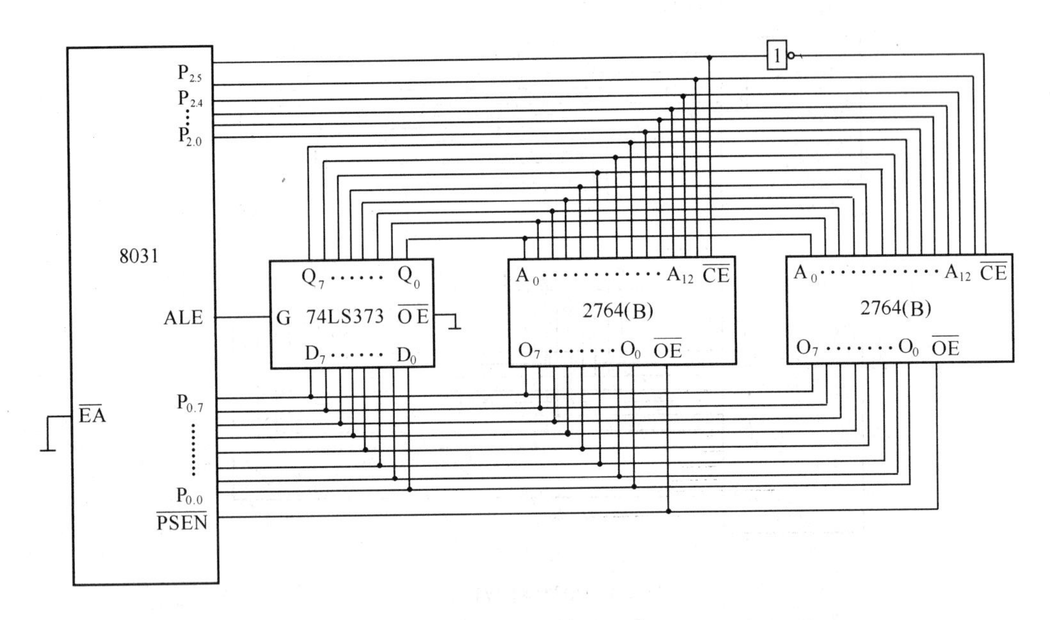

图 8-4　采用译码法扩展 2 片 2764

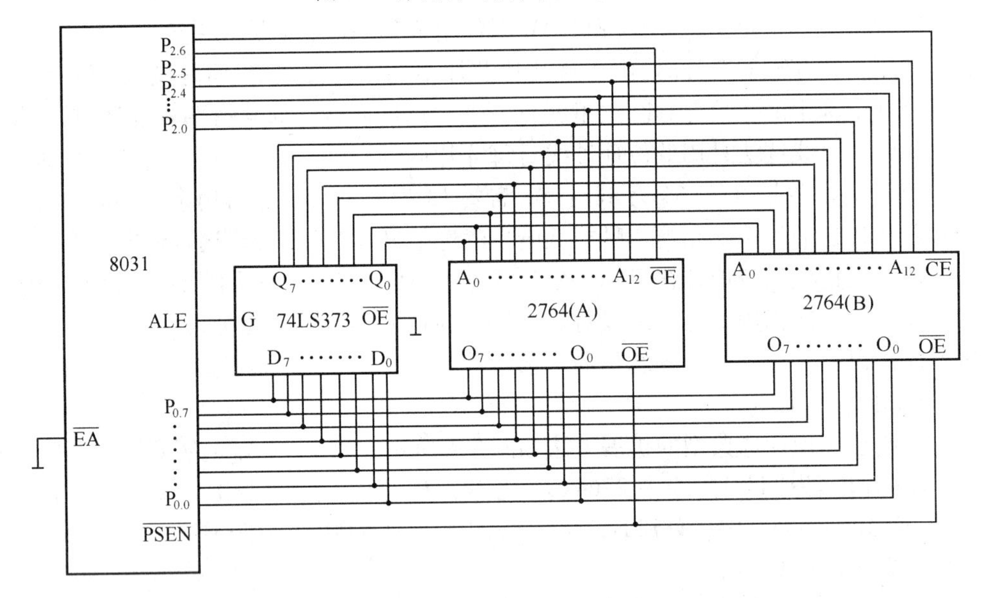

图 8-5　采用线选法扩展 2 片 2764

8.3　数据存贮器扩展

MCS-51 单片机片内具有 128 B 的 RAM,CPU 对内部 RAM 具有丰富的操作指令,这个 RAM 区是十分珍贵的资源,可作为工作寄存器、堆栈、软件标志和数据缓冲区,用户应合理地分配,充分地利用片内的 RAM,发挥它的作用。

在很多应用系统特别是数据采集和处理过程中,仅片内 RAM 是不够的,在这种情况下,可利用 MCS-51 的扩展功能,外接 RAM 电路,作为外部数据存贮器。在具体介绍数据存贮器的扩展方法之前，先介绍几种常用的 RAM 器件。

8.3.1 静态 RAM 存贮器

1. RAM 6116

6116 是一种 2048 ×8 位的静态随机存贮器，采用单一 +5V 供电，管脚如图 8-6 所示，操作方式选择如表 8-1 所示。

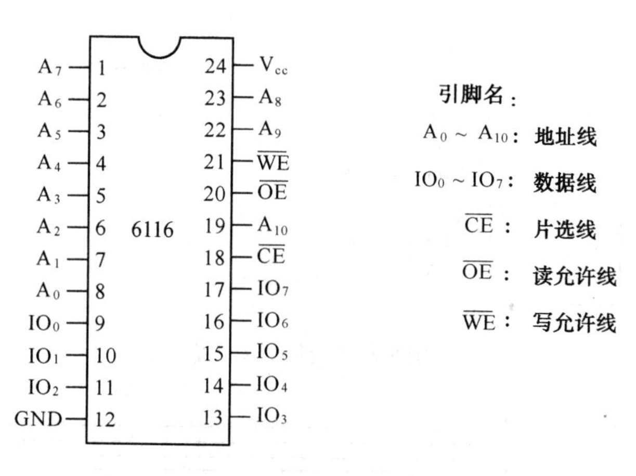

图 8-6 6116 管脚配置

表 8-1 6116 操作方式选择

$\overline{CE}$ $\overline{WE}$ $\overline{OE}$	方式	功能
0 0 1	写	$O_0 \sim O_7$ 上内容写入 $A_0 \sim A_{10}$ 对应单元中
0 1 0	读	$A_0 \sim A_{10}$ 对应单元内容输出到 $O_0 \sim O_7$
1 × ×	未选中	$O_0 \sim O_7$ 呈高阻态

2. RAM 6264

6264 是 8196 ×8 的静态随机存贮器，其集成度较高，也是单一 +5V 电源供电，管脚如图 8-7 所示，操作方式如表 8-2 所示。

表 8-2 6264 操作方式选择

$\overline{CE}$ $\overline{WR}$ $\overline{OE}$	方式	功能
0 0 1	写	$O_0 \sim O_7$ 上的内容写入 $A_0 \sim A_{12}$ 的地址对应单元
0 1 0	读	$A_0 \sim A_{12}$ 地址对应单元内容输出到 $O_0 \sim O_7$
1 × ×	未选中	$O_0 \sim O_7$ 呈高阻态

8.3.2 数据存贮器扩展

数据存贮器空间地址同程序存贮器一样，由 P_2 口提供高 8 位地址，P_0 口分时提供低 8 位地址和 8 位双向数据线。数据存贮器的读/写信号由 $\overline{RD}$ 和 $\overline{WR}$ 控制，而程序存贮器由读选通信号 $\overline{PSEN}$ 控制，两者虽然共处同一地址空间，但由于控制信号不同，故不会发生总线冲突。

1. 扩展 2k 字节 RAM

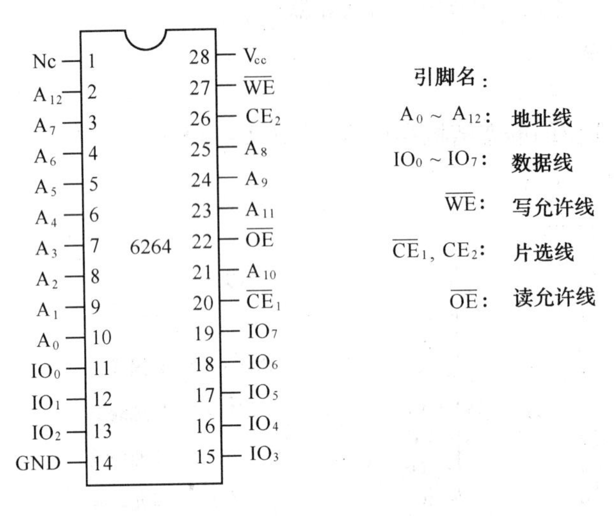

图 8-7　6264 管脚配置

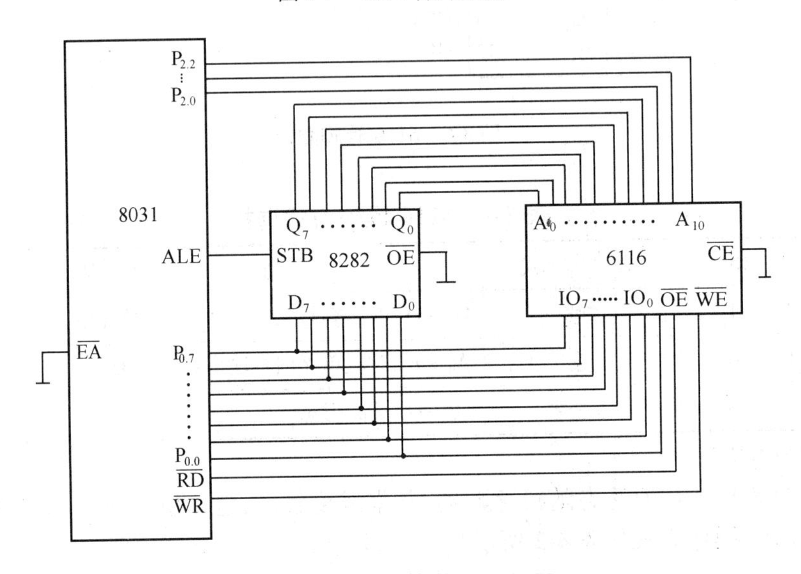

图 8-8　用 6116 扩展 2KB RAM

采用静态 RAM 6116 扩展 2k 字节数据存贮器，典型扩展方法如图 8-8 所示。

8282 的功能和 74LS373 相当。STB 是输入选通端，当 STB = 1 时，锁存器处于透明工作状态，即锁存器的输出状态随数据端的状态变化而变化。当 STB 端由 1 变为 0 时，地址被锁存起来。因此 STB 与单片机的 ALE 相连。$\overline{OE}$端是输出使能端，$\overline{OE}$端接地，以保证输出缓冲器畅通。

8051 的$\overline{WR}$和$\overline{RD}$分别与 6116 的写允许$\overline{WE}$和读允许$\overline{OE}$连接，实现写/读控制，6116 的片选控制端$\overline{CE}$接地常选通。

2. 扩展 16k 字节数据存贮器和 16k 字节程序存贮器

(1)线选法寻址

典型的扩展方法如图 8-9 所示。地址锁存器 74LS373 输出低 8 位地址，8031 的 $P_{2.4}$

~$P_{2.0}$输出高 5 位地址,13 根地址线寻址范围为 8k。$P_{2.5}$和 $P_{2.6}$分别选通 IC_1、IC_3 和 IC_2、IC_4,对应的存贮空间为:

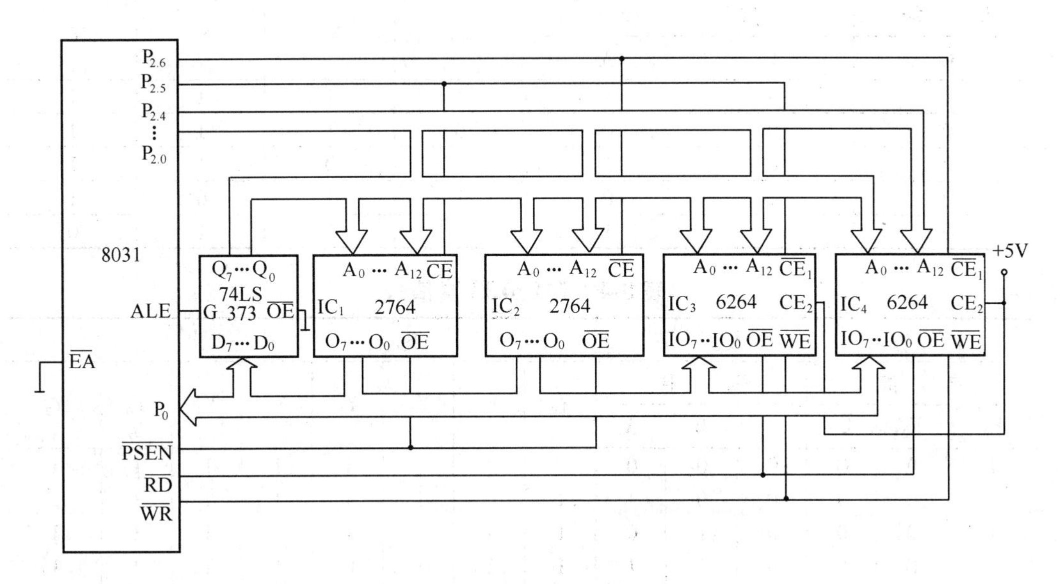

图 8-9 扩展 16kB ROM 和 16kB RAM

IC_1:程序存贮空间 4000H~5FFFH

IC_2:程序存贮空间 2000H~3FFFH

IC_3:数据存贮空间 4000H~5FFFH

IC_4:数据存贮空间 2000H~3FFFH

(2)译码法寻址

常用译码器有 74LS139 和 74LS138 等,它们的引脚图如图 8-10、图 8-11 所示,真值表如表 8-3、表 8-4 所示。

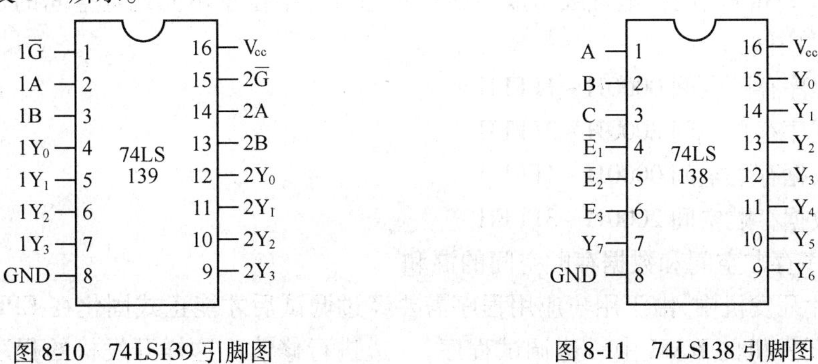

图 8-10 74LS139 引脚图　　图 8-11 74LS138 引脚图

表 8-3　74LS139 真值表

输入			输出			
使能	选择		Y_0	Y_1	Y_2	Y_3
$\overline{G}$	B	A				
1	×	×	1	1	1	1
0	0	0	0	1	1	1
0	0	1	1	0	1	1
0	1	0	1	1	0	1
0	1	1	1	1	1	0

表 8-4　74LS138 真值表

输入						输出							
使能			选择			Y_0	Y_1	Y_2	Y_3	Y_4	Y_5	Y_6	Y_7
E_3	$\overline{E}_2$	$\overline{E}_1$	C	B	A								
1	0	0	0	0	0	0	1	1	1	1	1	1	1
1	0	0	0	0	1	1	0	1	1	1	1	1	1
1	0	0	0	1	0	1	1	0	1	1	1	1	1
1	0	0	0	1	1	1	1	1	0	1	1	1	1
1	0	0	1	0	0	1	1	1	1	0	1	1	1
1	0	0	1	0	1	1	1	1	1	1	0	1	1
1	0	0	1	1	0	1	1	1	1	1	1	0	1
1	0	0	1	1	1	1	1	1	1	1	1	1	0
0	×	×	×	×	×	1	1	1	1	1	1	1	1
×	1	×	×	×	×	1	1	1	1	1	1	1	1
×	×	1	×	×	×	1	1	1	1	1	1	1	1

图 8-12 是采用 74LS139 译码器扩展存贮器的一个实例。$P_{2.7}$输出为 0 时,74LS139 译码有输出,$P_{2.6}$和 $P_{2.5}$两根地址线组成的四种状态可选中位于不同地址空间的选择。各芯片对应存贮空间为:

IC_0:程序存贮空间 0000H ~ 1FFFH

IC_1:程序存贮空间 2000H ~ 3FFFH

IC_2:数据存贮空间 0000H ~ 1FFFH

IC_3:数据存贮空间 2000H ~ 3FFFH

3. 程序存贮空间和数据存贮空间的混和

在单片开发机中,由于用户应用程序需要经过调试后才能正式固化在 EPROM 中,因此需要在开发机的 RAM 中一边调试程序,一边进行修改。这样开发机的程序存贮器和数据存贮器实际上是合在一起的。

在硬件结构上,只要将$\overline{RD}$信号和$\overline{PSEN}$信号经过一个“与”门,其输出选通 RAM 的读选通端,就能使程序空间和数据空间混和。

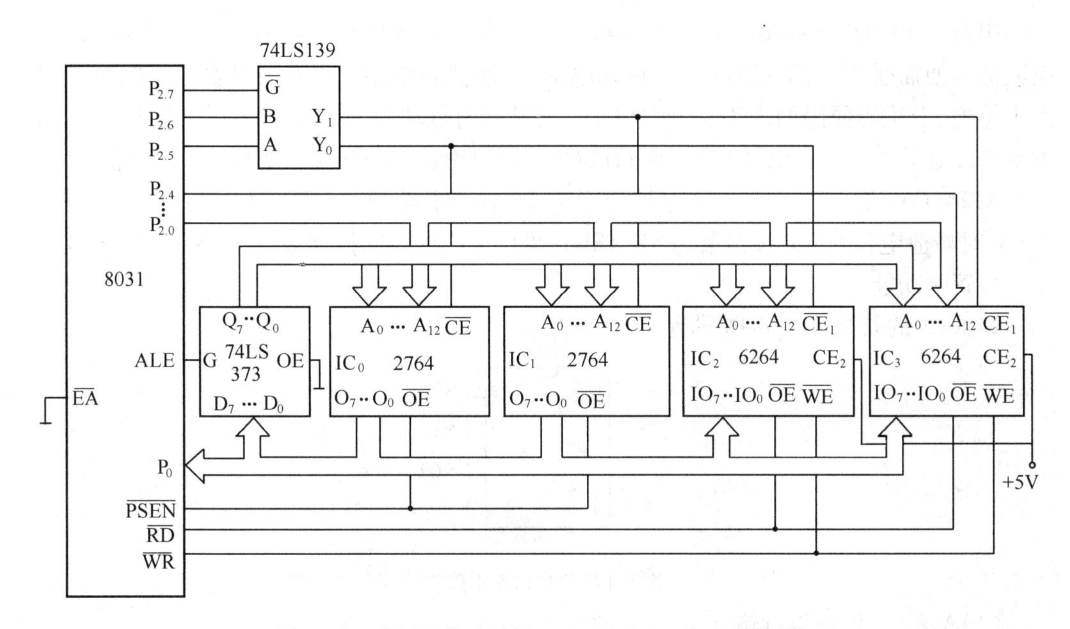

图 8-12　采用译码法扩展 16kB 的 ROM 和 RAM 系统

8.4　串行 E^2 PROM 扩展

随着器件集成度的提高和结构的发展,串行扩展的应用逐渐增多,串行扩展有 SPI 三线总线和 I^2C 双总线两种。SPI 是一个全双工的结构,它有串行数据线(MISO、MOSI)用于串行数据的发送和接收,以及串行时钟线(SCLK)用于数据发送和接收的同步。实际上,MCS-51 单片机的串行口可以作为一个简化的 SPI 使用,其中 RXD 兼作 MOSI/MISO,TXD 作为 SCLK 使用。I^2C 总线允许若干接口部件共享 I^2C 总线,I^2C 的总线结构如图 8-13 所示。

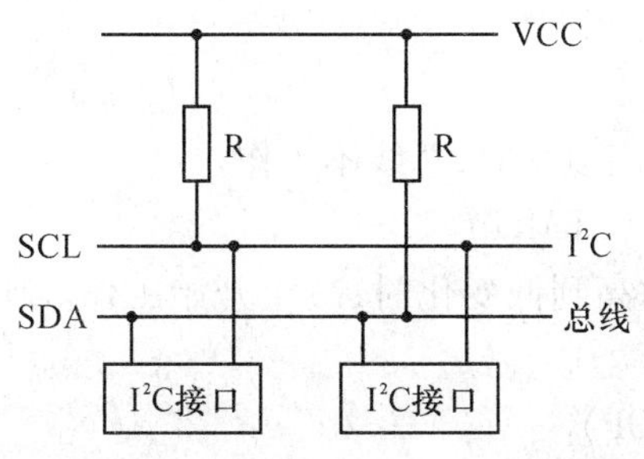

图 8-13　I^2C 总线结构

SDA 称为串行数据线,用来传输双向数据;SCL 称为串行时钟线,用来同步串行数据上的数据。由于 I^2C 总线接口部件均为漏极开路结构,因此,SDA、SCL 需接上拉电阻 R。

现以串行 E^2PROM 为例,重点介绍 I^2C 总线的硬件接口和软件编程。

8.4.1 串行 E^2PROM24LC65 的结构特点

串行 E^2PROM 是理想的非易失性存贮器。由于它体积小、价格低、接口简单以及使用灵活方便而受到人们的青睐。在移动电话、智能仪表中用于保存各种数据,使数据不会由于停电、干扰等原因而丢失。同时由于该芯片具有低功耗、低电压等特点,更适合用于各种便携式电子产品中。现以 E^2PROM24LC65 为例讨论它的硬件接口及程序设计方法。

AT24LC65 是一种 CMOS 串行 E^2PROM 读/写程序器,工作电压范围 2.5V ~ 6V,电压为 6V 时峰值电流为 3mA,容量为 8K × 8bit,采用 I^2C 总线结构,8 脚 DIP 封装。

1. 管脚功能

24LC65 的管脚如图 8-14 所示。

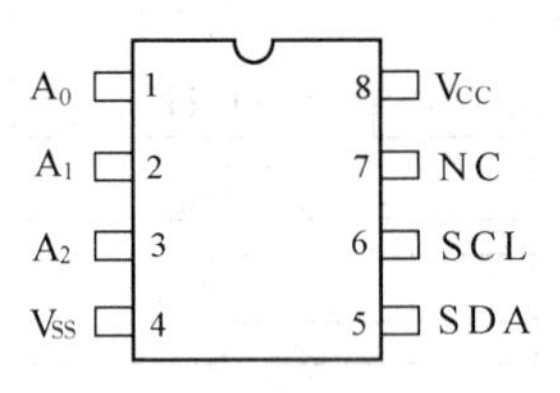

图 8-14　24LC65 引脚图

(1) $A_0A_1A_2$ 地址选择端

该端可用于器件寻址,用于多片器件扩展,当系统只用一片 24LC65 时,可将 $A_0A_1A_2$ 接地。

(2) SDA 串行地址/数据输入输出端

这是一个双向的串行传输端,用于传送地址和数据。它是漏极开路结构,要求接一个上拉电阻到 V_{CC} 端(电阻典型值,100KHz 时为 10KΩ,400KHz 时为 1KΩ)。对一般数据传送,只有当 SCL 为低电平期间,SDA 才允许变化,在 SCL 为高电平期间,SDA 的变化作为开始和停止条件。

(3) SCL 串行时钟端

此输入端用于同步传输进入和发出器件的数据。

2. 总线特性

(1) 总线不忙

当 SCL 和 SDA 均保持高电平时,总线不工作。

(2) 开始数据传送信号(START)

时钟 SCL 为高,SDA 由高到低变化时,决定开始工作。所有命令必须在开始条件以后进行。

(3) 停止信号传送(STOP)

当 SCL 为高,SDA 线由低到高的变化决定停止条件,所有操作必须在停止条件以前结束。

总线开始/停止时序如图 8-15 所示。

(4) 数据有效

在开始条件发出后,时钟信号 SCL 高电平期间,SDA 上传送的数据位应保持恒定;在时钟信号低电平期间,SDA 上可以更换数据,每位数据传送需要一个时钟脉冲。

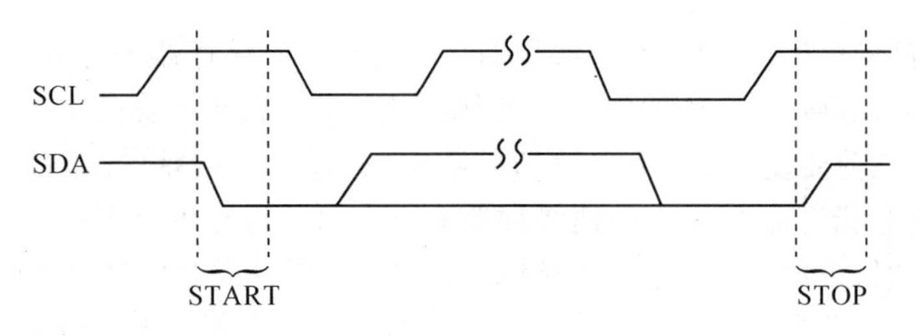

图 8-15　总线开始/停止时序

(5)确认信号(ACK)

在接收到每一个字节后,SDA 线上会产生一个应答信号。为此 SCL 应增加一个额外脉冲。在 SCL 高电平期间,SDA 出现低电平,表示 SDA 上的一个字节已发送完毕。

(6)控制字节

在对 E^2PROM24LC65 进行操作时,当发出 START 信号后,紧接着应发送控制字节,控制字节格式如下:

D_7 D_6 D_5 D_4	D_3 D_2 D_1	D_0
控制码	器件地址	$R/\overline{W}$

控制码:控制码应为 1010,表示对 24LC65 进行读/写操作。

器件地址:指 $A_2A_1A_0$ 状态,用此三位对器件进行选择。

$R/\overline{W}$:$R/\overline{W}=1$ 读操作,$R/\overline{W}=0$ 写操作。

3. 写操作

写操作有两种基本操作模式:字节写和页面写。

(1)字节写操作

字节写次序如图 8-16 所示。

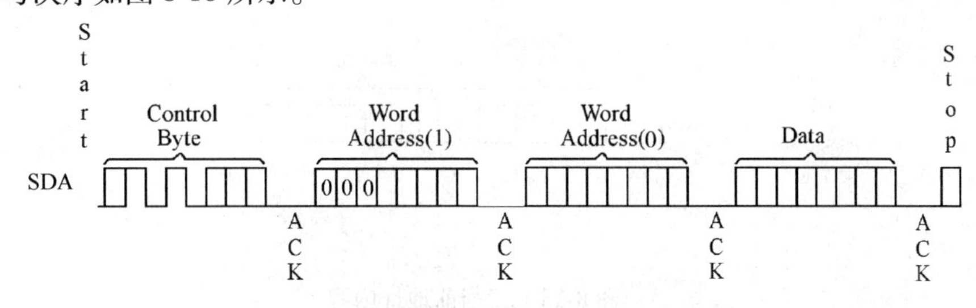

图 8-16　字节写操作

字节写时,首先发出开始信号,接着发控制字节以及 24LC65 地址,地址按照先发高位地址后发低位地址次序,最后发出欲写入的数据,结束操作后发停止信号。每写入一个字节,在 SDA 线上均会产生一个 ACK 信号确认。当收到确认信号后,才能进行下一个字节的写入。

(2)页面写操作

页面写操作的开始步骤同字节写操作类似,即先写控制字节和字地址,然后可发送多达 8 页,每页 8 个数据字节(总共 64 个字节)。这些字节暂存在 24LC65 片内的页面高速缓存器中，在器件发出停止信号后，这些数据字节将从高速缓存器中写入 E^2PROM 阵列。接收到每一个字节以后，低 6 位地址指针在内部加 1，高 7 位地址保持常数。如果主器件在产生停止条件以前要发送多达 8 个字节的数据（越过页面边界写），地址计数器（低三位）将会翻转，并且指针加 1，指向高速缓存器的下一页。这样重复进行 8 次后或者直到高速缓存器为满时，主器件应产生停止条件。如果停止条件没有接收到，高速缓存器的指针将回复到第一页，并且任何进一步接收到的数据将覆盖先前获得的数据。页面写操作如图 8-17 所示。

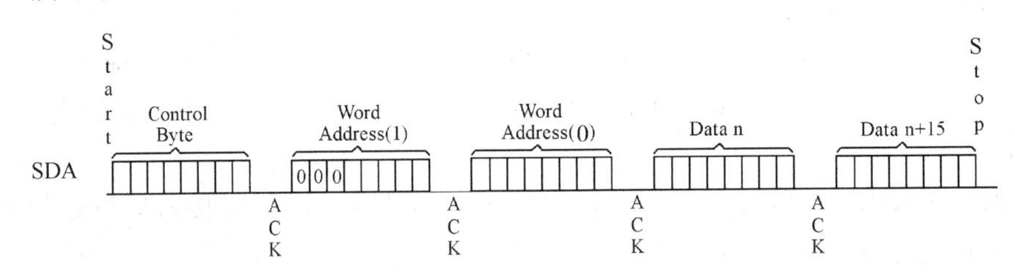

图 8-17　页面写操作

4. 读操作

当控制字节的 R/$\overline{W}$ 位被置“1”，启动读操作。存在三种基本读操作类型：读当前地址内容，读随意地址内容，读顺序地址内容。

(1) 读当前地址内容

24LC65 片内包括一个地址计数器，此计数器保存被存取的最后一个字的地址，并在片内加 1。如果以前存取的地址为 n，下一次读操作从 n = 1 地址中读出数据. 在接收到读控制字节后，24LC65 发出一个确认位，并且送出 8 位数据。主器件将不确认传送，但产生一个停止条件，24LC65 不再继续发送。读当前地址操作如图 8-18 所示。

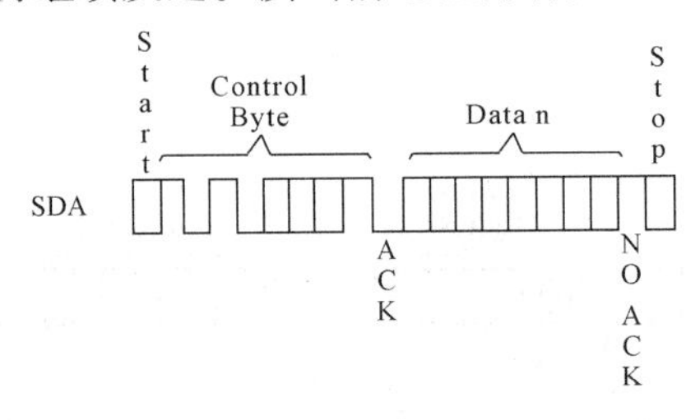

图 8-18　读当前地址内容

(2) 读任意地址内容

这种方式允许主器件以随意方式读存贮器任意地址的内容。要完成这种方式的读操作，首先必须置字地址。这可通过字地址作为写操作的一部分送给 24LC65 来完成。发送了字地址以后，主器件在确认位后面产生一个开始条件。再次发控制字节，使 R/$\overline{W}$ = 1，然后发送 8 位数据。这时无确认信号，但应产生一个停止条件。读任意地址操作如图 8-19 所示。

(3) 读顺序地址内容

读顺序地址内容的方式与读任意地址的方式以同样的方法启动后，就可连续发送数据了。每次发送完一个数据后，24LC65 内部的地址指针自动加 1，可连续顺序读出整个

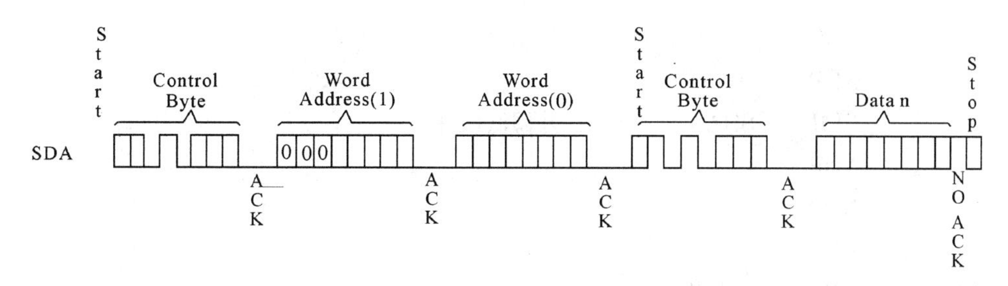

图 8-19 读任意地址内容

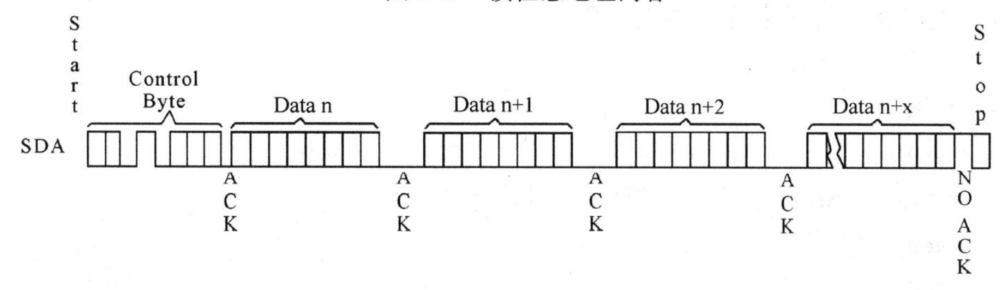

图 8-20 读顺序地址内容

存贮器内容。读顺序地址内容操作如图 8-20 所示。

8.4.2 串行 E^2PROM 的硬件接口及软件编程

单片机 8031 和串行 E^2PROM 接口电路如图 8－21 所示，其中 $P_{3.4}$引脚接 SDA 线，$P_{3.5}$引脚接 SCL 线，由于只使用一片 24LC65 芯片，故 A_2、A_1、A_0 引脚均接地。

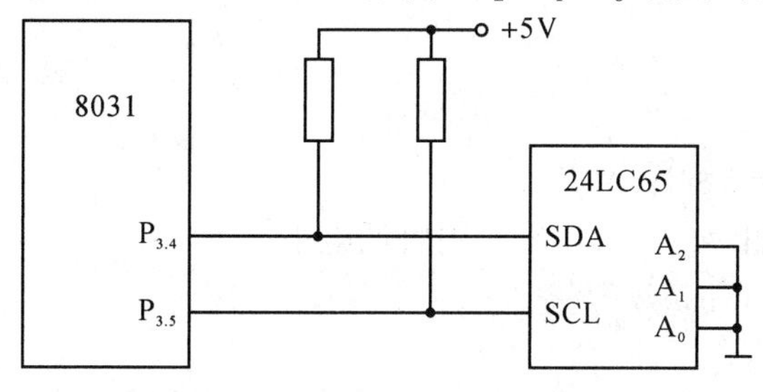

图 8-21 8031 和 24LC65 接口

由于 8031 单片机本身不含 I^2C 总线，所以我们用 $P_{3.4}$、$P_{3.5}$二根 I/O 线来模拟 I^2C 总线规范，编写起始信号 START，停止信号 STOP，确认信号 ACK 以及读/写一个字节的若干子程序。

(1)产生开始信号子程序 START。

```
SDA       BIT   P3.4            ;定义 SDA,SCL 引脚
SCL       BIT   P3.5
START:    SETB        SCL       ;SCL 引脚高电平
          NOP
          NOP
          SETB        SDA       ;SDA 引脚高电平
          NOP
```

```
        NOP
        NOP
        CLR     SDA         ;SDA 引脚低电平
        NOP
        NOP
        RET
```

其中程序中的 NOP 起到延迟作用。根据实际情况可适当增减。

(2)产生停止信号子程序 STOP。

```
STOP:CLR     SCL          ;SCL 引脚低电平
     NOP
     NOP
     CLR     SDA          ;SDA 引脚低电平
     NOP
     NOP
     SETB    SCL          ;SCL 引脚高电平
     NOP
     NOP
     SETB    SDA          ;SDA 引脚高电平
     NOP
     NOP
     RET
```

(3)产生确认信号子程序 ACK。

```
ACK: CLR     SCL          ;SCL 引脚低电平
     NOP
     NOP
     SETB    SCL          ;SCL 引脚高电平
     NOP
     NOP
ACK1:JB      SDA,ACK1     ;查询 SDA 引脚,若为低电平,表示一个字节发送完
     CLR     SCL          ;SCL 引脚低电平
     NOP
     NOP
     RET
```

(4)读 8 位二进制数据子程序 READ_8BIT。SCL 每来一个脉冲,读一位数据,并在 SCL 高电平时从 SDA 线上读入数据,读完八位数据后存入 A 中。

```
READ _8BIT:
     MOV     R6,#8
RED:SETB     SCL          ;SCL 引脚高电平
```

```
        NOP
        NOP
        MOV     C,SDA       ;从 SDA 线上读入数据
        CLR     SCL         ;SCL 引脚低电平
        NOP
        NOP
        RLC     A
        DJNZ    R6,RED      ;八位数据未读完转 RED
        RET
```

(5)写八位二进制数据子程序 WRITE_8BIT,写入八位数据放在 A 中。SCL 每来一个脉冲,传送一位数据,在 SCL 低电平时,SDA 线上可更换数据。

```
    WRITE_8BIT:
        MOV     R6,#8
    WR: CLR     SCL         ;SCL 引脚低电平
        NOP
        NOP
        RLC     A
        MOV     SDA,C       ;将 A 中一位数据写入
        NOP
        NOP
        SETB    SCL         ;SCL 引脚高电平
        NOP
        NOP
        DJNZ    R6,WR       ;八位数据未写完转 WR
        RET
```

(6)将一个字节数据写入 24LC65 子程序 WRITBYTE。设 24LC65 的地址存放在 DPTR 中,欲写入的数据存放在 A 中。写一个字节数据时,首先发出开始信号,接着发送控制字节和 24LC65 的地址,地址按照先高后低次序发送,最后发送欲写入的数据,每发送完八位二进制数据,在 SDA 线上均产生一个 ACK 信号。

```
    WRITBYTE:
    PUSH    ACC
    LCALL   START       ;发送开始信号
    MOV     A,#0A0H     ;写控制字节,置为写模式
    LCALL   WRITE_8BIT
    LCALL   ACK
    MOV     A,DPH       ;发送 24LC65 地址高八位
    LCALL   WRITE_8BIT
    LCALL   ACK
```

```
MOV      A,DPL          ;发送 24LC65 地址低八位
LCALL    WRITE_8BIT
LCALL    ACK
POP      ACC
LCALL    WRITE_8BIT     ;写入数据
LCALL    ACK
LCALL    STOP           ;发送停止信号
RET
```

(7)从 24LC65 任意地址中读出一个字节数据子程序 READBYTE。设 24LC65 的地址存放在 DPTR 中,读出的数据存放在 A 中。具体过程可参阅图 8-19。

```
READBYTE:
LCALL    START          ;发送开始信号
MOV      A,#0A0H        ;写控制字节,置为写模式
LCALL    WRITE-8BIT
LCALL    ACK
MOV      A,DPH          ;发送 24LC65 地址高八位
LCALL    WRITE_8BIT
LCALL    ACK
MOV      A,DPL          ;发送 24LC65 地址低八位
LCALL    WRITE_8BIT
LCALL    ACK
LCALL    START          ;重新发送开始信号
MOV      A,#0A1H        ;写控制字节,置为读模式
LCALL    WRITE_8BIT
LCALL    ACK
LCALL    READ_8BIT
LCALL    STOP
RET
```

8.5 I/O 口扩展

MCS-51 单片机系列中的 8031 单片机,名义上有 32 根 I/O 线,实际上 8031 本身提供给用户使用的输入/输出线并不多,只有 P_1 口 8 位 I/O 线和 P_3 口的某几根可作为输入/输出线用,因此在大多数应用系统中,都需要扩展 8031 的输入/输出接口。8031 的外部 RAM 和 I/O 是统一编址的,用户可以把外部 64k RAM 存贮单元的一部分作为扩展 I/O 接口的地址空间,每一个接口相当于一个 RAM 存贮单元,CPU 可以像访问外部 RAM 存贮器那样访问外部接口,对 I/O 进行读写操作。

I/O 接口扩展,常用的芯片有可编程的并行接口芯片 8255 和 8155,现以 8255 为例介

绍 I/O 的扩展。

8.5.1 可编程的并行接口 8255A

所谓可编程是指可用编程的方法改变接口芯片的逻辑功能。

1. 8255A 各引脚功能

8255 的引脚及方框图分别如图 8-22 及图 8-23 所示。

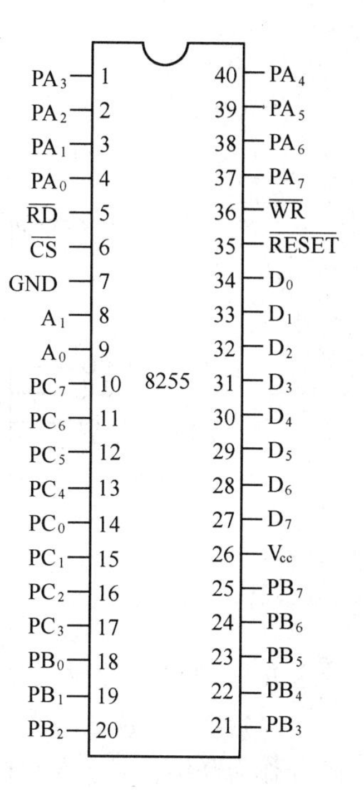

图 8-22 8255 引脚图

各引脚功能如下：

(1) $D_0 \sim D_7$：双向数据总线；

(2) $PA_0 \sim PA_7$：端口 A I/O 线；

(3) $PB_0 \sim PB_7$：端口 B I/O 线；

(4) $PC_0 \sim PC_3$：端口 C 低四位 I/O 线；

(5) $PC_4 \sim PC_7$：端口 C 高四位 I/O 线；

(6) A_1A_0：地址线。

$A_1A_0 = 00$ 时，选择端口 A；

$A_1A_0 = 01$ 时，选择端口 B；

$A_1A_0 = 10$ 时，选择端口 C；

$A_1A_0 = 11$ 时，选择控制寄存器。

(7) $\overline{RD}$：读控制线。$\overline{RD} = 0$ 时，CPU 可以把端口 A、B、C 的数据读入。

(8) $\overline{WR}$：写控制线。$\overline{WR} = 0$ 时，CPU 可以把数据写入端口 A、B、C 或者控制寄存器中。

(9) $\overline{CS}$：片选信号。$\overline{CS} = 0$ 时，该片被选中，允许工作。

(10) RESET：复位输入信号。高电平有效。复位后，控制寄存器被清除，各端口被置成输入方式。

表 8-5 列出 8255 地址、控制信息和操作内容之间关系（假设 $A_7 \sim A_0 = 110000\times\times$ 时 $\overline{CS} = 0$）。

表 8-5 8255 的 A_0、A_1、$\overline{RD}$、$\overline{WR}$ 的控制作用

A_1	A_0	$\overline{RD}$	$\overline{WR}$	所选端口	地址	功 能
0	0	0	1	A 口	C0H	读端口 A
0	1	0	1	B 口	C1H	读端口 B
1	0	0	1	C 口	C2H	读端口 C
0	0	1	0	A 口	C0H	写端口 A
0	1	1	0	B 口	C1H	写端口 B
1	0	1	0	C 口	C2H	写端口 C
1	1	1	0	控制寄存器	C3H	写入控制字

2. 8255 的三种工作方式

1) 方式 0：基本的输入/输出。在这种工作方式下，A、B、C 三个端口都可用作输入/输出的方式，但不能既作输入又作输出。端口 C 可以分成两部分即高四位和低四位来设置

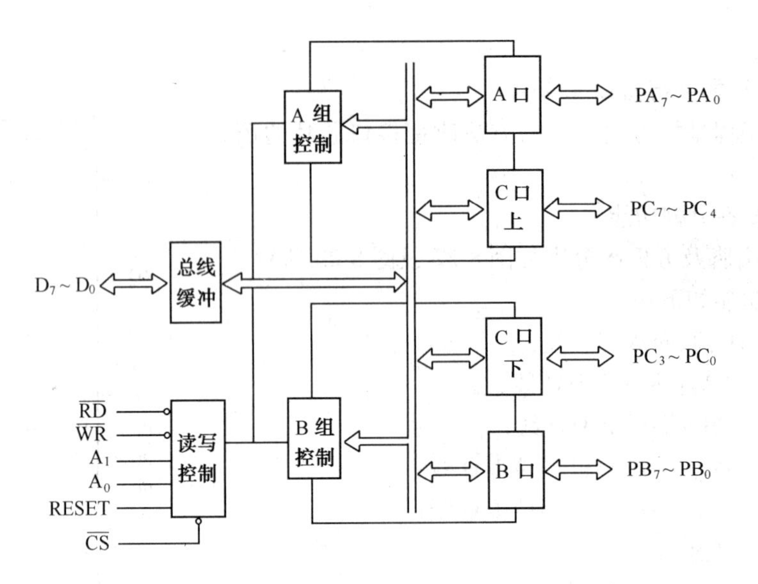

图 8-23　8255 方框图

传送方向，如高四位设置为输入，低四位设置为输出，也可都作输入或输出。

（2）方式 1：选通的输入/输出。此时端口 A、端口 B 均可工作在此种工作方式，而端口 C 作为联络信号。A 口的动作可通过 C 口的高四位进行控制。B 口的动作可通过 C 口的低四位进行控制。

（3）方式 2：双向方式。只有端口 A 可编程为双向方式，通过 C 口的高 5 位进行控制，A 口既可作输入也可作输出。$PC_0 \sim PC_2$ 及 PB 口可工作于方式 0。

8255 端口 C 在方式 1 及方式 2 各联络信号分布如表 8-6。

表 8-6　8255 端口 C 联络信号

C 口各位	方式 1		方式 2	
	输入	输出	输入	输出
PC_7		$\overline{OBF_A}$	×	$\overline{OBF_A}$
PC_6		$\overline{ACK_A}$	×	$\overline{ACK_A}$
PC_5	IBF_A		IBF_A	×
PC_4	$\overline{STB_A}$		$\overline{STB_A}$	×
PC_3	$INTR_A$	$INTR_A$	$\overline{INTR_A}$	$INTR_A$
PC_2	$\overline{STB_B}$	$\overline{ACK_B}$		
PC_1	IBF_B	$\overline{OBF_B}$		
PC_0	$INTR_B$	$\overline{INTR_B}$		

用于输入的联络信号含义如下：

$\overline{STB}$：选通脉冲输入，低电平有效。当外设送来$\overline{STB}$信号时，输入数据装入 PA 口或 PB 口。

IBF:输入缓冲器满,高电平有效,输出信号。IBF = 1 时,表示数据已装入锁存器,可作为状态信号。

INTR:中断请求信号。高电平有效。当 IBF 为高电平,$\overline{\text{STB}}$为高电平时置位,向 CPU 提出中断申请。

用于输出的联络信号含义如下:

$\overline{\text{ACK}}$:输入,低电平有效。当外设取走并处理完 8255 的数据后发出的响应信号。

$\overline{\text{OBF}}$:输出,低电平有效,输出缓冲器满信号。当 CPU 把数据写入 8255 后有效。可用来通知外设开始接受数据。

INTR:输出,中断请求信号,高电平有效。当外设处理完一组数据发出$\overline{\text{ACK}}$脉冲后,使$\overline{\text{OBF}}$变高电平,然后在$\overline{\text{ACK}}$变高电平后使 INTR 有效,申请中断,进入下一次输出过程。

3. 8255 控制字

(1) 方式控制字

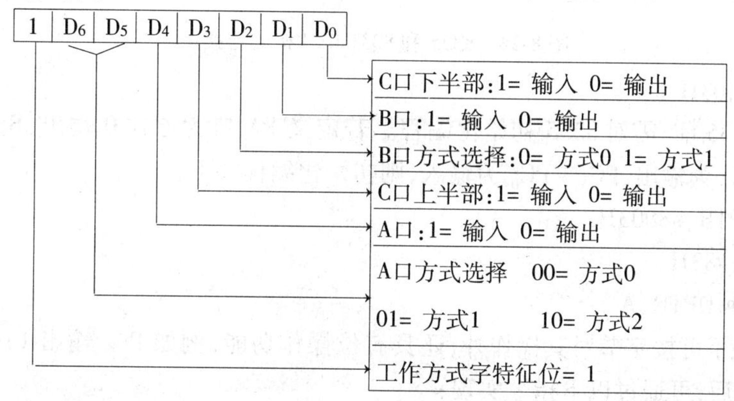

(2) 端口 C 置位/复位控制字

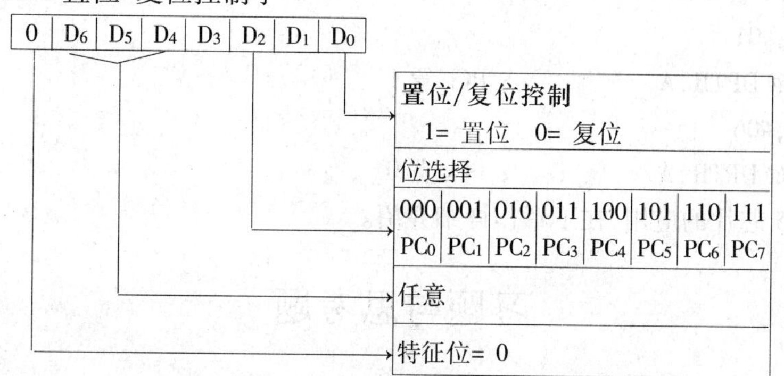

C 口的各位可以通过控制字使之按位操作。需要注意的是,这个控制字必须写入控制寄存器中。

8.5.2 8255 和 MCS-51 单片机的接口

图 8-24 示出 8255 和 8031 单片机的硬件连接图。由图可知,8255 端口地址分配如下:

PA 口:8000H

PB 口:8001H

PC 口:8002H

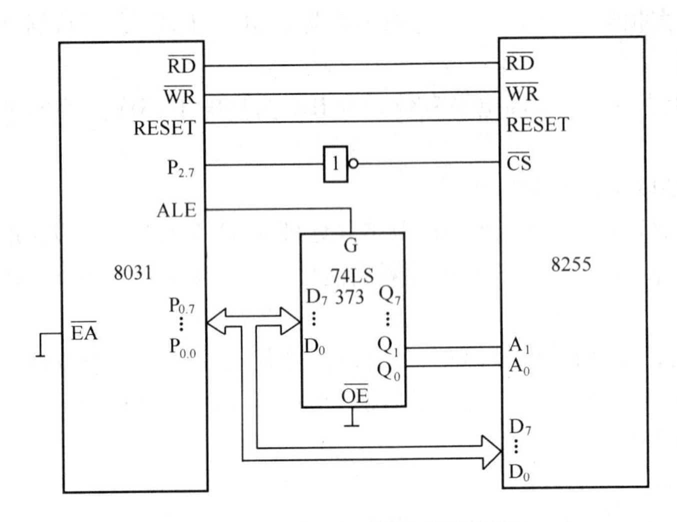

图 8-24　8255 和 8031 单片机的连接

控制口:8003H

在使用 8255 前,需对 8255 初始化编程。若定义 PA 口为方式 0 输出,B 口为方式 0 输入,$PC_7 \sim PC_4$ 为输出,$PC_3 \sim PC_0$ 为输入,则初始化编程如下:

```
MOV    DPTR,#8003H
MOV    A,#83H
MOVX   @DPTR,A
```

端口 C 除了可按字节对其操作外,还具有位操作功能,例如 PC_0 输出 1,PC_3 输出 0,在初始化编程后,可通过以下指令实现:

```
MOV    DPTR,#8003H
MOV    A,#01
MOVX   @DPTR,A            ; PC0 置 1
MOV    A,#06
MOVX   @DPTR,A            ; PC3 置 0
```

有关 8255 芯片的应用,在下章作详细介绍。

习题与思考题

8-1　为什么外扩存贮器时,P_0 口要外接锁存器,P_2 口却不接?

8-2　试将 8031 芯片外接一片 2764 EPROM 和一片 2116 RAM 组成一个扩展系统,画出硬件设计图。

8-3　在 MCS-51 扩展系统中,程序存贮器和数据存贮器共用 16 位地址线和 8 位数据线,为什么两个存贮空间不会发生冲突?

8-4　试用两种方法扩展 64k 数据存贮器,画出硬件连接图并分别指出每片相应地址。

(1)用两片 62256；

(2)用八片 6264。

8-5　若应用系统需扩展 128k 的静态 RAM HM628128，用 8051 单片机如何实现？

8-6　用 8255 扩展 I/O 口，其中 PA 口接 8 个发光二极管，PB 口接 8 个开关。每个开关控制一个发光二极管。当开关闭合时，对应的发光二极管亮，画出 8031 和 8255 的连接图，并设计相应的软件。

□第 9 章

接 口 技 术

8051 单片机虽然已将微处理器、存贮器、I/O 接口集成于一身，但当用它组成一个应用系统时，还需要和各类外部设备连接。单片机和外部设备连接通常是通过输入/输出口相连的，如图 9-1 所示。涉及到单片机和外部设备连接中的技术，我们统称为接口技术。为了将单片机和外部设备有机地连接为一体，我们既要了解单片机本身的性能，又要知道外部设备的特点，一般在接口技术中以下问题是需要考虑的。

(1)电平匹配。由于单片机的输入/输出信号为 TTL 电平，而外设的输入或输出信号可能各不相同，作为输入接口，和总线相连一定要为 TTL 电平；作为输出接口，除了电平匹配外，还要考虑总线的驱动能力是否足够。

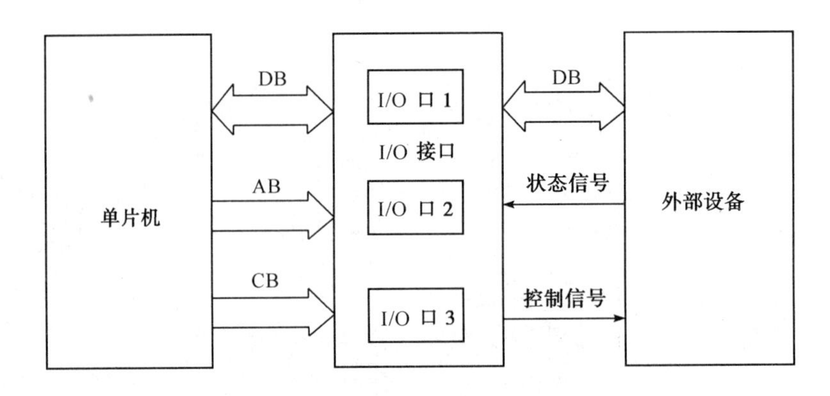

图 9-1　单片机和外部设备的连接

(2)数据输入线必须有三态缓冲。由于单片机数据总线为双向总线，是所有设备分时复用的，所以当一个外设占用总线时，可用其传送数据，当不用数据总线时应和其脱离，以不影响数据总线的逻辑电平。

(3)I/O 端口接受数据应有锁存。因为计算机向外设传送数据速度往往比外设对数据处理快得多，因此，端口应有数据寄存器来锁存数据线上瞬间出现的数据。

(4)时序配合。CPU 是按一定时序进行工作的，因此外设的工作必须按 CPU 时序进行。

本章就一些常用的接口电路加以讨论。

9.1 显 示 接 口

单片机应用系统中,使用的显示器主要有 LED 和 LCD。LED 显示器为发光二极管显示器,其发光亮度大,所需的驱动电流也较大,在智能仪表及检测装置中应用较多。LCD 为液晶显示器,它是一种极低功耗的显示器件,一般在袖珍式仪表或低功耗应用系统中应用。这两种显示器由于功耗低、价格便宜、可靠性好、接口简单而得到广泛应用。本节主要介绍 LED 显示器接口。

9.1.1 LED 显示器

LED 显示器是由发光二极管显示字段的显示器件,采用较多的是七段 LED,这种显示器有共阴极和共阳极两种器件,如图 9-2 所示。对于共阴极 LED 显示器而言,公共端接地,而共阳极 LED 显示器公共端接 +5V。每个发光二极管的驱动电流宜取 5 ~ 20mA 左右,最大不得超过 50mA。

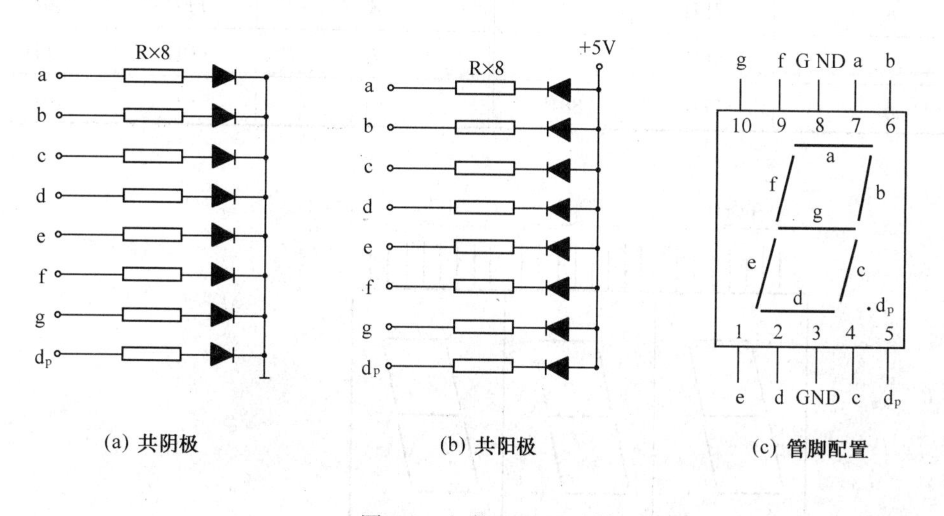

图 9-2 七段 LED 显示器

LED 显示器的公共端也称位选线,它控制显示器的亮、暗。a、b、…dp 称为段选线,它控制每一段亮、暗。例如对共阴极 LED 显示器来说,要使 a 段亮,应将位选线接低电平,而段选线 a 接高电平。通常将控制发光二极管 8 个段数据称为段选码。常用的共阴极和共阳极段选码如表 9-1 所示。

9.1.2 静态显示方式

LED 显示器工作在静态显示方式下,共阴极或共阳极点连接在一起接地或接 +5V,每位段选线与一个八位并行口的一位相连,如图 9-3 所示。图中显示出一个 3 位静态 LED 显示器电路。若要显示某一字符,只要在该位的段选线上始终保持段选码电平即可。由于所要显示某一段的电流是持续的,因此静态显示方式亮度大,但当位数增多时,占用的 I/O 线增多,常用在位数较少的场合。

表 9-1　七段 LED 的段选码

显示字符	共阴极段选码	共阳极段选码	显示字符	共阴极段选码	共阳极段选码
0	3FH	C0H	B	7CH	83H
1	06H	F9H	C	39H	C6H
2	5BH	A4H	D	5EH	A1H
3	4FH	B0H	E	79H	86H
4	66H	99H	F	71H	8EH
5	6DH	92H	P	73H	8CH
6	7DH	82H	U	3EH	C1H
7	07H	F8H	Y	6EH	91H
8	7FH	80H	8	FFH	00H
9	6FH	90H	灭	00H	FFH
A	77H	88H	…	…	…

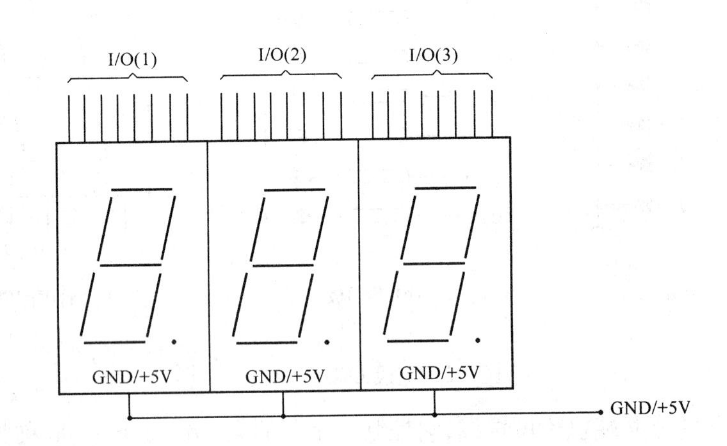

图 9-3　三位静态 LED 显示电路

图 9-4 示出利用串行口扩展 2 位静态显示器实用电路。LED 为共阳极显示器。由于 74LS164 在低电平输出时，允许通过的电流可达 8mA，故不需加驱动电路。74LS164 无并行输出控制端，在串行输入过程中，其输出端的状态会不断变化，故在某些应用场合，还应加上可控的缓冲级（如 74LS244）以便串行输入过程结束后再输出。

例 9.1　试编写图 9-4 所示的 2 位静态显示电路的程序。

设 20H 及 21H 为显示缓冲区，R_0 作为显示缓冲区的地址指针。CLR 为 74LS164 清零端，低电平有效，需要清零时可用 $P_{1.0}$控制。

```
DISP:   MOV     R3,#2           ;设置显示位数
        MOV     R0,#20H         ;设显示缓冲区指针
```

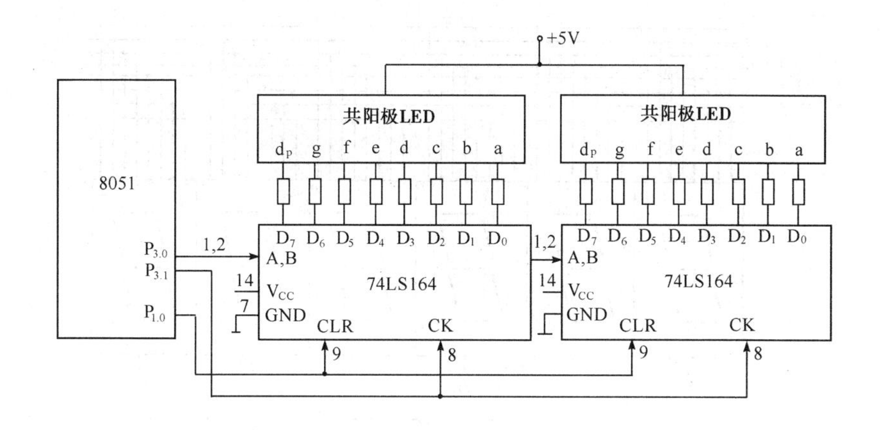

图 9-4　利用串行口扩展 2 位显示器电路

```
        MOV     SCON,#0          ;设串行口工作方式 0
DISP1:  MOV     A,@R0
        ADD     A,#0BH           ;设置偏移值
        MOVC    A,@A+PC
        MOV     SBUF,A           ;起动串行口发送
        JNB     TI, $            ;一帧未发送完,等待
        CLR     TI
        INC     R0               ;取下一个数
        DJNZ    R3,DISP1
        RET
CODE:   DB  0C0H,0F9H,0A4H,0B0H,99H,92H,82H,0F8H,80H,98H
```

9.1.3　动态显示方式

在多位 LED 显示时,为了简化电路,降低成本,可将所有位的段选线连结在一起,由同一个 8 位 I/O(1)口控制,位选线由另外的 I/O(2)口控制,如图 9-5 所示。由于某一时刻,只能送同一个段选码,因此若要显示多位时,需要采用动态显示方式。例如对共阴极 LED 显示器来说,首先让左边第一位的 LED 位选线接低电平,然后送该位的段选码,则该位 LED 显示相应字符,然后让左边第二位 LED 位选线接低电平,接着送该位的段选码,如此轮流显示,并使每一位显示后延时 1～2ms 左右。这样尽管实际上各位数码不是连续显示的,由于视觉暂留效果,给人的视觉印象却是在连续显示的。

利用 8255 可编程接口实现的键盘显示电路如图 9-6 所示。该图中包含的键盘电路将在下节介绍。用 8255 B 口输出段码,A 口输出位码。由位码控制哪一位 LED 亮,段码控制显示字形。LED 显示器为共阴极。设 8255 控制寄存器地址为 8003H,PA 口、PB 口、PC 口地址依次为 8000H、8001H、8002H。要显示的数据已存放在内部 RAM 一个显示缓冲区内,其地址为 58H～5FH。工作方式控制字为 81H,显示程序设计如下:

8255 初始化程序:

```
        MOV     DPTR,#8003H      ;控制寄存器地址
        MOV     A,#81H           ;控制字为 81H
```

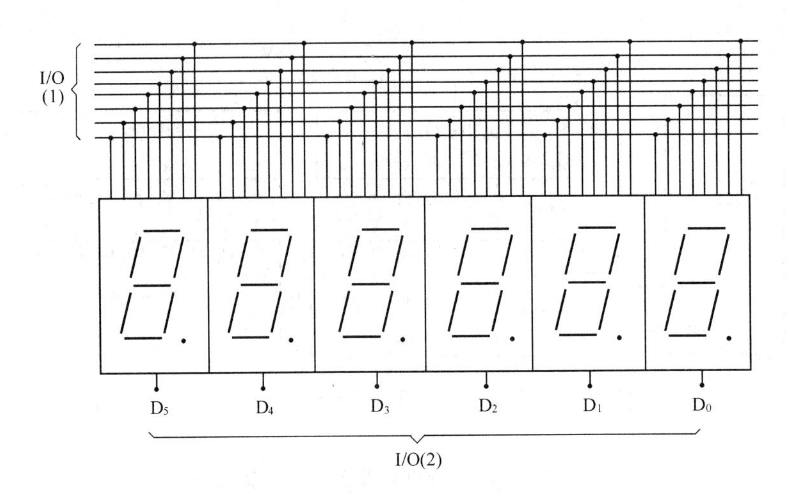

图 9-5　六位动态扫描式显示电路

```
        MOVX    @DPTR,A
```

显示子程序：

```
DSPY:   MOV     R0,#58H         ;R0 为显示缓冲区指针
        MOV     R1,#01H         ;R1 为显示位数
LOOP:   MOV     A,R1
        MOV     DPTR,#8000H     ;指向 8255PA 口
        MOVX    @DPTR,A         ;扫描一位 LED
        INC     DPTR            ;指向 8255PB 口
        MOV     A,@R0           ;取要显示的数
        ADD     A,#11H          ;字形表的偏移量
        MOVC    A,@A+PC         ;查表取段码
        MOVX    @DPTR,A         ;从 PB 口输出
        MOV     R7,#02H         ;延迟 1ms
DL0:    MOV     R6,#0FFH
DL1:    DJNZ    R6,DL1
        DJNZ    R7,DL0
        INC     R0              ;指向下一缓冲单元
        MOV     A,R1            ;指向下一位 LED
        RL      A
        MOV     R1,A
        JNB     ACC.0,LOOP      ;8 位未扫描完,跳转
        RET
TAB:    DB  3FH,06H,5BH,4FH,66H,6DH,7DH,07H
        DB  7FH,6FH,77H,7CH,39H,5EH,79H,71H
```

动态显示方式接口电路简单，成本也较低，因此广泛得到了应用，但要连续显示，必须反复调用显示程序，因此 CPU 利用效率不高。

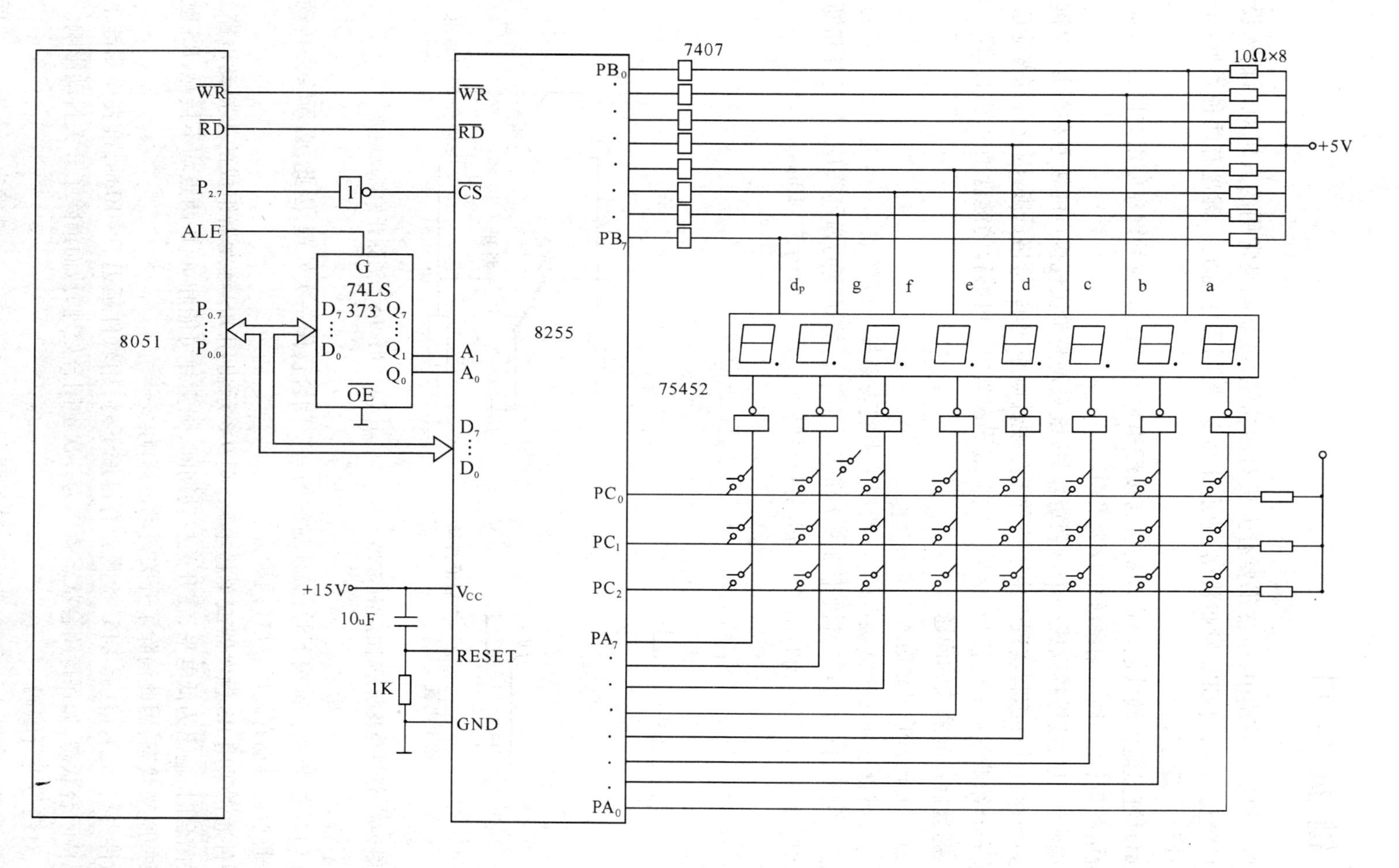

图 9-6 用8255接口的键盘显示器

9.2 键盘接口

在单片机应用系统中,通常都要有人机对话功能,键盘就是常用的人机对话输入设备。通过键盘操作,向 CPU 发布数据、地址和命令,控制程序流向。键盘有两种类型:全编码键盘和非编码键盘。

全编码键盘能由硬件逻辑自动提供与按键相对应的编码,这种键盘使用方便,编程简单,但价格昂贵,在一般应用系统中较少采用。

非编码键盘由按键排列成一个行列矩阵,按键只是简单实现接点的接通和断开,对键的编码必须通过软件编程实现。由于这种键盘硬件电路简单,价格低廉,因此得到普遍应用,本节先介绍非编码键盘接口,然后介绍全编码键盘中的可编程的键盘接口芯片 8279。

9.2.1 键盘接口需解决的问题

1. 键开关状态的可靠输入

目前按键都是通过机械触点的合、断作用来实现键按下或释放。一个电压信号经过机械触点的闭合、断开过程,其波形如 9-7 所示。由于机械触点的弹性作用,在闭合和断开瞬间均有抖动过程,抖动时间长短与开关机械特性有关,一般为 5 ~ 10ms。

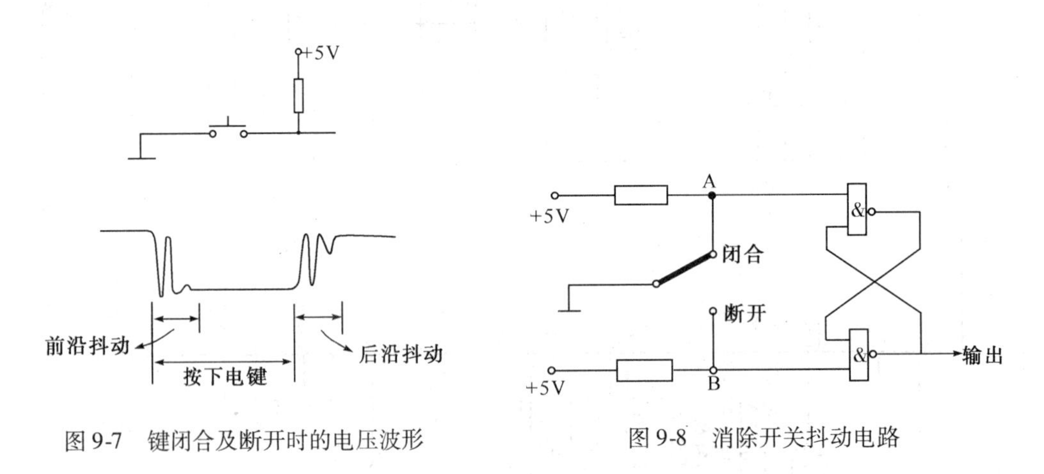

图 9-7 键闭合及断开时的电压波形

图 9-8 消除开关抖动电路

当 CPU 检测到有键按下时,必须对键的一次闭合仅作一次处理,因此,必须除去抖动影响。通常去抖动有硬件、软件两种方法。

硬件通常采用 RS 触发器或单稳电路,图 9-8 示出用 RS 触发器组成的去抖动电路。当开关闭合时,输出为低电平,在开关抖动期间,强簧片可能和 A、B 两点均不接触,RS 触发器保持原来状态,因此消除了开关抖动的影响。

软件去抖动的办法是 CPU 检测到有键按下时,用软件延迟 5 ~ 10ms,再去检测键是否仍保持闭合状态,如保持闭合状态就作为一次键闭合处理,从而消除了开关抖动影响。

2. 对键号进行编码

通常键盘上有不止一个键,为了区分不同的键,必须给每一个键确定一个键号,然后按键号实现按键功能程序的散转。

3. 键盘程序编制要点

一个完善的键盘程序应包括以下几部分：

(1)检测有无键按下；

(2)当键按下后，应消除键开关抖动，从键按下到释放只作一次键闭合处理；

(3)确定键号以满足散转指令的要求。

9.2.2 独立式按键

独立式按键是指直接用I/O口线构成的按键电路。每个按键占用一根I/O线。各个按键的工作状态不会互相影响。图9-9示出独立式按键电路。独立式按键结构简单、软件编程容易，但当键数目增多时，占用的I/O口线也增多，因此常用在按键较少的场合。

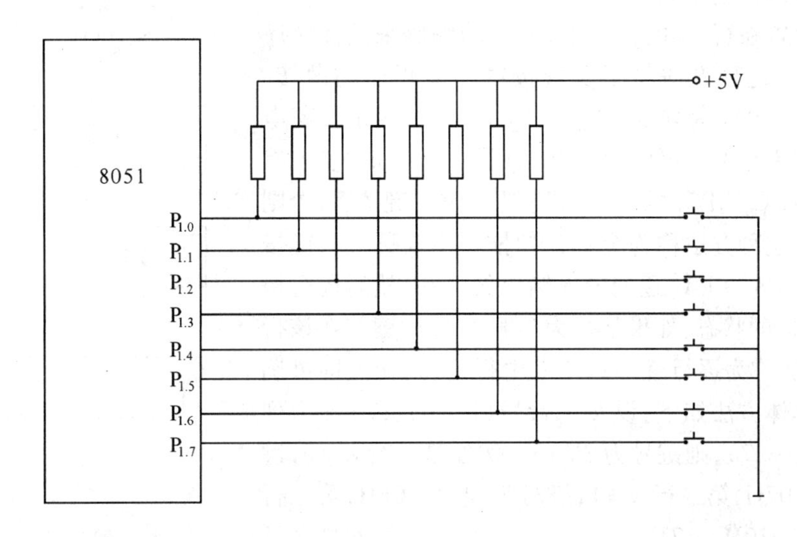

图9-9 独立式按键电路

例9.2 试编写图9-9所示的键盘程序。

该程序无软件防抖动措施，PROM0 ~ PROM7分别为每个按键的功能程序。

```
        MOV     A,#0FFH         ;置 P1 口为输入方式
        MOV     P1,A
START:  MOV     A,P1            ;键状态输入
        JNB     ACC.0,PP0       ;0 号键按下,跳转
        JNB     ACC.1,PP1       ;1 号键按下,跳转
        JNB     ACC.2,PP2       ;2 号键按下,跳转
        JNB     ACC.3,PP3       ;3 号键按下,跳转
        JNB     ACC.4,PP4       ;4 号键按下,跳转
        JNB     ACC.5,PP5       ;5 号键按下,跳转
        JNB     ACC.6,PP6       ;6 号键按下,跳转
        JNB     ACC.7,PP7       ;7 号键按下,跳转
        SJMP    START           ;无键返回键扫描.
```

```
PP0:    LCALL   PROM0       ;执行 0 号键功能程序
        SJMP    START       ;返回键扫描
PP1:    LCALL   PROM1
        SJMP    START
             …
             …
PP7:    LCALL   PROM7
        SJMP    START
```

9.2.3 行列式键盘

行列式键盘电路如图 9-6 所示。

按键设置在行、列的交点上,键盘的编码采用按次序排列的方法,这种方法易于实现按键功能程序的散转。8255 的 $PA_0 \sim PA_7$ 为列线,$PC_0 \sim PC_2$ 为行线,固定接高电平。检查有无键按下可由列线 PA 口输出全为低电平,然后读入行线 $PC_0 \sim PC_2$ 的状态,若全为 1 则无键按下,否则有键按下。这种方法称为全键盘扫描。检查哪一个键按下是由列线 $PA_0 \sim PA_7$ 逐列依次输出低电平,然后逐行检查 $PC_0 \sim PC_2$ 的状态,如果某行为 0,则所按的键就在该行上,这种方法称为逐行逐列扫描。由行、列的交点即可确定键号。具体方法如下:设 k 为行号($k=0,1,2$),j 为列号($j=0,1,\cdots,7$),则键号为 $8k+j$。例如第一行 $k=0$,键号为 00H ~ 07H,第二行 $k=1$,键号为 08H ~ 0FH,第三行 $k=2$,键号为 10H ~ 17H。

图 9-10 示出键扫描程序流程图。

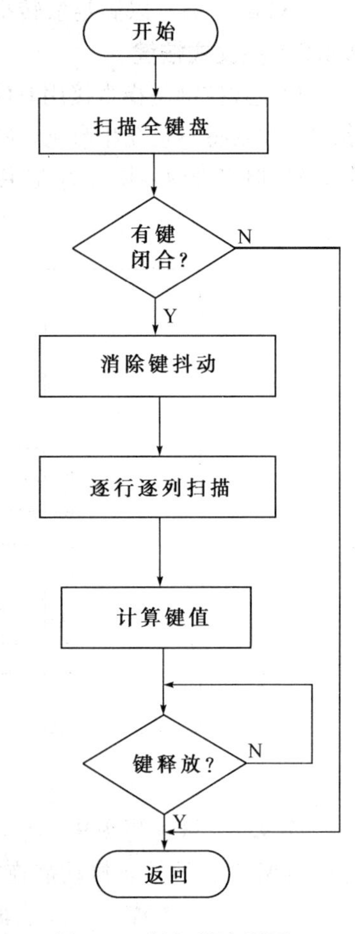

图 9-10 键扫描流程图

在实际应用中,通常将显示及键盘电路设计在一起。并调用显示子程序作为延迟子程序以消除键抖动,同时也使键盘扫描期间保持连续显示,程序设计如下(8255 初始化及显示子程序如上节所示):

```
RDKB:   ACALL   DSPY        ;调用显示子程序
        MOV     A,#0
        ACALL   SCAN        ;扫描全键盘
        JZ      KEYE        ;无键,跳转
        ACALL   DSPY        ;显示延迟去抖动
        ACALL   DSPY
        MOV     R3,#0       ;R3 为列值寄存器
        MOV     R4,#0       ;R4 为行值寄存器
        MOV     R2,#0FEH    ;R2 为列扫描寄存器
RK1:    MOV     A,R2        ;先扫描最右一列
```

```
        ACALL   SCAN
        JNZ     RK2             ;该列有键去测键值
        INC     R3              ;无键,列值+1
        MOV     A,R2
        JNB     ACC.7,KEYE      ;所有列扫描完,跳转
        RL      A               ;未扫描完继续扫描下一列
        MOV     R2,A
        SJMP    RK1
RK2:    RRC     A               ;寻找键所在行
        JC      KEYD            ;该行有键跳转
        PUSH    A
        MOV     A,R4            ;寻找下一行
        ADD     A,#08           ;行初值加8
        MOV     R4,A
        POP     A
        SJMP    RK2
KEYD:   ACALL   DSPY            ;延迟
        MOV     A,#0            ;等键释放及去抖动
        ACALL   SCAN
        JNZ     KEYD
        MOV     A,R4            ;计算键值
        ADD     A,R3
KEYE:   RET
SCAN:   MOV     DPTR,#8000H     ;全键盘扫描,指向PA口
        MOVX    @DPTR,A         ;PA输出低电平
        MOV     DPTR,#8002H     ;指向PC口
        MOVX    A,@DPTR         ;读入行信号
        CPL     A               ;取反
        ANL     A,#07H          ;屏蔽PC口不用位
        RET
```

上述程序段只是键盘扫描子程序,在实际应用系统中,还应对键号进行判别,对数字键和命令键分别作相应处理,为了显示相应内容,还应将需显示的数据送显示缓冲区。

9.2.4 可编程的键盘接口芯片8279

8279可编程键盘接口芯片是一种通用的键盘显示接口芯片。单个芯片就能完成键输入和LED显示控制。键盘部分可以和多达64个触点的键盘或传感器相连,能自动清除键抖动,并实现多键同时按下的保护。

1. 8279结构框图

8279结构框图如图9-11所示。

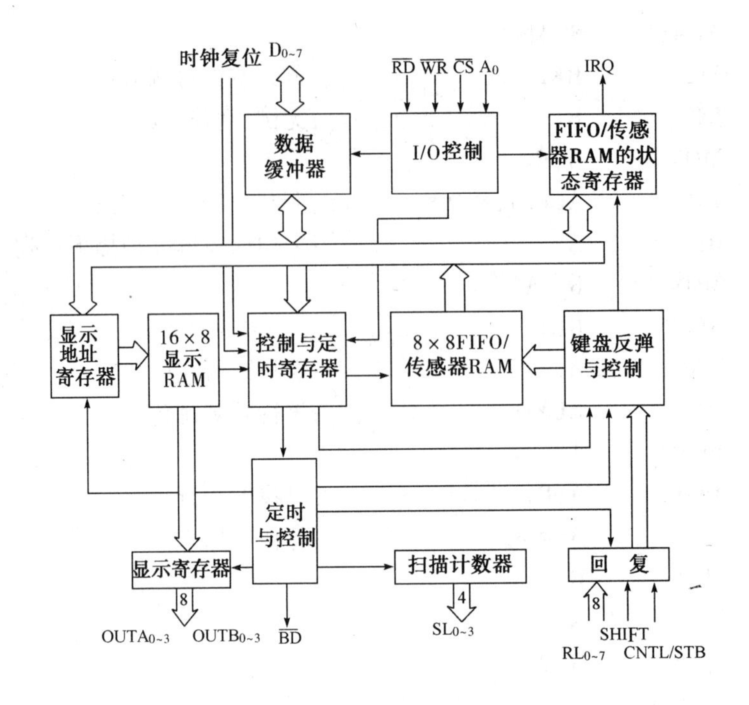

图 9-11 8279 结构框图

(1)I/O 控制及数据缓冲器

数据缓冲器为 8 位双向缓冲器,数据线 $D_0 \sim D_7$ 用于 CPU 和 8279 之间命令和数据传送。控制信号有 $\overline{CS}$、$\overline{RD}$、$\overline{WR}$、A_0。其中 $A_0 = 1$ 时,数据缓冲器输入为指令,输出为状态字。$A_0 = 0$ 时,输入、输出皆为数据。

(2)控制与定时寄存器及定时控制

控制与定时寄存器用来寄存键盘及显示的工作方式以及其他操作方式,完成相应控制功能。定时则为键盘扫描提供扫描频率和显示扫描的时间。

(3)扫描计数器

扫描计数器有两种工作方式。按编码工作方式时,计数器作二进制计数,$SL_0 \sim SL_3$ 为计数器输出,需经外部译码后才能为键盘和显示器提供扫描线;按译码方式工作时,$SL_0 \sim SL_3$ 提供了 4 中取 1 的译码输出。

(4)回复缓冲器、键盘去抖及控制

由 $RL_0 \sim RL_7$ 的 8 根回复线的回复信号,作为键盘的检测输入线,由回复缓冲器缓冲并锁存。

当某键闭合时,去抖电路被置位,延时等待 10ms,确认该键闭合后将键盘数据送入 8279 内部 FIFO(先进先出)RAM。

键盘数据格式如下:

D_7	D_6	D_5	D_4	D_3	D_2	D_1	D_0
控制	移位	扫描			回复		

其中控制(D_7)和移位(D_6)的状态由引脚外接的两个附加开关(CNTL、SHIFT)决定。D_5、D_4、D_3 是行(列)扫描编码,D_2、D_1、D_0 是回复线 $RL_0 \sim RL_7$ 的编码,扫描编码和回复编码反映了该按键所在的行、列位置。

在传感器矩阵方式和选通输入方式中,回复线 $RL_0 \sim RL_7$ 的内容被直接送往相应的传感器 RAM(即 FIFO)中。

(5)FIFO/传感器及其状态寄存器

FIFO/传感器 RAM 是一个双重功能的 8×8RAM。

在键盘或选通工作方式时,它是 FIFO 寄存器,寄存 FIFO 的当前工作状态。当 FIFO 寄存器不空时,IRQ=1,产生中断请求信号。

在传感器矩阵方式工作时,该寄存器为传感器 RAM,当检测出传感器变化时,中断请求信号 IRQ=1。

(6)显示 RAM 和显示地址寄存器

显示 RAM 用来存贮显示数据,容量为 16×8 位。在显示过程中,存贮的显示数据轮流从显示寄存器输出。显示寄存器分为 A、B 两组,$OUTA_{0\sim3}$ 和 $OUTB_{0\sim3}$ 可以单独送数,也可以组成一个 8 位的字送出。OUTA 和 OUTB 可作外接显示器件的段选码端口,位选线由 $SL_0 \sim SL_3$ 提供。

显示地址寄存器用来寄存由 CPU 进行读/写 RAM 的地址。

2. 引脚及其功能

8279 引脚及引脚功能如图 9-12 所示。

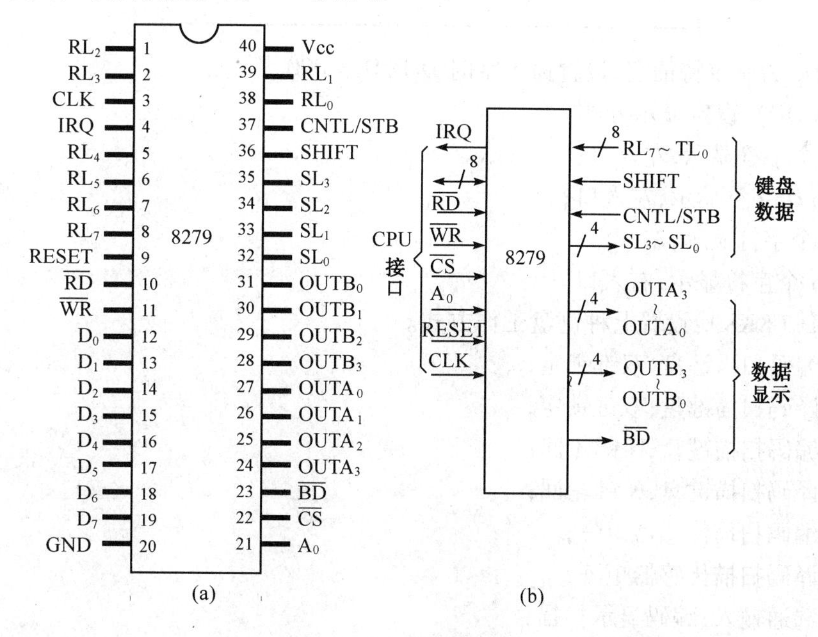

图 9-12　8279 引脚和引脚功能

$D_0 \sim D_7$:双向三态总线,和系统数据总线相连。

CLK:时钟输入端。

RESET:复位输入。

$\overline{CS}$:片选,低电平有效。

A_0:当 $A_0=1$,为命令/状态;当 $A_0=0$,为数据。

$\overline{RD}$、$\overline{WR}$:8279 读、写信号线。

IRQ:中断请求输出线,高电平有效。

$SL_0 \sim SL_3$:扫描输出线。

$RL_0 \sim RL_7$:回复线。

SHIFT:移位控制信号,用于上下档功能键切换。

CNTL/STB:控制/选通信号线,作为控制功能键。

$OUTA_0 \sim OUTA_3$:A 组显示信号输出线。

$OUTB_0 \sim OUTB_3$:B 组显示信号输出线。

$\overline{BD}$:显示消隐输出线。

3. 8279 的命令字和状态字

8279 有 8 个可编程的命令字,用来设定键盘(传感器)和 LED 的工作方式和实现对各种数据的读、写操作。

8279 有一个状态字,用来反映键盘 FIFO RAM 的工作状态。

(1)键盘/显示方式设置命令

D_7	D_6	D_5	D_4	D_3	D_2	D_1	D_0
0	0	0	D	D	K	K	K

$D_7D_6D_5$ 为命令特征字,设置命令字时 $D_7D_6D_5=000$。

D_4D_3(DD):设定显示方式。

00:8 个字符显示,左入口;

01:16 个字符显示,左入口;

10:8 个字符显示,右入口;

11:16 个字符显示,右入口。

$D_2D_1D_0$(KKK):设置七种键盘工作方式。

000:编码扫描键盘,双键锁定;

001:译码扫描键盘,双键锁定;

010:编码扫描键盘,N 键轮回;

011:译码扫描键盘,N 键轮回;

100:编码扫描传感器矩阵;

101:译码扫描传感器矩阵;

110:选通输入,编码显示扫描;

111:选通输入,译码显示扫描。

(2)编程分频系数

D_7	D_6	D_5	D_4	D_3	D_2	D_1	D_0
0	0	1	P	P	P	P	P

此时 $D_7D_6D_5=001$，$D_4\sim D_0$(PPPPP)用来设定对 CLK 输入时钟的分频系数 N，$N=2\sim31$。

(3)读 FIFO/传感器 RAM 命令

D_7	D_6	D_5	D_4	D_3	D_2	D_1	D_0
0	1	0	AI	×	A	A	A

此时 $D_7D_6D_5=010$。

D_4(AI)：自动地址增量标志。当 AI=1 时，每读出一字节后，AAA 的地址自动加 1。

$D_2D_1D_0$(AAA)：传感器 RAM 中的八个字节地址。

(4)读显示 RAM 命令

D_7	D_6	D_5	D_4	D_3	D_2	D_1	D_0
0	1	1	AI	A	A	A	A

此时 $D_7D_6D_5=011$。

D_4(AI)：自动地址增量标志。当 AI=1 时，每读出一字节后，AAAA 地址自动加 1。

$D_3D_2D_1D_0$(AAAA)：欲读出的显示 RAM 的地址。

(5)写显示 RAM 地址

D_7	D_6	D_5	D_4	D_3	D_2	D_1	D_0
1	0	0	AI	A	A	A	A

此时 $D_7D_6D_5=100$。

D_4(AI)：自动地址增量标志。当 AI=1 时，每写入一字后，AAAA 地址自动加 1。

$D_3D_2D_1D_0$(AAAA)：欲写入的显示 RAM 的地址。

(6)显示禁止写入/消隐命令

D_7	D_6	D_5	D_4	D_3	D_2	D_1	D_0
1	0	1	×	IW/A	IW/B	BL/A	BL/B

此时 $D_7D_6D_5=101$。

D_3D_2(IW/A、IW/B)：A、B 组显示 RAM 写入屏蔽位，为 1 时显示 RAM 禁止写入。

D_1D_0(BL/A、BL/B)：消隐控制位。当 BL=1 时，显示消隐；BL=0 时，恢复显示。

(7)清除命令

D_7	D_6	D_5	D_4	D_3	D_2	D_1	D_0
1	1	0	C_D	C_D	C_D	C_F	C_A

此时 $D_7D_6D_5=110$。

$D_4D_3D_2(C_DC_DC_D)$:用于设定清除 RAM 方式。

10×:将显示 RAM 全部清“0”;

110:将显示 RAM 清成 20H;

111:将显示 RAM 全部清“1”;

0××:不清除。

$D_1(C_F)$:用来置空 FIFO 存贮器,当 $C_F=1$ 时,执行清除命令后,FIFO RAM 被置空。

$D_0(C_A)$:总清特征位。当 $C_A=1$ 时,兼有 C_D 和 C_F 的联合效能。

清除显示 RAM 约需 160μs。

(8)结束中断/错误方式设置命令

D_7	D_6	D_5	D_4	D_3	D_2	D_1	D_0
1	1	1	E	×	×	×	×

此时 $D_7D_6D_5=111$。

在传感器工作方式中,此命令用来结束传感器 RAM 的中断请求。E=1 有效。

以上 8 种命令写入时要求 $A_0=1$。

4. 状态格式与状态字

8279 的 FIFO 状态字,主要用于键盘和选通工作方式,以指示 FIFO RAM 中的字符有无错误发生。格式如下:

D_7	D_6	D_5	D_4	D_3	D_2	D_1	D_0
D_U	S/E	O	U	F	N	N	N

$D_7(D_U)$:为 1 表示显示无效。

$D_6(S/E)$:为 1 表示传感器的最后一个信号已进入传感器 RAM;或当 8279 工作在特殊错误方式时出现了多键同时按下的错误。

D_5D_4(O、U):数据超出、不足错误标志位。其中 $D_5=1$,超出数据;$D_4=1$,不足错误。

$D_3(F)$:为 1 表示 FIFO RAM 中已满。

$D_2D_1D_0$(NNN):表示 FIFO RAM 中数据个数。

图 9-13 是一个实际的 8279 键盘显示电路。按图中接法:

命令字、状态字口地址为 7FFFH;数据输入/输出口地址为 7FFEH。

键值和键号相同为 00~0FH。

$B_0\sim B_3$ 依次接显示器段选码 a、b、c、d,$A_0\sim A_3$ 依次接显示器 e、f、g、d_p 段。

CNTL、SHIFT 接地,这时读取键号不需屏蔽高 2 位(D_7、D_6 位)。

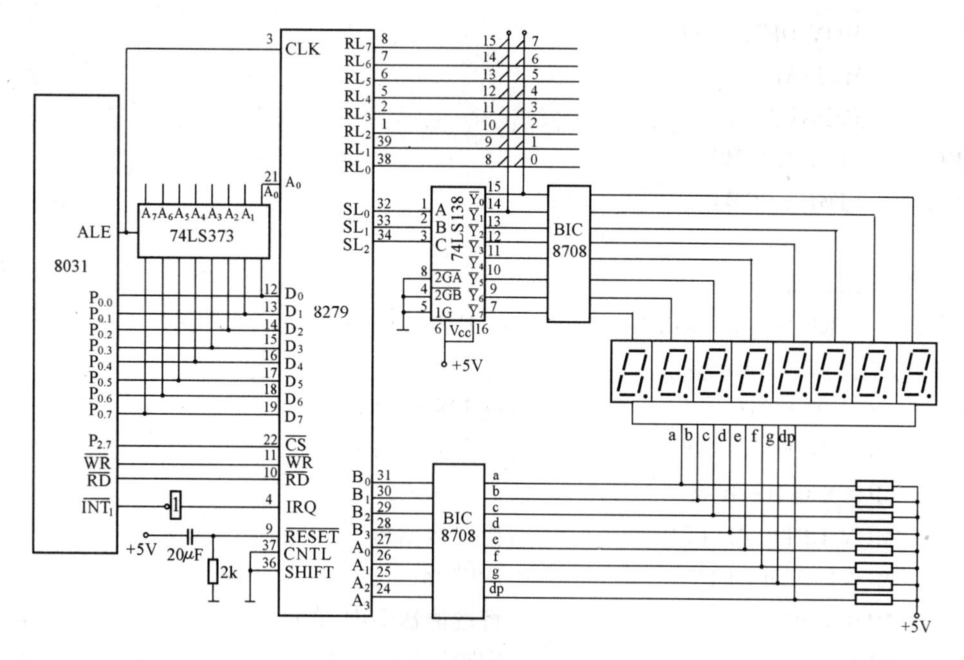

图 9-13　8279 键盘、显示接口电路

程序清单如下：

```
MAIN:   MOV DPTR,#7FFFH
        MOV A,#0D1H           ;送总清除命令
        MOVX @DPTR,A
LP:     MOVX A,@DPTR          ;读入状态字
        JB ACC,7,LP           ;清除等待
        MOV A,#0              ;键盘、显示命令
        MOVX @DPTR,A
        MOV A,#2AH            ;时钟 + 分频命令字
        MOVX @DPTR,A
        MOV DPTR,#DISBH       ;显示提示符
        LALL DIS
        MOV 20H,#0FFH         ;设置无键特征码,20H = FFH 表示无键。
        SETB IT1              ;开放中断,设置边沿触发
        SETB EA
        SETB EX1
RDKEY:  MOV A,20H             ;读键
        CJNE A,#0FFH,K1
        SJMP RDKEY            ;无键返回
K1:     MOV 20H,#0FFH         ;设置无键特征码
        MOV B,#03             ;按键号散转
```

```
        MOV DPTR,#KPRG
        MUL AB
        JMP @A+DPTR
KPRG:   LJMP KPRM0
        LJMP KPRM1
           …
        LJMP KPRMF
```

其中 KPRM0,KPRM1,…,KPRMF 分别为 0 ~ F 键处理程序。

读键中断服务程序为：

```
INTK:  MOV A,#40H              ;读 FIFO RAM 命令
       MOV DPTR,#7FFFH         ;指向命令口
       MOVX @DPTR,A            ;命令送入
       MOV DPTR,#7FFEH         ;指向数据口
       MOVX A,@DPTR            ;读键值
       MOV 20H,A               ;将键值送 20H 单元
       RETI                    ;中断返回
```

显示程序如下：

```
DIS:   PUSH DPH
       PUSH DPL
       MOV R2,#08H             ;8 位显示器
       MOV A,#90H              ;写显示器命令
       MOV DPTR,#7FFFH         ;指向命令口
       MOVX DPTR,A             ;命令送入
       POP DPL
       POP DPH
DIS1:  MOV A,#0                ;查提示符代码表
       MOVC A,@A+DPTR
       PUSH DPH
       PUSH DPL
       MOV DPTR,#TAB
       MOVC A,@A+DPTR          ;查段选码
       MOV DPTR,#7FFEH         ;送入显示 RAM
       MOVX @DPTR,A
       POP DPL
       POP DPH
       INC DPTR                ;指向下一位提示符代码地址
       DJNZ R2,DIS1
       RET
```

```
DISBH:  DB 10H,11H,11H,11H,11H,11H,11H,11H。
TAB:    DB 3FH,06H,5BH,4FH,66H,6DH;          ;0~5 段码
        DB 7DH,07H,7FH,6FH,77H,7CH           ;6~B 段码
        DB 39H,5EH,79H,71H                   ;C~F 段码
        DB 73H,00H                           ;P 及暗段码
```

其中 DISBH 为显示提示符的代码,提示符为 P,其余位均为暗。

9.3　A/D 转换器接口

在很多应用系统中,需要把模拟电压或电流信号转换成数字信号,才能送到单片机中去处理。目前 A/D 转换器品种繁多,有八位 ADC0809 及 AD570、10 位 ADC AD571、12 位 ADC AD574 等等,本节以 ADC0809 和 AD574 为例讨论 A/D 转换器与单片机 8051 的接口。

9.3.1　ADC0809 结构

ADC0809 是 CMOS 工艺的八位逐次比较型 A/D 转换器。图 9-14 为 ADC0809 组成框图。它由 8 选 1 模拟开关,8 位 A/D 转换器及输出三态缓冲器组成,由三个地址信号 ADDA、ADDB、ADDC 来决定哪一路模拟信号进行 A/D 转换。主要控制信号有:

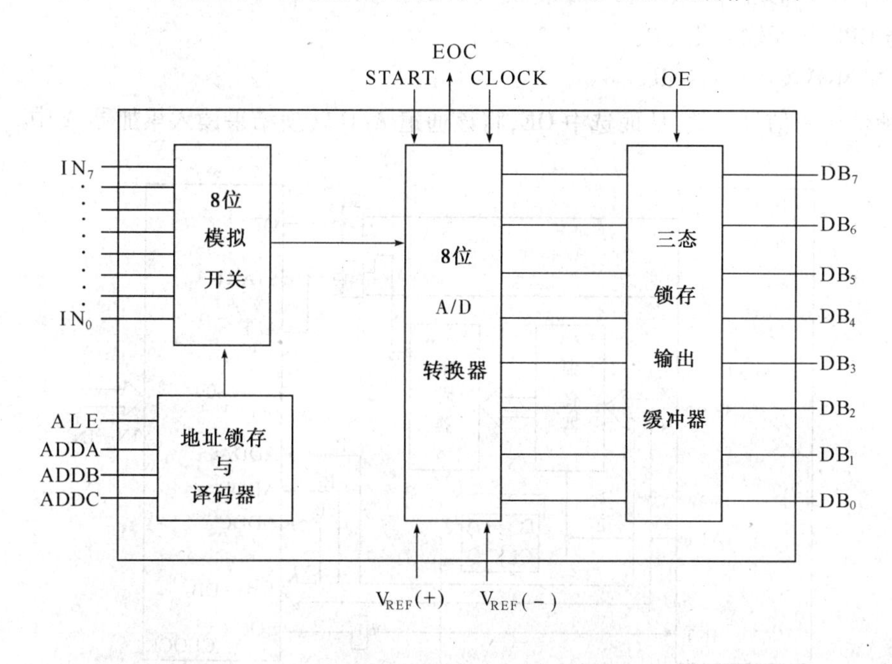

图 9-14　ADC0809 A/D 转换器框图

(1)START:启动信号。加入正脉冲后,其上升沿复位 ADC0809,下降沿启动 A/D 转换。

(2)ALE:地址锁存信号。高电平时将三个地址信号送入地址锁存器,并经译码得到地址输出,以选择相应的模拟输入通道。

(3)EOC:转换结束信号。转换一开始,EOC 信号变低,转换结束,EOC 返回高电平,这个信号可供单片机查询,也可作为中断请求信号。

(4)CLOCK:时钟信号,由外部输入。典型时钟频率为640kHz。

(5)OE:输出允许信号。高电平允许数字信号输出,低电平呈高阻态。

(6)V_{REF}(+)和V_{REF}(-):A/D转换器参考电压,V_{REF}(+)接+5V,V_{REF}(-)接地。

(7)V_{CC}:芯片电源电压,由于是CMOS芯片,允许电压范围为+5V~+15V。

ADC0809输入为单极性电压信号0~+5V,其转换速度与时钟频率有关,当时钟频率为640kHz时,其转换一次时间为100μs。

9.3.2 ADC0809与8031的连接

ADC0809与8031的连接,一般采用两种方法。一种是8031与ADC0809直接相连,另一种是将ADC0809通过接口芯片(例如8255)和8031连接。

当ADC0809与8031直接连接时,可将$\overline{WR}$与地址译码信号通过或非门后启动A/D转换,如图9-15所示。当执行以下指令时

```
MOVX    @R0,A
```

START及ALE信号变高。其中A中应存放模拟通道地址,R_0中为ADC0809地址。由于该指令为输出指令,故$\overline{WR}$信号变为低电平,同时地址线上出现0809的地址,使译码输出端为低电平,从而START及ALE信号变高,此时数据线上出现的模拟通道号锁存在0809地址锁存器中,该指令执行后,开始启动A/D转换。

当CPU执行输入指令时

```
MOVX    A,@R0
```

$\overline{RD}$及地址译码信号有效,从而选中OE,将该通道A/D转换结果读入累加器A中。

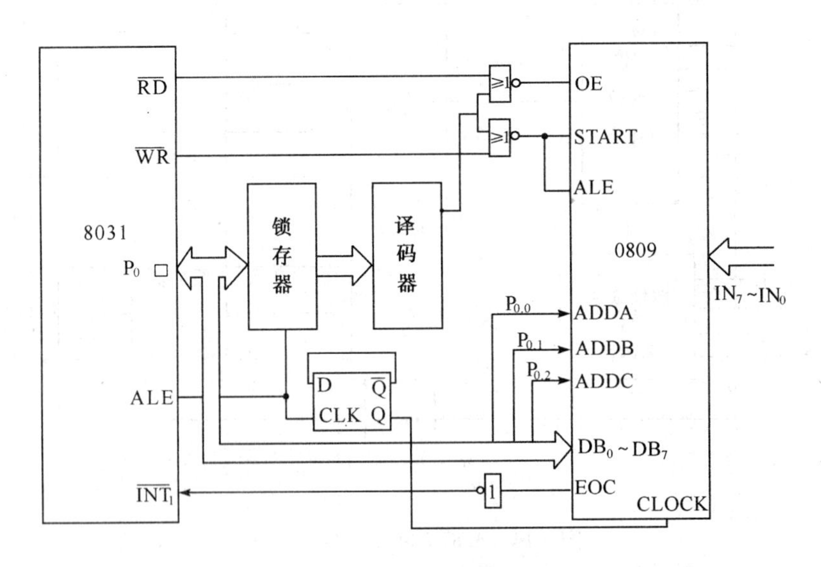

图9-15　8031和ADC0809的连接图

结合上图,可以写出对八路模拟输入依次进行A/D转换的程序。设数据区首地址为40H,ADC0809地址为F8H,模拟通道号为00~07H变化,参考程序如下:

```
        ORG     0013H
        AJMP    INTAD
```

```
MAIN:   MOV    R1,#40H     ;数据区首址
        MOV    R4,#8       ;八路模拟信号
        MOV    R2,#0       ;模拟通道 IN0
        SETB   EA          ;开中断
        SETB   EX1         ;允许外中断 1
        SETB   IT1         ;外中断边沿触发
        MOV    R0,#0F8H
        MOV    A,R2
        MOVX   @R0,A       ;启动 A/D 转换
        SJMP   $           ;等待中断
INTAD:  MOV    R0,#0F8H
        MOVX   A,@R0       ;读入转换结果
        MOV    @R1,A       ;存入内存
        INC    R1          ;修改数据指针
        INC    R2          ;修改模拟通道地址
        MOV    A,R2
        MOVX   @R0,A       ;启动 A/D 转换
        DJNZ   R4,LOOP     ;八路未完,循环
        CLR    EX1         ;关中断
LOOP:   RETI
```

9.3.3 AD574 与 8031 单片机接口

1. AD574 主要特点

AD574 是美国模拟公司生产的一种高性能逐次逼近型的模数转换器,其主要特点是:

(1)转换时间 25μs。

(2)转换位数 12 位。

(3)提供单极性和双极性两种输入电压,电压范围有四种:

单极性:0 ~ +10V 或 0 ~ +20V;

双极性:-5V ~ +5V 或 -10V ~ +10V。

(4)片内集成高精度电压基准和时钟电路。

2. AD574 引脚功能

AD574 的引脚如图 9-16 所示。其引脚功能如下:

(1)数据输出线

DB_{11} ~ DB_0:其中 DB_{11} 为最高位,DB_0 为最低位。

(2)控制信号

$\overline{CS}$:片选,低电平有效。

CE:芯片使能信号,高电平有效。

$R/\overline{C}$:读数/启动控制信号。$R/\overline{C}=1$ 时,读 A/D 结果;$R/\overline{C}=0$ 时,启动 AD 转换。

$12/\overline{8}$:输出数据格式选择信号。$12/\overline{8}=1$ 时,并行输出 12 位数据;$12/\overline{8}=0$ 时,12

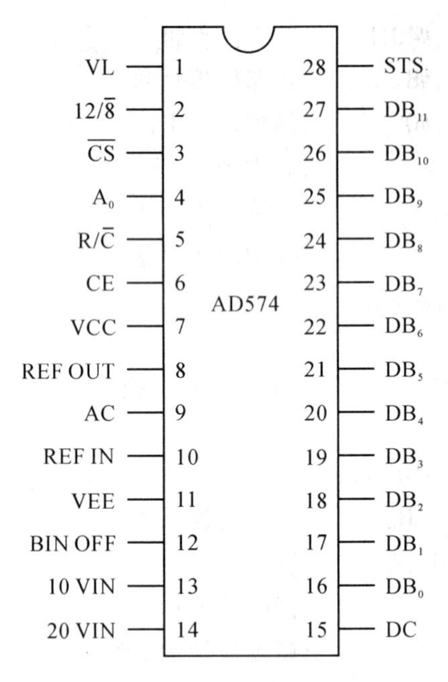

图 9-16　AD574 的引脚图

位数据分两次输出。

A_0:AD 转换位数控制和读数方式控制信号。在启动 AD 转换时,$A_0=1$,AD574 作为 8 位转换器;$A_0=0$,AD574 作为 12 位转换器。在读 AD 结果时,12 位数据分两次读,$A_0=1$ 读入高 8 位数据;$A_0=0$ 读入低 4 位数据。

(3)状态信号

STS:转换状态输出信号。STS =1 表示正在进行转换;STS =0 表示转换完成。

(4)模拟量输入端

10VIN:单极性输入时,电压范围为 0 ~10V;双极性输入时,电压范围 -5V ~ +5V。

20VIN:单极性输入时,电压范围为 0 ~20V;双极性输入时,电压范围 -10V ~ +10V。

(5)电源、地及其他:

BIP OFF:单极性补偿调整端。

REF IN:参考电压输入端。

REF OUT:参考电压输出端。

V_L、V_{CC}、V_{EE}:电源,分别为 +5V, +12V ~ +15V, -12V ~ -15V。

DC、AC:数字地和模拟地。

3. AD574 真值表

AD574 的真值表如表 9-2 所示。输入为单极性和双极性信号时的不同接法如图 9-17 所示。

表 9-2　AD574 真值表

CE	CS	$R/\overline{C}$	12/8	A_0	操　作
×	1	×	×	×	无
0	×	×	×	×	无
1	0	0	×	0	起动 12 位转换
1	0	0	×	1	起动 8 位转换
1	0	1	1	×	并行输出 12 位
1	0	1	0	0	输出高 8 位
1	0	1	0	1	高 8 位禁止、低 4 位输出

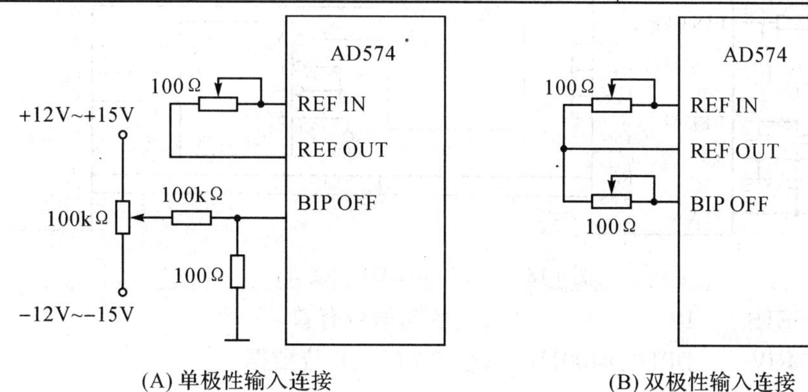

图 9-17　两种不同极性输入连接

4. AD574 和 8031 单片机接口

图 9-18 是 AD574 和 8031 单片机接口的实用电路。图中用 8255 并行接口芯片和 AD574 连接后再挂在总线上。虽然 AD574 内部有三态缓冲器，但由于 P_0 口作为数据总线必有高频脉冲存在，直接接口极易破坏 AD574 的转换精度，通过 8255 接口后进一步和总线进行了隔离。由于通过 8255 接口芯片连接，AD574 的片选 CS 接地，使能端 CE 接高电平，对 AD574 的寻址只要通过 8255 即可。从 74LS138 地址译码器输出可知，8255 端口地址分别是 4000H ~ 4003H。AD574 的控制信号 $12/\overline{8}$接高电平，A_0 接低电平，转换起动信号 $R/\overline{C}$由 $P_{1.0}$控制，状态信号 STS 和单片机 $P_{1.1}$ 相连，由图可知，AD574 工作在查询方式的 12 位并行输出模式。现编写启动一次转换，并将转换结果读入 R_2R_3 中的汇编程序如下：

```
RC      BIT     P1.0
STS     BIT     P1.1
MAIN：  MOV     DPTR,#4003H     ;主程序
        MOV     A,    #83H
        MOVX    @ DPTR,A        ;8255 初始化
                ……
ADRES：CLR      RC              ;A/D 转换子程序，启动 A/D
        NOP
        NOP
WAIT：  JB      STS,WAIT        ;A/D 转换未结束，等待
```

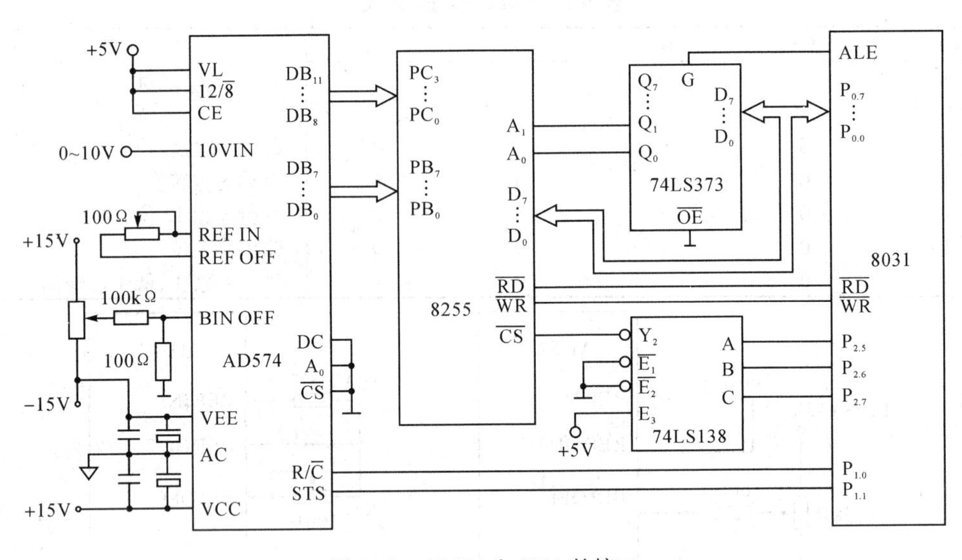

图 9-18　AD574 和 8031 的接口

```
SETB    RC              ;读数据信号有效
MOV     DPTR,#4001H     ;读 PB 口低 8 位数据
MOVX    A, @ DPTR
MOV     R3 ,A
INC     DPTR            ;读 PC 口高 4 位数据
MOVX    A,@ DPTR
ANL     A,#0FH          ;屏蔽无用位
MOV     R2 ,A
RET
```

9.4　D/A 接口

能和单片机连接的 D/A 转换器有两种类型，一类内部无锁存器，必须通过锁存器才能和单片机数据总线相连，如 AD7520；另一类内部有数据寄存器，带有片选及写信号引脚，可以作为一个 I/O 扩展口直接和单片机连接，如 DAC0832。本节以 DAC0832 为例讨论单片机和 D/A 转换器连接方法。

9.4.1　DAC0832 数模转换器

DAC0832 数模转换器结构如图 9-19 所示。它由两个数据锁存器、T 型网络 D/A 转换器和控制电路所组成。

8 位输入寄存器由八个 D 锁存器组成，用来作为输入数据的缓冲寄存器。$\overline{LE_1}$为其控制端，当$\overline{LE_1}=1$ 时，D 触发器接收信号，当$\overline{LE_1}=0$ 时，D 触发器锁存数据。8 位 DAC 寄存器也由八个 D 锁存器组成，它的控制信号为$\overline{LE_2}$，当$\overline{LE_2}=1$ 时，输出跟随输入信号。当$\overline{LE_2}=0$ 时为锁存状态，此时 DAC 寄存器输出直接和 D/A 转换器相连。8 位 D/A 转换器为电

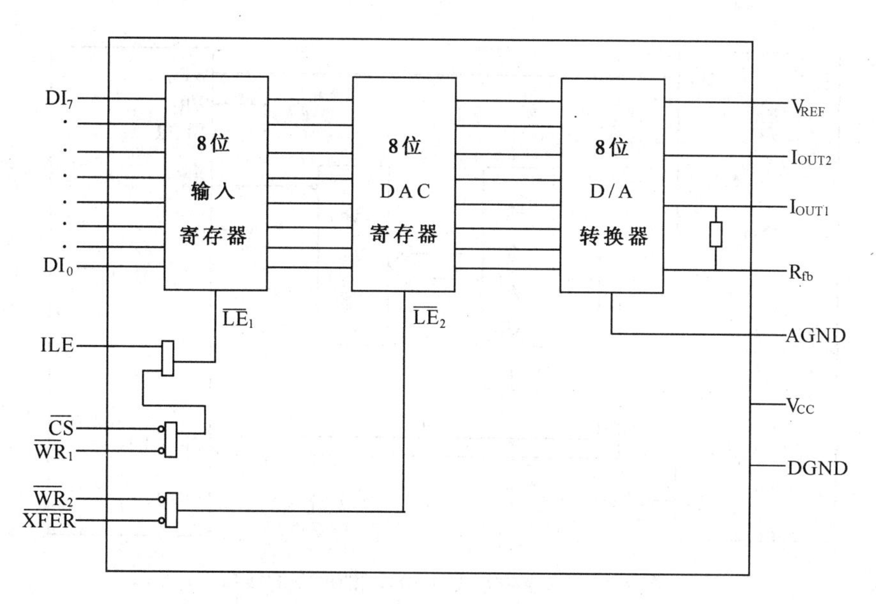

图 9-19 DAC0832 数模转换器框图

流输出型，要获得电压输出，可通过 I_{OUT1} 和 I_{OUT2} 及 R_{fb} 与运算放大器相连，将电流转换为电压输出。其他控制信号还有：

ILE：输入锁存允许，高电平有效。

$\overline{CS}$：片选信号，低电平有效。

$\overline{WR_1}$：写信号 1，控制输入寄存器写入。

$\overline{WR_2}$：写信号 2，控制 DAC 寄存器写入。

$\overline{XFER}$：传送控制信号。控制数据从输入寄存器到 DAC 寄存器传送。

由于 DAC0832 有多种控制信号，故与单片机连接灵活方便。

9.4.2 DAC0832 与 8031 接口

DAC0832 有三种工作方式：直通方式、单缓冲方式和双缓冲方式。

1. 直通方式

当两个 8 位数据寄存器的$\overline{LE_1}$及$\overline{LE_2}$都为 1，即$\overline{CS}$、$\overline{WR_1}$、$\overline{WR_2}$及$\overline{XFER}$都为 0 时，相当于输入数据与 DAC 输出数据直接相连。这种方式一般用于不带微机的控制系统中。

2. 单缓冲方式

在单缓冲方式中，DAC0832 中有一个数据寄存器处于直通方式，一般都是将 8 位 DAC 寄存器置于直通方式。图 9-20 示出单缓冲工作方法下 8031 和 DAC0832 的连接，$\overline{WR_2}$及$\overline{XFER}$固定接低电平，使 8 位 DAC 寄存器处于直通方式，ILE 接高电平。此时 DAC0832 相当于外设的一个单元。8031 的$\overline{WR}$信号与 DAC0832 的$\overline{WR_1}$信号直接相连。$\overline{CS}$信号由地址译码产生。假设$\overline{CS}$信号产生的地址为 FEH，8031 与 DAC0832 之间的数据交换，可通过以下指令实现：

```
MOV     R1,#0FEH
MOVX    @R1,A
```

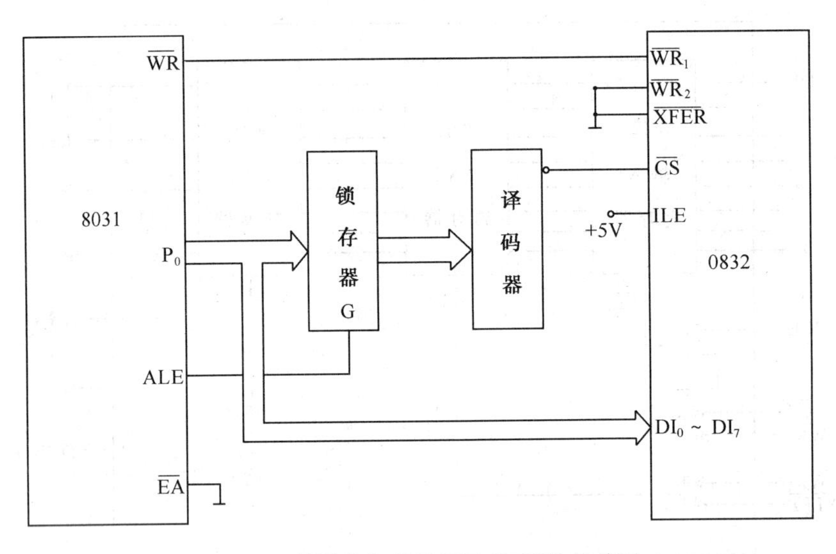

图 9-20　单缓冲方式下 8031 和 0832 的接口

当执行 MOVX 后，$\overline{WR}$信号及$\overline{CS}$信号均有效，单片机 8031 内部 A 累加器中的数据输出给 DAC0832 进行 D/A 转换。

3. 双缓冲方式

在双缓冲工作方式下，8032 内部两个寄存器都不处于直通方式。单片机要送两次写信号才完成一次转换。双缓冲方式一般用于多路 D/A 转换的同步输出场合。此时，数字量的输入锁存和 D/A 转换输出是分两步完成的。CPU 数据总线分时地向各个 D/A 转换器输出需转换的数字量，并锁存在各自的 DAC0832 输入寄存器中，然后 CPU 同时向 0832 发出控制信号，使各片 DAC0832 同时实现 D/A 转换输出。图 9-21 是一个二路同步输出的 D/A 转换器接口电路。$P_{2.0}$、$P_{2.1}$分别与两片 0832 的$\overline{CS}$端相连，控制各自的输入寄存器。$P_{2.7}$与两路 DAC0832 的$\overline{XFER}$相连，控制同步转换输出。执行以下指令就能完成两路 D/A 的同步转换输出：

```
MOV     DPTR,#0FEFFH     ;指向 0832(1)
MOV     A,#data1         ;data1 送入 0832(1)中锁存
MOVX    @DPTR,A
MOV     DPTR,#0FDFFH     ;指向 0832(2)
MOV     A,#data2         ;data2 送入 0832(2)中锁存
MOVX    @DPTR,A
MOV     DPTR,#7FFFH      ;使XFER、WR1、WR2信号有效
MOVX    @DPTR,A          同时完成 D/A 转换输出
```

9.4.3　D/A 转换器的应用

D/A 转换器可以应用在许多场合，在实时控制系统中，常常用作对输入信号的反馈控制。也可利用 D/A 转换器来产生各种波形。这里主要介绍用 D/A 转换器产生各种波形。

1. 阶梯波产生

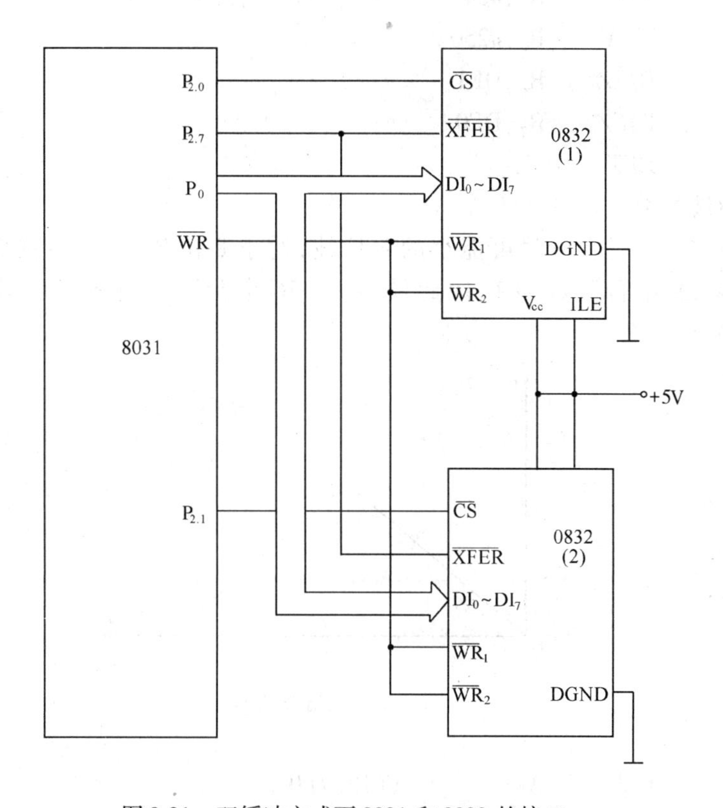

图 9-21　双缓冲方式下 8031 和 0832 的接口

阶梯波就是在某一时间范围内，输出一个恒定电压，从 0 呈台阶式上升到一定峰值。图 9-22 示出的阶梯波是每隔 2ms，电压上升一个恒定值，经 20ms 后重新循环。2ms 延迟程序可以通过软件实现，也可用单片机内定时器产生，程序设计如下：

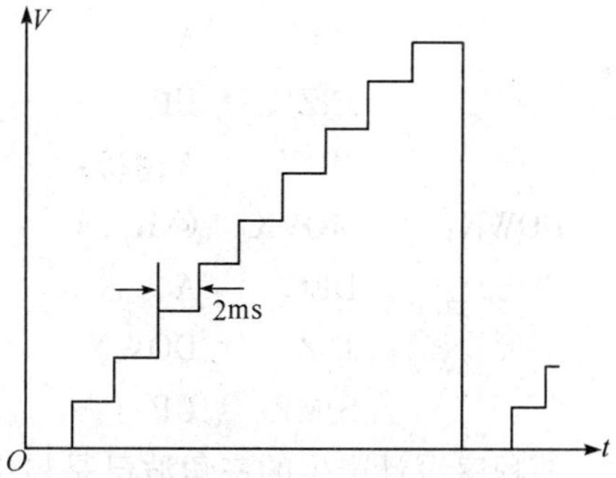

```
START:  MOV    A,#0
        MOV    R1,#30H      ;D/A转换器地址送 R1
        MOV    R2, #0AH     ;台阶数为 10
LOOP:   MOVX   @R1,A        ;数据送 D/A 转换器
        LCALL  DELAY        ;延迟 2ms
        DJNZ   R2,NEXT      ;10 个台阶未完，跳转
        SJMP   START        ;产生下一个周期
NEXT:   ADD    A,#20        ;台阶增幅
        SJMP   LOOP         ;产生下一个台阶
```

图 9-22　阶梯波波形

```
DELAY:    MOV     R7,#04      ;延迟2ms子程序
DE0:      MOV     R6,#250
DE1:      DJNZ    R6,DE1
          DJNZ    R7,DE0
          RET
```

2. 三角波产生

三角波实际上是台阶尽可能小的阶梯波,对于8位数/模转换器而言,数字是从0~255变化,最小台阶数为1,因此最多为256个台阶。图9-23示出三角波波形。程序设计如下:

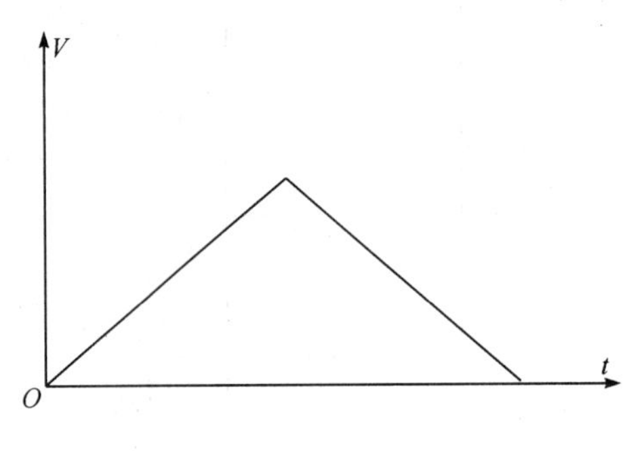

图9-23　三角波波形

```
START:    CLR     A           ;初值为0
          MOV     R1,#30H     ;D/A转换器地址
UP:       MOVX    @R1,A       ;上升段线性输出
          INC     A
          JNZ     UP          ;≤255继续
          MOV     A,#254      ;下降段初值
DOWN:     MOVX    @R1,A       ;下降段线性输出
          DEC     A
          JNZ     DOWN        ;≠0继续
          SJMP    UP          ;开始下一周期
```

该程序设计产生的三角波已是最小周期。每个台阶持续的时间为执行三条指令时间(MOVX、INC、JNZ),根据单片机时钟频率不难推算出该三角波的周期。若需进一步提高D/A输出的精度,可采用10位或12位D/A转换器。

9.5　系统设计及开发方法

所谓系统设计就是应用单片机组成某一实际的应用系统。要完成某一实际应用系统的设计全过程,除了必须掌握单片机的基础知识外,还必须掌握应用系统的研制过程。

一个实际应用系统的研制过程可简要地用图9-24所示的流程图表示。

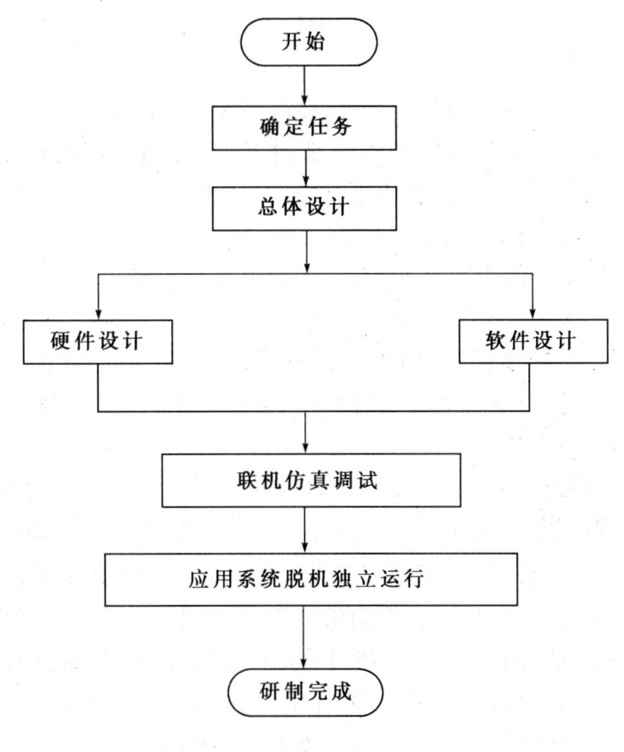

图 9-24　研制过程流程图

9.5.1　总体设计

当要着手设计一个实际产品时,首先要根据实际提出总体设计方案。总体设计应包括以下几个方面。

(1)确定主体设计思想:在达到功能要求前提下,必须考虑抗干扰性能强、研制速度快、成本低等原则。

(2)选择合适的单片机型,以适合本系统的需要。

(3)综合考虑硬件、软件设计。

在硬件和软件综合设计中,两者具有一定互换性。有些功能可用软件实现,也可用硬件实现,前者成本低、编程工作量大,后者增加硬件电路,使成本增加。因此总体设计时应综合考虑。一般首先要确定硬件设计方案,然后构思软件设计方案。

9.5.2　硬件及软件设计

1. 硬件设计方法

根据设计总体方案,可将硬件分成几个功能模块,例如单片机小系统、数据采集模块、键盘显示模块等等,并考虑各模块之间的连接。

(1)单片机小系统设计

单片机小系统是指用户根据设计要求而组成的应用系统,这是每一应用系统必不可少的一部分,一般由单片机、程序存贮器、数据存贮器以及地址锁存器、译码器等部分组成。在选用时,存贮器的容量应留有一定余量。原则上应尽量减少芯片数目,提高性能价格比。在地址译码中，要综合考虑 ROM、RAM，以及 I/O 地址的划分。

(2)各功能模块设计

功能模块设计除了考虑本身的设计外，还应考虑如何与单片机连接。

例如数据采集系统一般包含信号预处理、采样/保持电路以及模/数转换电路。由于不同的模/数转换器输出的数字量位数是不同的，如果输出是 8 位数字量，则可直接挂在数据总线上；如果超过 8 位，就应根据该模/数转换器的应用特性，正确地和数据总线相连。当然也可以通过 I/O 接口芯片 8255 等和数据总线连接。

(3)负载能力考虑

虽然 MSC-51 P_0 口具有 8 个 LSTTL 负载能力，$P_1 \sim P_3$ 口具有 3 个 LSTTL 负载能力，但在实际应用中，这些端口不宜满载，否则会降低整个系统的抗干扰能力。特别是扩展较多的 TTL 电路时，应考虑总线驱动。

常用的总线驱动器有单向驱动器 74LS244，其内部八个三态驱动器分成两组，每组四个，分别由$\overline{G_1}$、$\overline{G_2}$控制，当$\overline{G_1}$、$\overline{G_2}$有效时，数据从 A 传送到 Y。图 9-25(a)示出用 74LS244 驱动 P_2 口。双向总线驱动器 74LS245 为八路双向驱动器，驱动方向由$\overline{G}$、DIR 两端共同控制，当$\overline{G}$控制端有效，DIR＝0 时，驱动方向由 B 至 A，DIR＝1 时，驱动方向从 A 至 B。当$\overline{G}$控制端无效时($\overline{G}=1$)呈高阻态。图 9-25(b)示出用 74LS245 驱动数据总线 P_0 口，这种接法无论是读数据存贮器中数据($\overline{RD}$低电平有效)还是从程序存贮器中取指令($\overline{PSEN}$有效)都使 DIR＝0，保证 P_0 口的输入驱动，除此以外($\overline{RD}$、$\overline{PSEN}$无效时)保证 P_0 口的输出驱动。

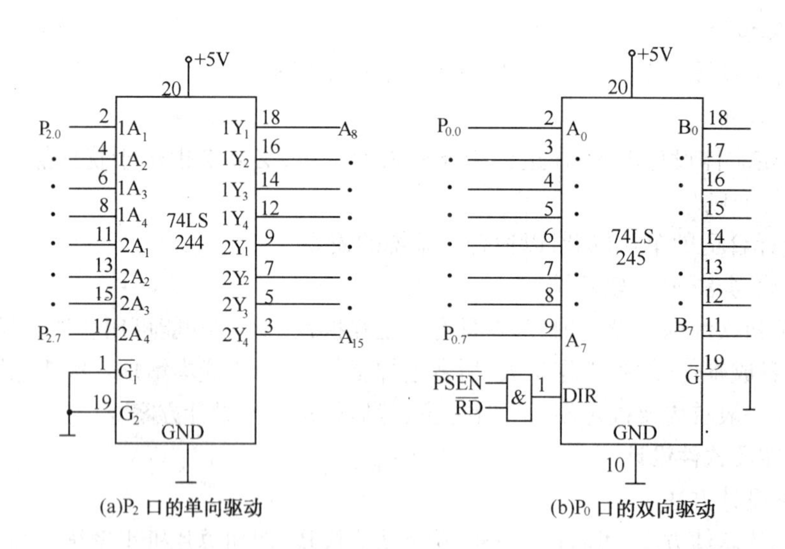

(a)P_2 口的单向驱动　　(b)P_0 口的双向驱动

图 9-25　总线驱动器

(4)可靠性设计

可靠性设计对整个应用系统是很重要的一环，在设计中应认真予以考虑，一般应注意以下几个方面：

①电源设计中应考虑防干扰措施，如电源滤波器、隔离变压器等，电源输出功率应有一定余量。也可采用分散独立功能块供电。在每块功能模块上用三端稳压集成块 7805、7905、7812、7912 等组成稳压电源，每个功能块单独对电压过载进行保护，这样不会因某块稳压电源故障而使整个系统破坏，大大提高了供电的可靠性。

②合理布线及正确接地。元器件应合理安排，走线应尽量短。模拟量和数字量应分开，分别采用一点接地方法，以减少干扰。应适当加粗电源线和地线。

③输入和输出采用隔离措施，可有效提高单片机系统的可靠性，常采用光电隔离或隔离放大器等方法，图 9-26 示出一种模拟信号和数字信号之间用光电耦合器进行隔离的一种方法。A/D 转换后的并行输出口，D/A 的并行数据输入口均采用光电耦合器进行隔离，而且光电耦合器的输入输出回路的电源分别单独供电，这样，就完全切断了系统主机与外界的一切电传输线连接，提高了系统的抗干扰能力。

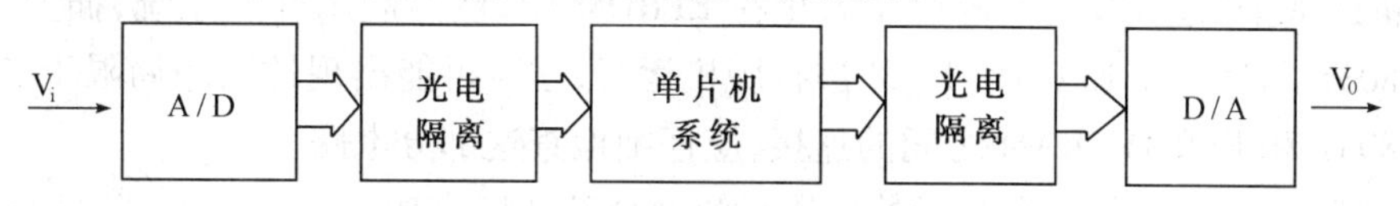

图 9-26　用光电耦合器进行隔离

此外，在强干扰环境下，还可采用屏蔽以及浮地技术。

1. 软件设计方法

软件设计一般根据系统中功能模块进行分割，首先应确定主程序框图，然后划分软件功能模块。程序设计中应实现模块化、子程序化。所谓模块化就是把一个完整的程序分解成若干个功能上相对独立的较小程序块，各小程序进行单独设计和调试，最后将各程序模块连接起来进行总调试。这种方法思路清楚，软件故障容易排除，便于移植及修改。当软件各功能模块分别调试完毕后，即可进行主程序调试。主程序调试主要是排除各个功能模块之间连接中可能出现的问题，如各功能块使用的 RAM 区域有否重迭现象，寄存器有否发生冲突，堆栈区域有否溢出等等。

9.5.3　利用开发机进行调试

一个实际的应用系统在设计过程中，其硬件及软件均需经过调试以后才能正常工作，这就需要单片机开发工具。一般单片机开发系统具有输入程序、设断点、单步或连续运行、修改程序等功能，并能方便地查询各寄存器、I/O 口、存贮器的状态和内容，同时能将单片机的大部分资源出借给用户使用，如存贮器空间、串行口、定时器、中断等。这类开发装置大多配置与 PC 机的串行通信接口，并提供相应的组合软件，能进行机器汇编、反汇编以及联机调试等功能，以提高开发效率。

图 9-27 示出利用单片开发装置进行联机调试的连接图。在联机调试过程中，用户系统主机中的 8031 单片机、程序存贮器、数据存贮器暂时不连接，而是借用单片开发机中的这些资源。一般开发机在设计中，常常将数据存贮器和程序存贮器合用同一空间，以便用户对程序进行修改。在联机调试过程中，首先应先调试硬件电路，可采用将硬件各功能模块逐一接上的方法，并设计一些简单调试程序，以便对硬件进行检查。当硬件电路调试完毕后，可调试相应部分软件。

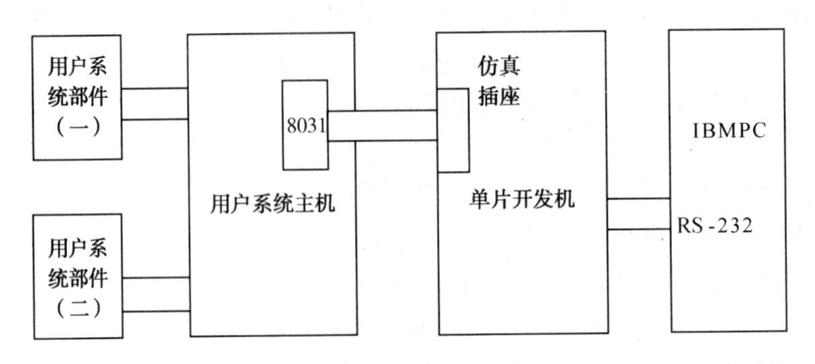

图 9-27　单片开发机联机调试连接图

联机调试全部正常后，可将程序固化在 EPROM 中，然后脱离开发系统，插上用户系统中的 8031 芯片以及 EPROM、RAM 进行脱机运行，这时可能出现的问题局限于晶振、复位以及 8031 和 EPROM、RAM 之间的连接，应仔细检查这部分电路。

当脱机运行正常后，一个实际的应用系统便全部调试成功。

9.6　应用系统实例

本节以微机采样式功率表为例，具体介绍一个应用系统的研制过程。

9.6.1　概述

随着微处理机技术的发展，大大加快了电测仪表的智能化过程。运用采样技术对输入电压和电流同时进行采样，可以不受输入波形形状的限制，并能适应波形畸变下各电参数的测量。特别是当前由于电力电子器件的广泛应用，使工频电网波形产生不同程序的畸变，传统的电测仪表误差日益增大，因此微机采样式功率表在这种情况下应运而生，这对电力部门电能管理的科学化及现代化有着实际意义。

微机采样式功率表技术要求能测量工频电网中的功率，测量结果能显示、打印。各项技术指标如下：

输入电压：0 ~ 220V 或 0 ~ 380V

输入电流：0 ~ 100A

频率：50Hz，允许含有最高次谐波 3kHz

精度：相对误差≤1%

9.6.2　数学模型

根据电工学知识

$$p=\frac{1}{T}\int_{T_0}^{T_0+T}u(t)i(t)dt$$

式中 T 为信号周期，T_0 为积分起点。p 为被测信号的有功功率。有功功率 p 的计算实际上是一个求平均值的问题。即

$$\overline{f(t)} = \frac{1}{T}\int_{T_0}^{T_0+T} f(t)\,dt$$

由于计算机不能处理连续信号，因此对输入信号 $f(t)$ 在一周期时间内，等间隔采样 N 个点，采样周期为 $T_s(T_s = T/N)$，第 $k+1$ 次采样值为 $f(t_k)$，如图 9-28 所示。经离散化处理后，$\overline{f(t)}$ 可用以下矩形公式近似：

$$\begin{aligned}\overline{f(t)} &\approx \frac{1}{T}\sum_{k=0}^{N-1} f(t_k)\cdot T_s \\ &= \frac{T_s}{T}\sum_{k=0}^{N-1} f(t_k) \\ &= \frac{1}{N}\sum_{k=0}^{N-1} f(t_k)\end{aligned}$$

可以证明，若采样点数 N 大于信号 $f(t)$ 的最高次谐波 M 及信号周期 T 恰好是 T_s 的整数倍时，理论上不存在任何误差。[4]

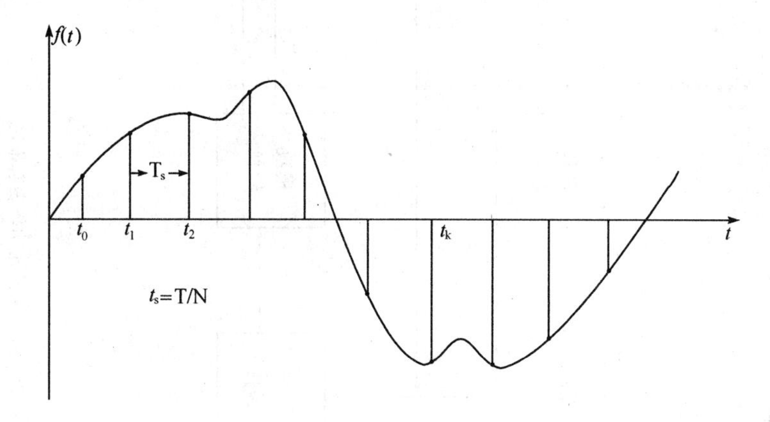

图 9-28　等间隔采样

9.6.3　系统总体设计

根据技术指标及要求，可将整个系统划分为：信号预处理、数据采集电路、单片机小系统、键盘显示电路以及打印机接口电路。总体框图如图 9-29 所示。

1. 信号预处理

由于电网中电压、电流信号较大，因此需经过电压互感器、电流互感器转变为小信号，然后经量程变换电路转换为峰值不超过 ±5V 的两路电压信号，送到数据采集电路。

2. 数据采集电路

为了进行功率测量，需要对电压、电流两路信号同时进行采集，因此采用两路采样/保持及模数转换电路，将采集到的电压、电流信号存入存贮器，供数据处理用。

3. 单片机小系统

单片机小系统由 8031、程序存贮器 2764、数据存贮器 6264 以及两片并行接口 8255 组成，其中一片作为键盘及显示接口，另一片 8255 作为模数转换器接口。

整个应用系统地址分配如下：

程序存贮器 2764：0000H ~ 1FFFH；

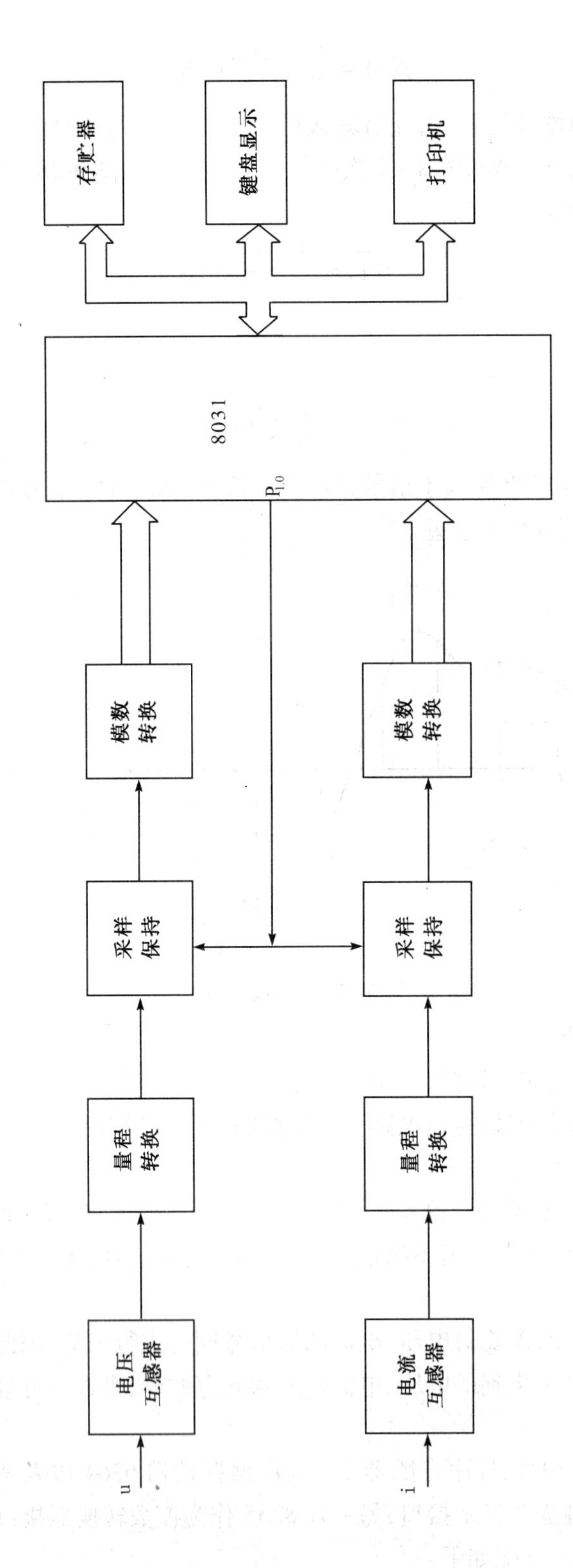

图 9-29 微机采样式功率表总框图

数据存贮器 6264：8000H ~ 9FFFH；

8255(1)：A000H ~ AFFFH；

8255(2)：B000H ~ BFFFH；

打印机：C000H ~ CFFFH。

4. 键盘、显示电路

键盘电路实际上是用来控制各子程序流向的。它的主要功能是：量程设置、启动测量开始，以及打印、显示控制。键盘设置六个功能键以及十个数字键，采用 2 × 8 矩阵排列和 8255 接口芯片相连，测量结果送六位数码管显示。

5. 打印机接口电路

打印机采用 GP-16 智能打印机，它可直接和数据总线相连，打印测量结果。

9.6.4 功能模块设计

现以数据采集电路为例，介绍该电路设计方法。

为了对电压、电流两路信号同时采样，需要二路 A/D 转换电路。设一周期内采集 128 个点，则在工频下(f = 50Hz)采样间隔 T_s = T/N = 20000/128 = 156.25(μs)。取最接近的整数，则 T_s = 156μs。为了满足这一要求，数据采集电路设计方案如下：

1. 采样/保持电路的选择

为了提高数据采集电路的精度，以确保二路信号同时采集，在 A/D 转换电路前级，采用二路采样/保持电路 LF398。LF398 逻辑图如图 9-30 所示。当逻辑输入端（8 脚）为高电平时，LF398 处于“采样”工作模式，即输出电压等于输入电压。当该输入端为低电平时，LF398 处于“保持”工作模式，即输出端电压保持在第 8 脚下降沿所采集的输入端电压数值。

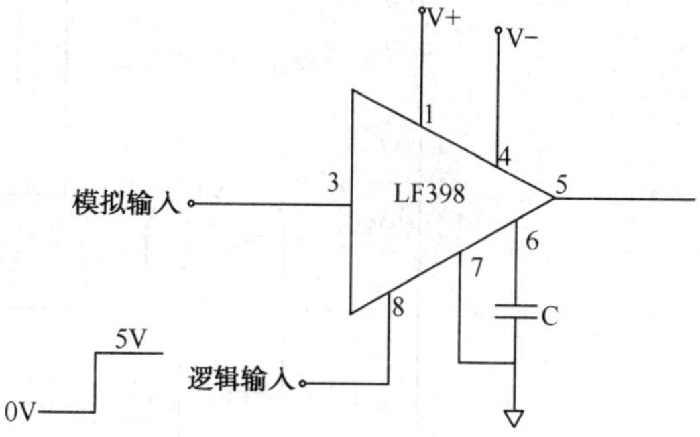

图 9-30 LF398 逻辑图

2. A/D 转换芯片选择

选择 A/D 转换器主要从精度和速度两方面考虑。如精度为 8 位的 ADC，其相对误差为 0.39%，精度为 10 位的 ADC，相对误差为 0.09%。随着精度及速度的增加，其价格也不断提高。由于本系统精度要求较高，故选取 12 位 AD574 作为 A/D 转换器。AD574 为 12 位逐次逼近式模数转换器，其内部含有 10V 基准电源，完成 12 位转换时间为 25μs，输入电压可以双极性，也可以是单极性，可以方便地和单片机接口，具有转换速度快、精度高、使用灵活等优点。AD574 真值表如表 9-2 所示。

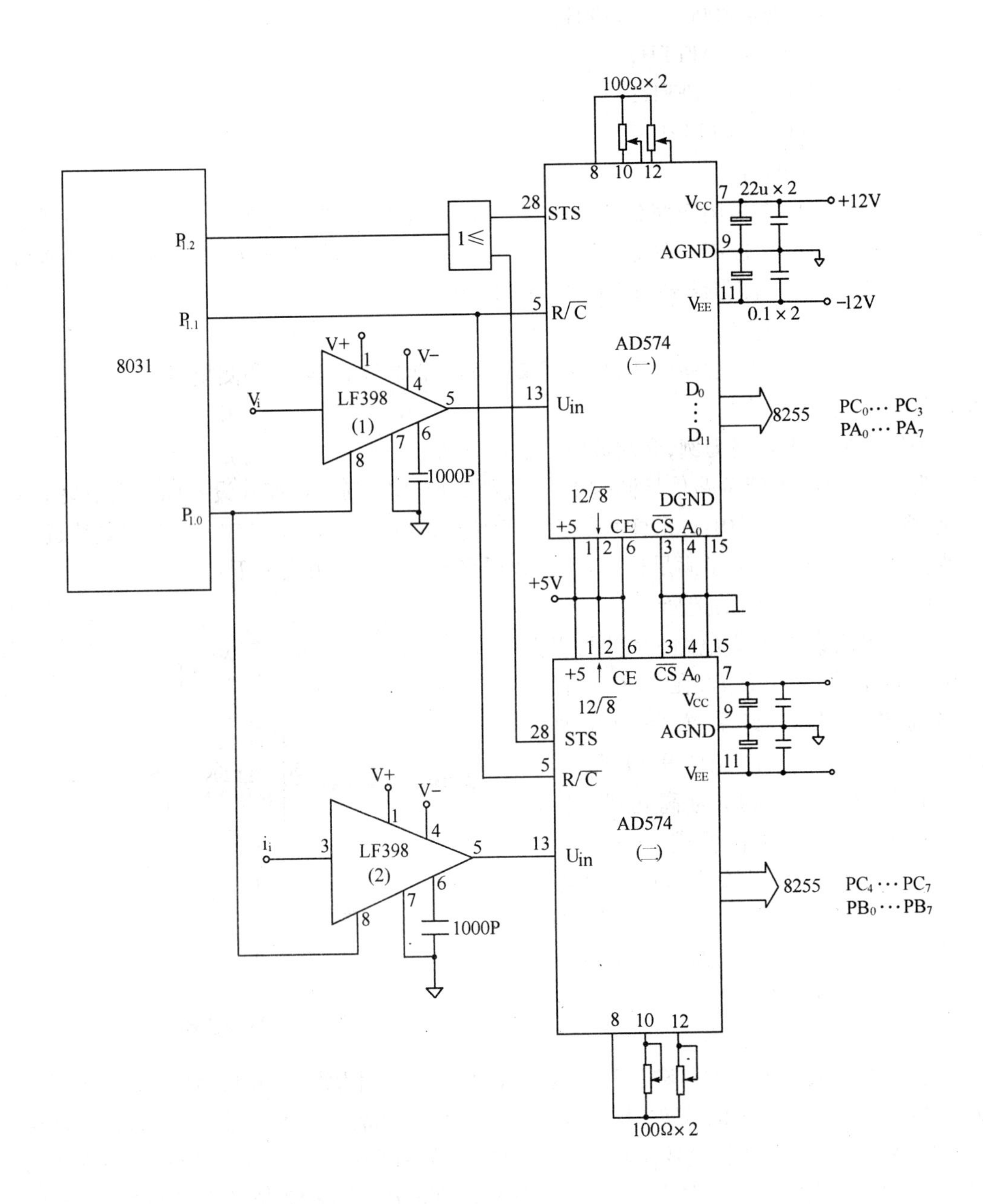

图 9-31　数据采集电路

数据采集电路如图 9-31 所示。为使电路简单，采用独立工作模式，即 CE、$\overline{CS}$、12/$\overline{8}$、A_0 按真值表中起动 12 位转换所规定电平连接。由 $P_{1.1}$ 控制 R/$\overline{C}$ 端，当 R/$\overline{C}$ = 0 时，启动两片 AD574 转换，当 R/$\overline{C}$ = 1 时读取转换后结果。两片 AD574 的转换结果通过 8255 并行接口的 PA、PB、PC 口读入单片机内存。STS 为转换结束信号，高电平表示正在进行转换，低电平表示一次转换结束。数据采集采用 156μs 定时中断采样。当 156μs 定时时间到后，进入定时中断采样，图 9-32 为定时中断采样软件框图。由 $P_{1.0}$ 发出采/保控制脉冲（$P_{1.0}$ 和两片 LF398 的第八脚相连），控制两路电压、电流同时采集。其中高电平持续 10μs，使 LF398 处于“采样”状态。然后 $P_{1.0}$ 输出低电平，使 LF398 处于“保持”状态，与此同时，由 $P_{1.1}$ 启动两路 AD574 开始转换，转换结束后，读取结果存入内存。

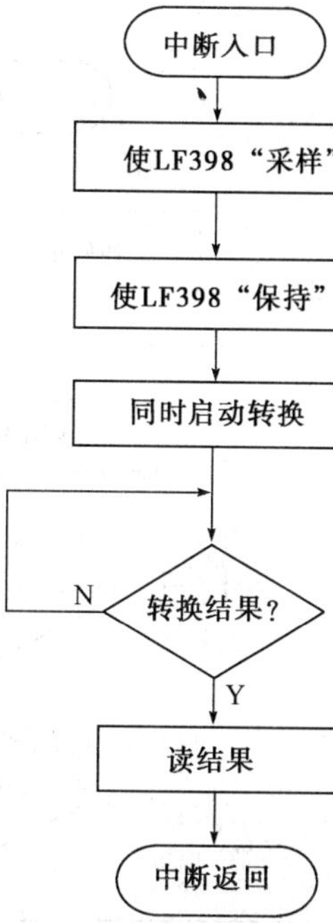

中断入口
使LF398 “采样”
使LF398 “保持”
同时启动转换
转换结果？
N
Y
读结果
中断返回

图 9-32　定时中断采样软件框图

9.6.5　数据处理方法

在实际情况中，由于电网频率的波动，以及采样间隔取整后，在一周期采样中，信号周期 T 不是恰好为 NT_S，而是 $T = NT_S + \Delta$，为了减少 Δ 对测量精度的影响，在数据处理中，采用了补偿处理的方法。在数据运算中，采用了三字节浮点运算，以提高运算速度和精度。限于篇幅，此处不再赘述。

9.6.6　抗干扰措施

（1）采用电压互感器、电流互感器将强电信号转换为弱电信号，并使强、弱电信号隔离。

（2）将所有器件模拟地和数字地分别相连，模拟地和数字地仅在电源端相连，图 9-33 示出正确的接地方法。

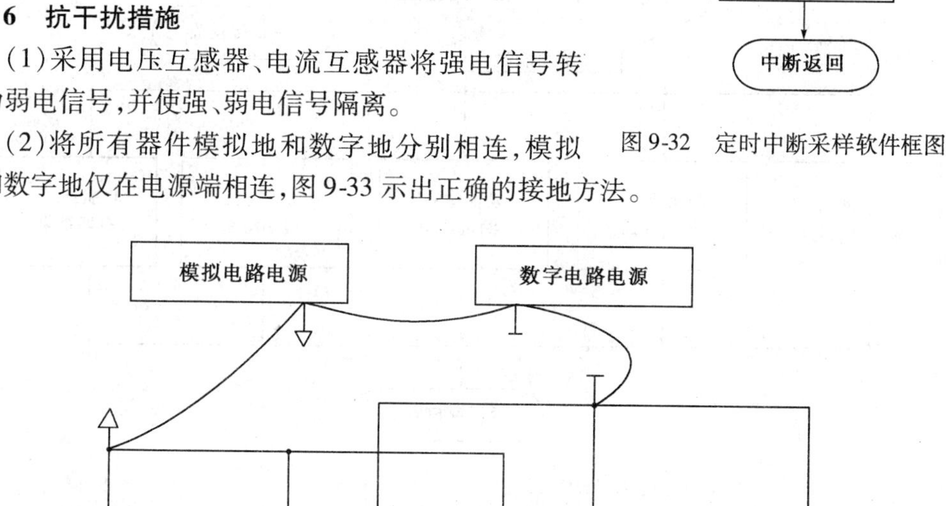

图 9-33　正确的地线连接

（3）数据经过多次采集，并通过数字滤波，有效地防止误读数。

9.6.7　主程序设计

图 9-34 为主程序框图。整个工作过程通过键盘进行控制。

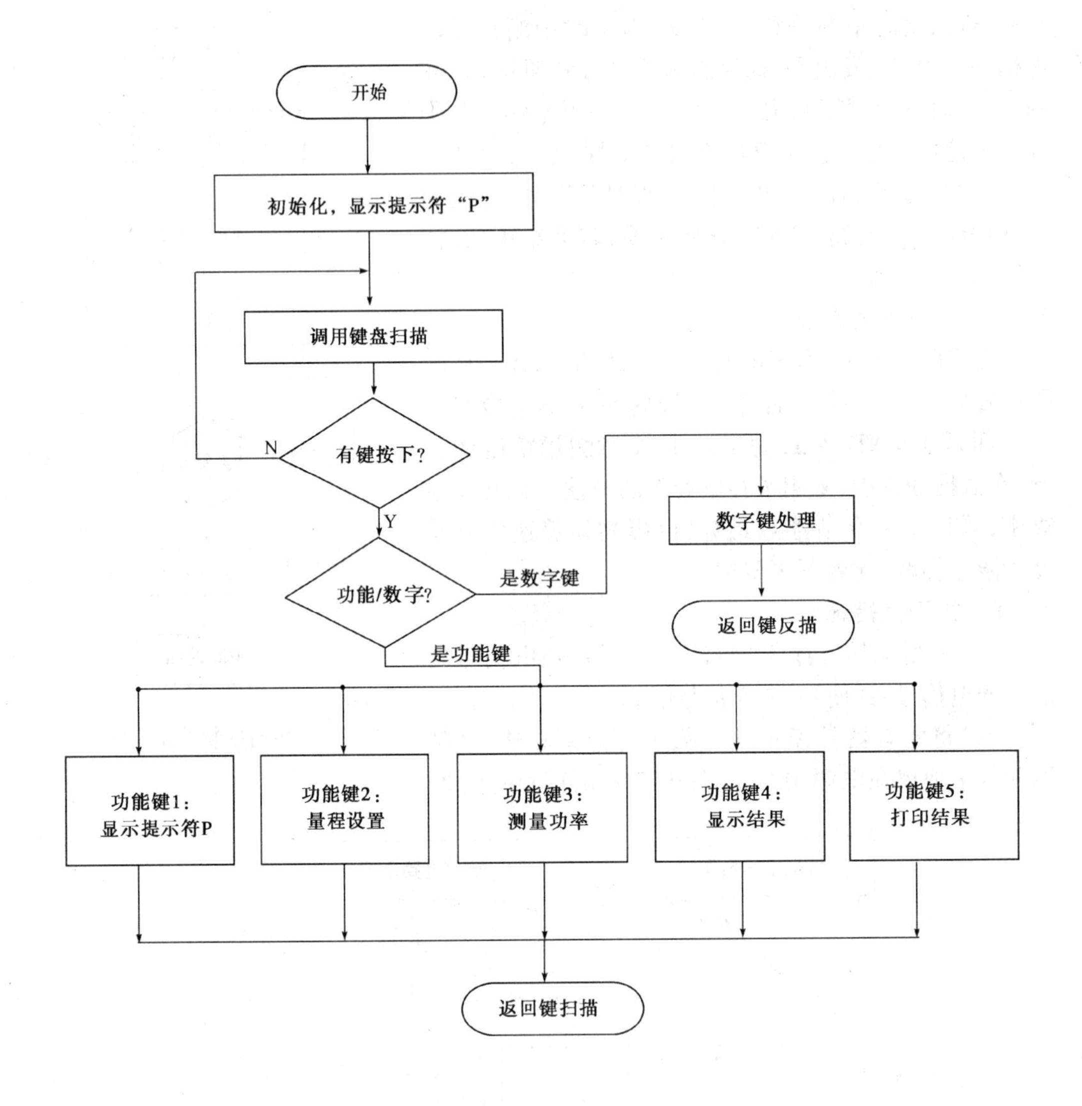

图 9-34　主程序框图

习题与思考题

9-1　图 9-35 示出 8031 单片机通过 8255PA 口和发光二极管硬件连接图。按图中连接,编写发光二极管轮流导通的程序。

9-2　键盘接口中通常采用什么方法去除键动作过程中的抖动?

9-3　8031 单片机和 0809 模数转换器采用如图 9-36 连接,请按照这种连接方式,写出对八路模拟信号连续采集并存入存贮器的程序。如果采用中断方式,则 EOC 信号应如何连接,重新编写上述程序。

9-4　用 8031 单片机和 0832 数模转换器产生梯形波。梯形波的斜边采用步幅为 1 的线性波,幅度为 00H ~ 80H,水平部分维持 1ms,采用定时器维持,写出梯形波产生的程

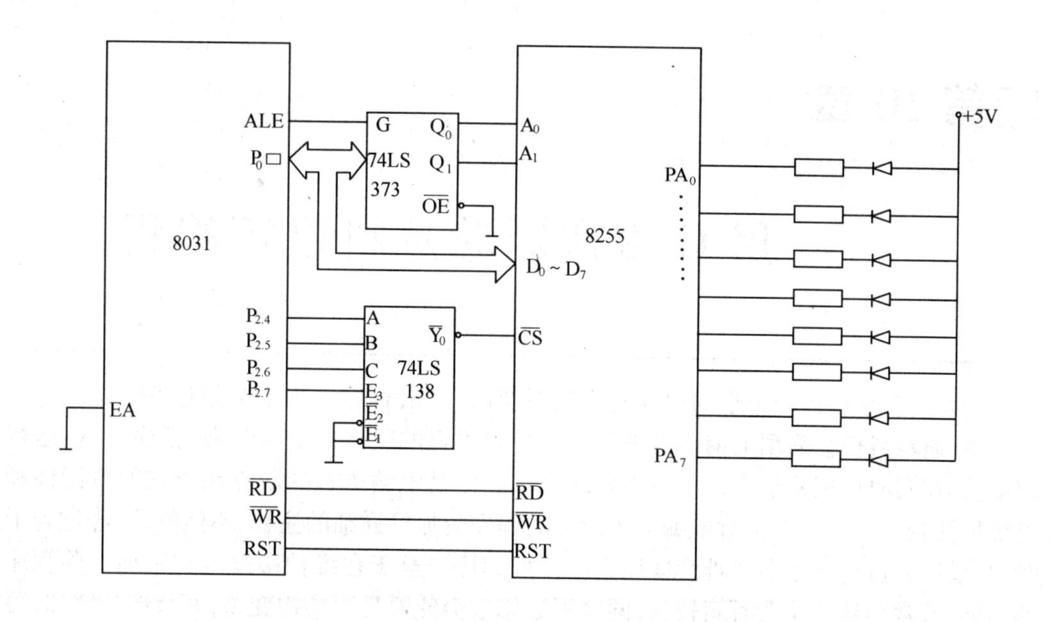

图 9-35　习题 9-1 附图

序。设单片机晶振为 6MHz。

9-5　按照图 9-36 的连接图，采用 8031 内部定时器控制对模拟信号的采集。要求每过 0.8s 对八路信号采集一遍，请编写有关程序。设单片机晶振频率为 6MHz。

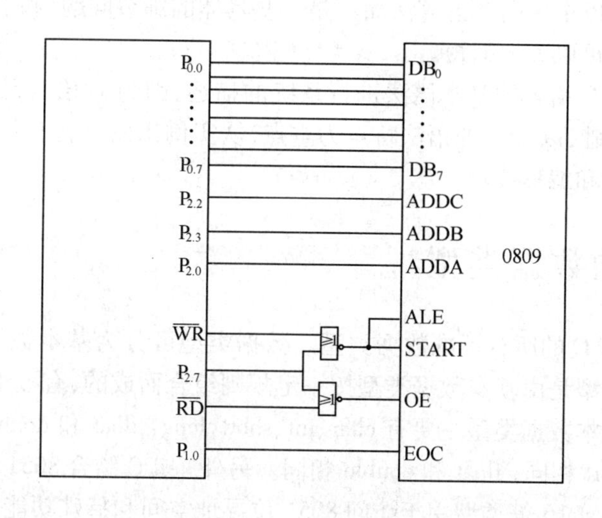

图 9-36　习题 9-5 附图

□第 10 章

用 C 语言对单片机进行编程

在我们着手设计一个小的单片机应用系统时，一般程序大小不会超过 8K，系统也比较简单，通常我们会采用汇编语言来编程。汇编语言的优点是实时性强、程序紧凑、运行速度快，在实时应用系统中仍不失为好的方法。但是汇编语言的缺点在于它的可读性和可维护性较差。设计人员对汇编语言设计的程序应加较详细的注释，不然的话，经过若干时间，设计人员自己也会很难读懂原先编写的程序。至于在维护中修改和添加一些程序的功能，常常会感到花费时间较长，同时不断修改会使原程序结构变差，冗余部分增加，可读性进一步降低。如果使用 C 语言编程的话，这些问题就会迎刃而解。

C 语言是一种通用的计算机程序设计语言，它有很好的结构性，可实现模块化编程。C 语言的移植性好，已编好的程序容易转换到其他工程和处理器环境中，用 C 语言编写的程序便于阅读和维护。C 语言可以对硬件如串行口、中断、定时器、A/D 转换等进行直接操作。设计人员可以更多的考虑算法而不是一些具体的细节问题，和汇编语言相比，程序的开发和调试时间可以大大缩短。

本章不准备对 C 语言的基本语法进行系统的描述，因为 C 语言已有不少权威著作。本章以 keil C 为基础，以 C51 的语法特点为重点，从实例出发进行分析，使读者较快地掌握 C51 的编程方法和编程技巧。

10.1 C51 的数据类型

keil C 有 ANSI C 的所有标准数据类型。数据类型可分为基本数据类型和复杂数据类型。复杂数据类型是由基本数据类型按一定规则组合而成的，有数组类型、结构类型以及指针类型等。基本数据类型主要有 char、int、short、long 、float 和 double。对于 C51 编译器而言，char 和 short 相同，float 和 double 相同。另外 keil C 结合 8051 单片机存贮器的特点，扩充了 sbit、sfr、sfr16 等类型用于访问 8051 位寻址空间和特殊功能寄存器。现就基本数据类型分别说明如下：

1. 字符型（char）

字符类型可分为有符号（signed char）和无符号（unsigned char）两种。默认为 signed char，其长度为一字节。其中 signed char 的数值范围为 -128 ~ +127，用补码表示，unsigned char 数值范围为 0 ~ 255。

2. 整型（int）

整型数据分为有符号(signed int)和无符号(unsigned int)两种,默认值为 signed int。其长度均为两字节。其中 signed int 数值范围为 -32768 ~ +32767,用补码表示,unsigned int 数值范围为 0 ~65535。

在 keil C 中,整型变量在内存中存放规则是:数据高位存放在低地址字节,数据低位存放在高地址字节。例如数据 1234H 在内存中存放格式如下:

地址	
+0	0x12
+1	0x34

3. 长整型(long)

长整型数据分为有符号和无符号两种,默认值为 signed long。其长度均为四个字节。其中 signed long 数值范围为 -2147483648 ~2147483647,用补码表示。unsigned long 数值范围为 0 ~4294967295。长整型数据在内存中存放规则同整型相同。例如长整型数据 12345678H 在内存中存放格式如下:

地址	
+0	0x12
+1	0x34
+2	0x56
+3	0x78

4. 浮点型(float)

浮点型数据符合 IEEE—754 标准。它占有四个字节,存放格式如下:

+0	M	M	M	M	M	M	M	M
+1	M	M	M	M	M	M	M	M
+2	E	M	M	M	M	M	M	M
+3	S	E	E	E	E	E	E	E

其中 S 为符号位。M 为尾数的小数部分,用 23 位二进制数表示 ,其整数部分为 1,表示为 1.M。整数部分的 1 不予保留,是隐含的。E 为阶码,它的取值是以 2 为底的指数加偏移量 127,指数的范围是 -126 ~ +127(-127、-128 视为非正常值),然后加上偏移量 127,故 E 的范围为 1 ~254。例如 $-25.5 = -11001.1(B) = -1.10011(B) \times 2^4$,因此 S =1(表示负数);E =4 +127 =1000 0011(B),故浮点数 -25.5 表示为:C1CC 0000H。

5. 位型(bit)

表示位变量,取值范围为 1 或 0。

6. 可寻址位型(sbit)

sbit 也是一种位型,它特指位于 8051 单片机位寻址空间(20H ~2FH)和特殊功能寄存器中可寻址位。

例如定义两个标志位 flag1 和 flag2,定义如下:

```
sbit   flag1 = 0x01;
sbit   flag2 = 0x02;
```

即定义了两个位地址为 01 和 02 的位标志 flag1 和 flag2。

7. sfr 和 sfr16

sfr 是指 8051 单片机中 8 位特殊功能寄存器。sfr16 是指 8051 单片机中 16 位特殊功能寄存器。

例如 sfr P1 = 0x90;即将 P1 口地址定义为 0x90。

在 keil C 中,对特殊功能寄存器的声明已含在 REG × ×. h 的头文件中。在编辑时,只要将头文件包含到应用程序之中,就可直接用寄存器名或位变量名直接对其进行访问。例如 REG51. h 文件对 SFR 声明如下:

```
/* - - - - - - - - - - - - - - - - - - - - - - - - - - - - - - - - - - - - - - - -
REG51. H
Header file for generic 80C51 and 80C31 microcontroller.
Copyright (c) 1998—2001 Keil Elektronik Gmbh and Keil Software. Inc.
All rights reserved.
- - - - - - - - - - - - - - - - - - - - - - - - - - - - - - - - - - - - - - - - */
/*   BYTE Register   */
sfr P0      =0x80;
sfr P1      =0x90;
sfr P2      =0xA0;
sfr P3      =0xB0;
sfr PSW     =0xD0;
sfr ACC     =0xE0;
sfr B       =0xF0;
sfr SP      =0x81;
sfr DPL     =0x82;
sfr DPH     =0x83;
sfr PCON    =0x87;
sfr TCON    =0x88;
sfr TMOD    =0x89;
sfr TL0     =0x8A;
sfr TL1     =0x8B;
sfr TH0     =0x8C;
sfr TH1     =0x8D;
sfr IE      =0xA8;
sfr IP      =0xB8;
sfr SCON    =0x98;
```

```
sfr SBUF     =0x99;
/*  BIT Register  */
/*  PSW  */
sbit CY      =0xD7;
sbit AC      =0xD6;
sbit F0      =0xD5;
sbit RS1     =0xD4;
sbit RS0     =0xD3;
sbit OV      =0xD2;
sbit P       =0xD0;
/*  TCON  */
sbit TF1     =0x8F;
sbit TR1     =0x8E;
sbit TF0     =0x8D;
sbit TR0     =0x8C;
sbit IE1     =0x8B;
sbit IT1     =0x8A;
sbit IE0     =0x89;
sbit IT0     =0x88;
/*  IE  */
sbit EA      =0xAF;
sbit ES      =0xAC;
sbit ET1     =0xAB;
sbit EX1     =0xAA;
sbit ET0     =0xA9;
sbit EX0     =0xA8;
/*  IP  */
sbit PS      =0xBC;
sbit PT1     =0xBB;
sbit PX1     =0xBA;
sbit PT0     =0xB9;
sbit PX0     =0xB8;
/*  P3  */
sbit RD      =0xB7;
sbit WR      =0xB6;
sbit T1      =0xB5;
```

```
sbit T0      =0xB4;
sbit INT1    =0xB3;
sbit INT0    =0xB2;
sbit TXD     =0xB1;
sbit RXD     =0xB0;
/*   SCON   */
sbit SM0     =0x9F;
sbit SM1     =0x9E;
sbit SM2     =0x9D;
sbit REN     =0x9C;
sbit TB8     =0x9B;
sbit RB8     =0x9A;
sbit TI      =0x99;
sbit RI      =0x98;
```

C51 的数据类型如表 10-1 所示。

表 10-1　keil C 编译器识别的数据类型

数据类型	长　度	值　　域
unsigned char	单字节	0 ~ 255
signed char	单字节	-128 ~ +127
unsigned int	双字节	0 ~ 65535
signed int	双字节	-32768 ~ +32767
unsigned long	四字节	0 ~ 4294967295
signed long	四字节	-2147483648 ~ +2147483647
float	四字节	±1.175494E-38 ~ ±3.402823E+38
bit	位	0 或 1
sbit	位	0 或 1
sfr	单字节	0 ~ 255
sfr16	双字节	0 ~ 65535

10.2　C51 存贮类型

10.2.1　存贮类型

如第二章所述,8051 存贮器分为程序存贮器、内部数据存贮器、特殊功能寄存器和外部数据存贮器 4 个存贮空间。在 C51 中,为了对变量分配存贮单元,在对变量进行定义时,还应指明变量的存贮类型。

变量定义的格式如下:

[存贮种类]　数据类型　[存贮器类型]　变量名表;

其中“存贮种类”和“存贮器类型”是可选项。

存贮种类指的是数据在内存中的存贮方法。存贮种类有：自动(auto)、外部(extern)、静态(static)和寄存器(register)。存贮种类省略时，则定义为自动(auto)变量。

存贮器类型是指数据在内存中的存贮区域。keil C51 存贮类型如表 10-2 所示。

表 10-2　keil C51 存贮类型

存贮类型	对应存贮空间
data	直接寻址片内 RAM(00 ~ 7FH)单元
idata	间接寻址片内 RAM(00 ~ FFH)单元
bdata	访问片内位寻址空间(20H ~ 2FH)单元
pdata	访问外部 RAM00H ~ FFH 地址空间，用 R_i 作地址指针
xdata	访问外部 RAM0000H ~ FFFFH 地址空间，用 DPTR 作地址指针
code	代码存贮区，用 MOVC A,@ A + DPTR 指令访问

1. data 区

data 区位于 8051 单片机内部 RAM 00 ~ 7FH，采用直接寻址方法对该区域进行访问，访问速度快。应该将经常使用的变量放在 data 区。需注意的是该区还包含了寄存器组和堆栈。

2. idata 区

idata 区位于 8051 单片机内部 RAM 00 ~ FFH，必须采用间接寻址方法进行访问。

例 10.1　数据类型 data 和 idata 的定义。

```
void main( )
{unsigned char data rr1;
 unsigned int data rr2;
 unsigned char idata rr3;
 unsigned int idata rr4;
 rr1 = rr1 + 1;
 rr2 = 0;
 rr3 = rr3 + 1;
 rr4 = 0;
}
```

经编译后产生的.asm 文件如下：

```
main:
;   rr1 = rr1 + 1;
   INC rr1? 040
;   rr2 = 0;
   CLR A
   MOV rr2? 041,A
   MOV rr2? 041 +01H,A
;   rr3 = rr3 + 1;
   MOV R0,#LOW(rr3? 042)
```

```
  INC @ R0
;  rr4 =0;
  INC R0
  MOV @ R0,A
  INC R0
  MOV @ R0,A

  RET
```

3. bdata 区

bdata 区位于 8051 单片机内部 RAM 20H ~2FH,该区为位寻址区。例如,可定义如下位变量:

```
unsigned char bdata status =0x20;
sbit flag0 = status^0;
sbit flag1 = status^1;
sbit flag2 = status^2;
sbit flag3 = status^3;
sbit flag4 = status^4;
sbit flag5 = status^5;
sbit flag6 = status^6;
sbit flag7 = status^7;
```

这样就在位寻址区字节地址为 20H 单元中定义了一个状态变量 status,其中 8 位分别对应标志位 flag0 ~ flag7。

4. pdata 和 xdata

pdata 和 xdata 均位于 8031 单片机外部 RAM 中, pdata 的地址范围为 00H ~ FFH,用 R_i 作为地址指针;xdata 的地址范围为 0000H ~ FFFFH,用 DPTR 作为地址指针。

5. code

code 区位于程序存贮器区域,一般将一些固定数表放在该区域。

例如,在代码区定义数 0 ~9 的平方表,可采用如下方法:

```
char code tab[   ] = {01,04,09,16,25,36,49,64,81};
```

例 10.2 数据类型 pdata 和 xdata 的定义。

```
void main ( )
{
  unsigned char pdata yy1;
  unsigned int pdata yy2;
  unsigned char xdata yy3;
  unsigned int xdata yy4;
     yy1 =0x12;   yy2 =0x1234;
     yy3 =0x56;   yy4 =0x5678;
}
```

经编译后产生的.asm文件如下：

```
main：
;  yy1 =0x12;  yy2 =0x1234;
MOV R0,#LOW (yy1? 040)
MOV A,#012H
MOVX @ R0,A
INC R0
MOVX @ R0,A
INC R0
MOV A,#034H
MOVX @ R0,A
;  yy3 =0x56;  yy4 =0x5678;
MOV DPTR,#yy3? 042
MOV A,#056H
MOVX @ DPTR,A
INC DPTR
MOVX @ DPTR,A
INC DPTR
MOV A,#078H
MOVX @ DPTR,A
RET
;END OF main
```

10.2.2 存贮模式

在变量定义中如果没有声明存贮类型，则存贮模式就作为默认的存贮类型。keil C提供了三种存贮模式。

1. SMALL模式

在该模式下，所有变量都被规定在内部RAM 00H～7FH地址访问，和定义data类型相同，故访问十分方便。由于寄存器组以及堆栈均在此空间中，因此堆栈长度不易太长，需防止堆栈溢出。

2. COMPACT模式

在该模式下，所有变量都被规定在外部RAM 00H～FFH地址空间，和存贮类型pdata相同，存取数据采用 R_i 间接寻址。堆栈位于8051内部RAM中。

3. LARGE模式

在该模式下，所有变量都被规定在外部RAM 0000H～FFFFH地址空间，和定义存贮类型xdata相同，采用DPTR间接寻址。在该模式下访问效率较低，产生的程序代码也较长。

10.2.3 绝对地址访问

在实际应用中，有时常常需要设置一些内存单元的绝对地址，以方便存取，通常采用

两种方法进行,一种用_at_指令来定义,另一种方法采用宏指令,下面分别介绍如下:

1. 用_at_指令定义

定义格式如下:

内存变量　数据类型　变量名　_at_　地址

在使用中数据类型不能用 bit 类型。

例 10.3　用绝对地址方式对内部 RAM 进行存取。

```
data unsigned char val1   _at_ 0x20;      //定义变量 VAL1,…,VAL4 的绝对地址
data unsigned char val2   _at_ 0x21;
data unsigned char val3   _at_ 0x22;
data unsigned char val4   _at_ 0x23;
void main (void)
{
 val1 =0x55;
 val2 =0x56;
 va13 = val1;
 val4 = va12;
}
```

编译后产生汇编语言程序如下:

```
NAME LS
? PR? main? LS        SEGMENT CODE
  EXTRN CODE (? C_STARTUP)
  PUBLIC val4
  PUBLIC val3
  PUBLIC val2
  PUBLIC val1
  PUBLIC main
  DSEG AT 020H
          val1:DS 1
  DSEG AT 021H
          val2:DS 1
  DSEG AT 022
          val3:DS 1
  DSEG:AT 023H
          val4:DS 1
  RSEG ? PR? main? LS
main:
  MOV val1,#055H
```

```
    MOV val2,#056H
    MOV val3,val1
    MOV val4,val2
    RET
```

例 10.4 用绝对地址方式对外部 RAM 进行存取。

```
xdata unsigned char val1    _at_ 0x1000;   //定义变量 VAL1…VAL4 的绝对地址
xdata unsigned char val2    _at_ 0x1001;
xdata unsigned char val3    _at_ 0x1002;
xdata unsigned char val4    _at_ 0x1003;
void main (void)
{
  val1 =0x55;
  val2 =0x56;
  val3 = val1;
  val3 = val2;
}
```

编译后产生汇编语言程序如下:

```
NAME    XLS
? PR? main? XLS      SEGMENT CODE
    EXTRN CODE (? C_STARTUP)
    PUBLIC val4
    PUBLIC val3
    PUBLIC val2
    PUBLIC val1
    PUBLIC main
    XSEG AT 01000H
            val1:DS 1
    XSEG AT 01001H
            val2:DS 1
    XSEG AT 01002H
            val3:DS 1
    XSEG AT 01003H
            val4:DS 1
    RSEG ? PR? main XLS
main:
   MOV DPTR,#val1
   MOV A,#055H
   MOVX @DPTR,A
```

```
INC DPTR
INC A
MOVX @DPTR,A
INC DPTR
DEC A
MOVX @DPTR,A
INC DPTR
INC A
MOVX @DPTR,A
RET
```

2. 使用绝对地址宏指令

使用绝对地址宏指令应包含头文件 absacc. h。绝对地址宏指令如表 10-3 所示。

表 10-3　绝对地址宏指令

宏指令格式	功　能
CBYTE[address]	在程序存贮器中读取一个字节内容
CWORD[address]	在程序存贮器中读取一个字的内容
DBYTE[address]	在 8051 内部数据存贮器(00 ~ FFH)中读/写一个字节内容
DWORD[address]	在 8051 内部数据存贮器(00 ~ FFH)中读/写一个字的内容
PBYTE[address]	在外部数据存贮器(00 ~ FFH)中读/写一个字节内容
PWORD[address]	在外部数据存贮器(00 ~ FFH)中读/写一个字的内容
XBYTE[address]	在外部数据存贮器(0000 ~ FFFFH)中读/写一个字节内容
XWORD[address]	在外部数据存贮器(0000 ~ FFFFH)中读/写一个字的内容

需要注意的是,在使用以上宏指令时,如果是对字节单元进行操作,则该单元实际地址即为 address,如果是对字单元进行操作,则该单元的实际地址为 address * 2。数据存放的原则是地址低位存放数据高位,地址高位存放数据低位。

请看下面例子。

例 10.5　用绝对地址宏指令访问内存单元。

```
#include < absacc. h >
#define VAL0 DBYTE[0X20]
#define VAL1 DWORD[0X20]
#define VAL2 XBYTE[0X2000]
#define VAL3 XWORD[0X2000]
void main( )
{
 VAL0 =0X12;
 VAL1 =0X5678;
 VAL2 = VAL0;
 VAL3 = VAL1;  }
```

编译后产生的汇编语言程序如下：

```
NAME LITI10_5
? PR ? main? LITI10_5      SEGMENT CODE
      EXTRN CODE (? C_STARTUP)
      PUBLIC main
      RSEG ? PR? main? LITI10_5
main:
    USING 0
    ;   VAL0 =0X12;
    MOV R0,#020H                //VAL0 的实际地址为 20H
    MOV @ R0,#012H
    ;   VAL1 =0X5678;
    MOV R0,#040H                //VAL1 的实际地址为 40H
    MOV @ R0,#056H
    INC R0
    MOV @ R0,#078H
    ;   VAL2 = VAL0;
    MOV R0,#020H
    MOV A,@ R0
    MOV DPTR,#02000H            //VAL2 的实际地址为 2000H
    MOVX @ DPTR,A
    ;   VAL3 = VAL1
    MOV R0,#040H
    MOV A,@ R0
    MOV R7,A
    INC R0
    MOV A,@ R0
    MOV DPTR,#04000H            //VAL3 的实际地址为 4000H
    XCH A,R7
    MOVX @ DPTR,A
    INC DPTR
    MOV A,R7
    MOVX @ DPTR,A
    RET
```

10.3 C51的指针和数组

10.3.1 指针

指针是存放变量地址的一个变量。就像8051单片机中用Ri和DPTR进行间接寻址一样,使用指针访问变量是非常方便的。keil C提供了两种指针类型:普通指针和存贮器指针。

1. 普通指针

普通指针的定义方法如下:

变量类型 *变量名称

例如:

```
char *s;
int *num;
long *dd;
```

以上分别定义了指向字符型变量的指针,指向整型变量指针,以及指向长整型变量的指针。普通指针在内存中占有三个字节,第一个字节存放存贮类型的编码值(由编译时所确定的存贮模式决定),第二和第三个字节分别存放该指针的高位和低位地址的偏移量。普通指针可以访问8051存贮空间任何位置的变量,在访问数据时不用考虑数据在存贮器中的位置。

例10.6 指针变量的定义

```
void main (void)
{
 unsigned int xx =0x1234;
 unsigned int yy;
 unsigned int *addxx;              //定义指针变量
 addxx = &xx;                      //将变量xx的地址赋给addxx
 yy = *addxx;                      //yy =1234H
}
```

2. 存贮器指针

在指针的说明中,如果特别指明了指针所指向数据的存贮类型,这类指针称为存贮器指针,存贮器指针的定义如下:

变量类型 存贮类型 *变量名称

其中存贮类型有data,idata,bdata,pdata,xdata和code等,表10-4示出普通指针和存贮器指针对比列表。

至于指针本身所在的存贮区域,如无特别申明,就由编译模式决定。也可以特别指明。例如:

```
char xdata *data dp;
```

该定义指明xdata存贮器中定义了一个指向对象类型为char的存贮器指针,指针本身在内部存贮器中,与编译模式无关。

表 10-4 指针类型比较

指针类型	指针占有字节	举 例	汇 编 程 序
idata 指针	1 字节	char idata *ip char val val = *ip	MOV R0,ip MOV val,@R0

xdata 指针	2 字节	char xdata *xp
		char val
		val = *xp
			MOV DPL,xp+1
			MOV DPH,xp
			MOVX A, @DPTR
			MOV val,A

一般指针	3 字节	char *p
		char val
		val = *p
			MOV R1,P+2
			MOV R2,P+1
			MOV R3,P
			CALL CLDPTR

例 10.7 利用指针将内部 RAM 30H ~ 3FH 数据传送到外部 RAM 1000H ~ 100FH 之中。

```
void main(void)
{
 char i;
 int data *zh1 =0x30;
 int xdata *zh2 =0x1000;
 for(i =0;i <16;i++)
 { *zh2 = *zh1;zh1++;zh2++;}
}
```

10.3.2 数组

数组是一组具有固定数目和相同类型成分分量的有序集合。在程序中设定一个数组时,C 编译器就会在系统存贮空间中开辟一个连续区域存放该数组的内容,由于单片机内、外存贮器的空间极为有限,应该根据应用系统实际需要来选择数组大小。

1. 一维数组

一维数组的定义方式为:

类型说明符　数组名[常量表达式]

例如在外部 RAM 中开辟了一组长度为 10 的整型数组,可以如下定义:

int xdata ADCDATA[10];

则数组的十个元素分别为 ADCDATA[0],ADCDATA[1],…,ADCDATA[9]。

2. 二维数组

二维数组定义方式为:

类型说明符　数组名[常量表达式][常量表达式]

例如 int a[2][3] = {1,2,3}{4,5,6};即定义了一个两行 3 列整型数组,把第一个花括号数据赋予第一行元素,第二个花括号数据赋予第二行元素。数组中各元素的值为:

```
a[0][0] =1;
a[0][1] =2;
a[0][2] =3;
a[1][0] =4;
a[1][1] =5;
a[1][2] =6;
```

引用数组元素,可以采用以下方法:

(1)下标法,如 a[i]的形式;

(2)指针法,如 *(a+i)或 *(p+i)。其中 a 是数组名,p 是指向数组的指针变量,其初值 p = a。

例 10.8 输出数组全部元素。

```
#include <stdio.h>
void main (void)
{
 unsigned char xdata i,a[10];              //在外部 RAN 定义 10 个元素的数组
  for(i =0;i<10;i++)                       //给数组赋初值
   a[i] =i;
 for (i =0;i<10;i++)                       //采用下标法输出
   printf("%d",a[i]);
}

void main (void)
{
 unsigned char xdata i,a[10];
  for (i=0;i<10;i++)
   a[i] =i;
  for (i =0;i<10;i++)                      //通过数组名计算元素地址,输出该元素
   printf ("%d", *(a+i));
}

void main(void)
{
 unsigned char xdata i,a[10], *p;
  for (i =0;i<10;i++)
   a[i] =i;
  for (p =a;p<(a+10);p++)                  //通过指针变量指向数组元素
   printf("%d", *p);
}
```

10.4 函　　数

在模块化程序设计中,我们常常把一个较大的程序分成若干程序模块。每一个模块完成一个特定功能。通常各个模块用子程序来实现。在 C51 中,子程序的作用由函数来完成。一个 C 程序可以由一个主函数 main( )和若干个函数构成,由主函数调用其他函数,其他函数之间也可以互相调用。

10.4.1　函数定义

函数定义的一般形式为:

```
函数类型　函数名(形式参数)
形式参数说明
  {
   局部变量定义
   函数体语句
  }
```

其中:"函数类型"是指函数返回值的类型。

"函数名"是自定义函数取名。

"形式参数表":主调函数和被调用函数之间数据传递关系。在被调函数中定义称形式参数,在主调函数中定义称实际参数。如果定义的是无参函数,可以没有形式参数,但圆括号不能少。

"形式参数说明":对形式参数的类型加以说明。也可在形式参数表中直接说明。

"局部变量定义":是对函数内部使用的局部变量进行定义。在一个函数内部使用的变量称为局部变量。在函数之外定义的变量称为全局变量。全局变量可以为本文件中其他函数所共有。它的有效范围为:从定义变量位置开始到本源文件结束。

"函数体语句"是指完成该函数功能的语句。

例 10.9　不同函数的定义方法

```
int funct1(a,b)                //定义一个返回值为 int 的函数
int a,b;                       //说明形式参数类型
{ int c;                       //定义局部变量
  c = a + b;
  return(c);
}
int funct2(float x,float y)    //定义一个返回值为 int 函数,在形式参数表中说明
                                 形式参数类型
{ int z;
  z = x + y;
  return(z);
}
```

```
void funct3(int x,int y)          //定义一个无返回值的函数
{ int z;
  z = x + y;
}
void funct4()                     //定义一个空函数
{
  }
```

10.4.2 函数调用

函数调用的一般方式有以下几种：

(1)用函数语句实现。如 fun3( );

(2)用函数表达式实现。如 c = 4 * max(a,b);

(3)函数的嵌套调用,如:

m = max(c,max(a,b));

当一个函数调用另一个函数时,应具备以下条件:

(1)被调用函数必须是一个已经存在的函数;

(2)如果使用库函数,一般还应在本文件开头用#include 命令将调用有关库函数信息包含到本文件中来;

(3)如果被调用函数的定义出现在主调函数之前,可以不对被调用函数进行说明;反之,则应对被调用函数加以说明。它的一般形式为:

类型标识符　被调用函数的函数名( )

例 10.10　在外部 RAM 1000H 中存放两个整型数,求最大值并存入内部 RAM 20H 处。

```
xdata unsigned int addx   _at_ 0x1000;
data unsigned int addc   _at_ 0x20;
unsigned int max(unsigned int x, unsigned int y);      //对被调用函数说明
void main (void)
{
  unsigned int xdata * p1 = &addx;                     //实际参数存放地址
  unsigned int data * p2 = &addc;                      //返回值存放地址
  unsigned int xdata a,b;
  a = * p1;
  p1 + +;
  b = * p1;
  * p2 = max(a,b);
}
unsigned int max(x,y)                                  //求两数中的最大值
unsigned int x,y;
{unsigned int z;
```

```
  if (x > y) z = x;
  else z = y;
  return(z);
}
```

将例 10.10 改换次序后,则不必对被调用函数进行说明了,如下所示:

```
xdata unsigned int addx   _at_ 0x1000;
data unsigned int addc   _at_ 0x20;
unsigned int max(x,y)
unsigned int x,y;
{unsigned int z;
  if (x > y) z = x;
  else z = y;
  return(z);
}
void main (void)
{
  unsigned int xdata * p1 = &addx;
  unsigned int data  * p2 = &addc;
  unsigned int xdata a,b;
  a = * p1;
  p1 + +;
  b = * p1;
  * p2 = max(a,b);
}
```

10.4.3 函数调用中参数传递

在函数调用中,参数传递是通过形式参数和实际参数进行的。C51 编译器允许最多可传递三个参数,当实际参数传递给形式参数时,形式参数被默认放在寄存器中,参数传递的寄存器选择见表 10-5。

表 10-5 参数传递的寄存器选择

参数类型	char	int	long float	一般指针
第一个参数	R7	R6、R7	R4 ~ R7	R1、R2、R3
第二个参数	R5	R4、R5	R4 ~ R7	R1、R2、R3
第三个参数	R3	R2、R3	无	R1、R2、R3

例如:

funct1(int a)是第一个参数,在 R6、R7 中传递。

funct2(int b,int c,int * d),"b"在 R6、R7 中传递,"c"在 R4、R5 中传递,"d"在 R2、R3 中传递。

funct3(long e,long f),“e”在 R4 ~ R7 中传递,“f”不能在寄存器中传递,只能在参数传递段中传送。

funct4 (float g,char h),“g”在 R4 ~ R7 中传递,“h”不能在寄存器中传递,必须在参数传递段中传递。

在 C51 中,函数的返回值也是通过寄存器传递的,表 10-6 给出函数返回值的寄存器。

表 10-6　函数返回值的寄存器

返回值	寄存器	说　　明
bit	C	进位标志
char	R7	
int	R6、R7	高位在 R6、低位在 R7
long	R4 ~ R7	高位在 R4、低位在 R7
float	R4 ~ R7	32 位 IEEE 格式,指数和符号位在 R7
指针	R1、R2、R3	R3 存放存贮器类型、R2 为高位字节、R1 为低位字节

在函数的调用中,除数组中元素可以作为函数的实参外,数组名也可以作为函数的实参,此时,是把数组的起始地址送给形式参数数组,这样两个数组就共同占用同一段内存单元。

例 10.11　用数组名作为函数的参数,计算两个数组元素的平均值。

```
#include <stdio.h>
float average (array,n)
float array[];
unsigned int n;
{
 unsigned int i;float aver,sum = array[0];
 for (i = 1;i < n;i + +)
 sum = sum + array[i];
 aver = sum/n;
 return(aver);
}
main()
{
 float port1[5] = {99.8,90.6,70.4,7.89,5.78};
 float port2[7] = {9.8,590.6,18.56,71.4,78.9,15.4,78.5};
 printf("%6.2f\n",average(port1,5));
 printf("%6.2f\n",average(port2,7));
}
```

在这个程序中定义了一个求平均值的函数 average(),它有两个形式参数 array 和 n,array 是一个 float 类型的数组,n 为数组的长度。在主函数中定义了两个确定长度的数组 port1 和 port2,在调用时将数组名(即数组的首地址)和数组长度传递给形式参数,从而计算了两个不同长度的数组的均值。

例 10.12 采用选择法对数组元素进行排序。

```
#include <stdio.h>
void sort(unsigned int array[],unsigned char n)
{
  unsigned char i,j,k;int t;
  for(i=0;i<n-1;i++)
  { k=i;
    for(j=i+1;j<n;j++)
    if(array[j]<array[k])k=j;
    t=array[k];array[k]=array[i];array[i]=t;
  }
}
void main ()
{
  unsigned int xdata pp1[10],i;
  for(i=0;i<10;i++)
  scanf("%d",&pp1[i]);
  sort(pp1,10);
  for(i=0;i<10;i++)
  printf("%d",pp1[i]);
  printf("\n");
}
```

该程序运行时,如输入数据为9,8,7,6,5,4,3,2,1,0,则程序运行后,排序次序为0,1,2,3,4,5,6,7,8,9。

10.5 8051 中断的 C 编程

C51 支持对 8051 单片机的中断编程。中断程序编写分为二部分内容,一部分是初始化程序,它应包含在主程序中,另一部分是中断服务程序,它也可以看作是一个 C 函数。中断服务程序的一般形式为:

函数类型　函数名(形式参数)[interrupt n][using m]

函数类型应定义为 void,中断函数不允许有返回值,也不能进行参数传递,如果中断函数有形式参数会导致编译出错。interrupt 是 C51 扩展的一个关键字,加上这个项可以将一个函数定义为中断服务程序。n 为中断号选值,n 取值为 0~31。对于 8051 而言有 5 个中断源,中断号和中断源对应如表 10-7 所示。

using m 为寄存器选择,m 表示寄存器组号,取值为 0~3,分别选中 4 个不同的工作寄存器组,如果不用该选项,则由编译器选择一个寄存器组。

表 10-7　中断号和中断源对应表

中 断 源	中 断 号 n
外中断 0	0
定时器 T0	1
外中断 1	2
定时器 T1	3
串行口	4

在进入中断服务程序时，如果中断函数中用到特殊功能寄存器 ACC、B、DPH、DPL、PSW，那么这些寄存器都会保护入栈，如果选择了寄存器组，则 PSW 内容会被重新设定。如果没有选择寄存器组，则中断函数中用到的寄存器也要保护入栈。函数返回时，所有压栈的寄存器全部出栈，并由单片机 RETI 指令结束。

10.5.1　定时器中断

以下程序给出了定时器中断的一个例子。

例 10.13　设单片机 fsoc = 12MHz，在单片机 P1.0 接有一个发光二极管，要求其亮 1 秒，灭 1 秒反复循环。

定时 1 秒采用 T_0 工作方式 1，先实现 50ms 定时，然后用软件计数器产生 20 次定时。电路如图 10-1 所示。程序设计如下：

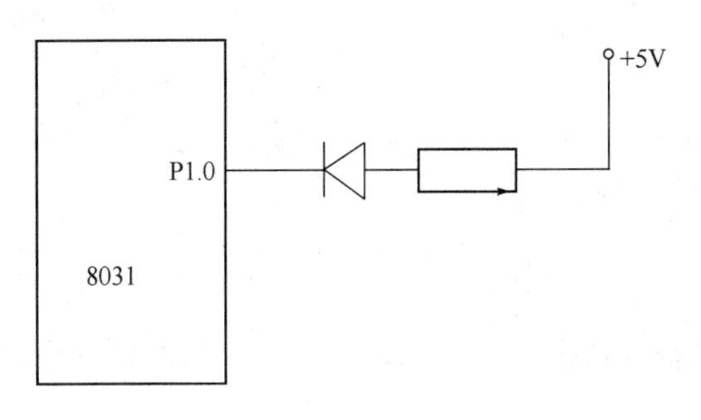

图 10-1　例 10.13 附图

```
#include  <reg51. h >
#define tt0h 0x3c
#define tt01 0xb0
  sbit p1 _0 = P1^0;
  unsigned char count;                    //定义软件计数器 count 为全局变量
  void main ( )                           //主程序
  {EA = 1;                                //开放中断
   ET0 = 1;
   TMOD = 0x01;                           //定时器初始化
   TR0 = 1;
   TH0 = tt0h; TL0 = tt01;
   count = 0;
```

```
  for( ; ; ) { }                          //等待中断
}
void timer0(void)interrupt 1 using 1      //中断服务程序
{
TH0 = tt0h; TL0 = tt01;
if (count = =20){ count =0; p1_0 = ~p1_0;}        //1 秒时间到 p1.0 取反一次
  count + +;
}
```

10.5.2 利用串行口实现多机通信的中断编程

利用8031单片机的串行口可以实现多机通信,其硬件连接如图6-11所示。当主机和多台从机进行串行通信时,应定义9位数据传送方式(方式2或方式3),其中第九位作为地址帧和数据帧的识别控制位。即当发地址帧时,第九位取1,发数据帧时第九位取0。主机发地址帧时,所有的从机都应收到,而发送数据帧时,只有与本机地址相符的一台从机能接收到。

例10.14 现有一台8031主机和若干8031从机进行串行通信。主机发送,从机接收,主机先向从机发送一帧地址,然后发送20个数据。通信双方均采用11.0592MHz的晶振,波特率为9600波特。采用中断方式传送。

波特率的产生由定时器T1方式2产生,初值X计算如下:

$$X = 2^8 - \frac{11.0592 \times 10^6}{9600 \times 384/2^{\mathrm{SMOD}}}$$

取SMOD =0,X =0fd。

程序清单如下:

主机发送程序如下:

```
#include <reg52.h>
#define count 20                          //定义发送缓冲区大小
#define address_no 0x30                   //定义被呼叫从机地址
unsigned char buffer [count];             //定义发送缓冲区
unsigned char pp;                         //定义当前位置指针
void main()
{
 for (pp =0;pp <count;pp + +)             //发送缓冲区初始化赋值
 buffer[pp] =pp;
 SCON =0xc0;                              //串行口中断初始化
 TMOD =0x20;
 TH1 =0xfd;TL1 =0xfd;                     //设置波特率
 TR1 =1;
 ES =1;
 EA =1;
```

```
  TB8 =1;
  SBUF = address_no;                        //发送地址帧
  pp =0;
  while(pp < count);                        //等待全部数据发送完毕
}
void send (void) interrupt 4 using 1        //发送中断服务程序
{
  TI =0;
  if(pp > = count)return;
  else{TB8 =0;
  SBUF = buffer[PP];PP + +}
}
```

从机接收程序如下;

```
#include <reg51.h>
#define count 20                            //定义接收缓冲区大小
#define address_no 0x30                     //定义本机地址
unsigned char buffer[count];                //定义接收缓冲区
unsigned char pp;                           //定义当前位置指针
void main ()
{
  SCON =0xf0;          //串口中断初始化。串口方式3,REN =1 SM2 =1
  TMOD =0x20;
  TH1 =0xfd;TL1 =0xfd;                      //设置波特率
  TR1 =1;
  ES =1;
  EA =1;
  pp =0;
  while(pp < count);                        //等待接收地址帧和全部数据
}
void receive(void) interrupt 4 using 1      //接收中断服务程序
{
  RI =0;
  if (RB8 = =1)
    { if(SBUF = = address _ no) SM2 =0;return;}
  if(pp > = count){SM2 =1;return;}
  else {
  buffer[pp] =SBUF;pp + +}
}
```

10.6 C51 和汇编混合编程

C51 虽然能产生高效的代码,大多数场合下可以独立完成编程任务,但在有些实时要求高的场合,如高速数据采集、精确定时时仍需要有汇编语言的支持,以下介绍几种混合编程方法。

10.6.1 用 C 文件产生汇编文件

为了提高汇编语言的编程效率,C 编译器提供了一个编译控制指令"SRC",它可将 C 程序转变为汇编语言程序。因此我们可以先用 C 编写相应函数,然后经编译后产生汇编语言文件,将该文件经适当修改后就能得到一个高质量的汇编语言文件,极大地提高了汇编语言的编程效率。

例 10.15 用 C 语言编写无符号整数加 1 的函数,然后用它产生一个汇编语言程序。

C 程序如下:

```
unsigned int jiayi(unsigned int aa)
  { return(aa +1);}
```

当使用 keil_C 编译器产生汇编语言文件时可进行如下操作:首先将该文件添加到工程文件之中,在项目管理窗口中,选中该文件后右击,会出现一个弹出菜单,选中 option for file"filename. c"后出现一个子菜单,选择 C51 并在 Misc controls 项中加入:SRC(. \file name . asm)这时再重新编译就能产生. asm 文件了。SRC 是 keil_C 提供的产生汇编语言文件的编译控制命令。"\filename. asm"表示产生的汇编语言文件和工程文件(*. uv2)在同一子目录下。以下即为上述文件产生的汇编语言文件。

产生的汇编语言程序如下:

```
NAME LITI10_15
?PR?_jiayi?LITI10_15 SEGMENT CODE
  PUBLIC _jiayi                       //入口地址
  RSEG ?PR?_jiayi?LITI10_15           //程序段
_jiayi;                               //子程序名,_jiayi 表示有参数传递
  USING 0
;----Variable 'aa?040' assigned to Register 'R6/R7' ----
;      {return(aa +1);  }
;SOURCE LINE  8
  MOV A,R7
  ADD A,#01H
  MOV R7,A
  CLR A
  ADDC A,R6
  MOV R6,A
  RET
```

```
;END OF _jiayi
  END
```

10.6.2 内含汇编语言

内含汇编语言就是在C程序中插入汇编语言，其格式如下：

```
#pragma SRC
  程序段
#pragma asm
  汇编语言程序段
#pragma   endasm
```

程序开头必须写#pragma SRC命令，表示要产生.SRC的汇编程序文件，接下来的程序段是C语言编写的程序段。在插入汇编语言的程序段开头有#pragma asm命令，末尾写pragma   endasm命令，表示结束汇编程序。

例10.16 内含汇编语言的一个例子。在该程序中，首先用C语言完成两个数相加，然后用汇编语言将和的高4位，低4位分离，送到R6、R7中。

```
#include <absacc.h>
void main()
{
unsigned char a,b;
  a=12; b=34;
  DBYTE[0x40]=a+b;
  #pragma asm
   mov a,40h
   swap a
   anl a,#0fh
   mov r6,a
   mov a,40h
   anl a,#0fh
   mov r7,a
  #pragma endasm
}
```

内含汇编语言的程序在keilC下编译时应激活SRC功能，才能完成编译和连接。

10.6.3 在C程序中调用汇编语言程序

在混合编程中，最常用的一种方法是主程序用C语言编程，某些特殊要求的子程序用汇编语言编写，采用C语言调用汇编语言的方法。为了使C和汇编能有良好的接口，我们应该让汇编语言程序在函数调用、参数传递和C语言保持一致，使汇编语言看上去像C函数。如有参数的传递应该符合本章第四节表10-5、表10-6所述的参数传递规则，这样调用汇编语言编写的程序就和调用一个C函数一样方便。用C函数产生汇编语言程序时，函数名会有一定的变化，函数名的转换如表10-8所示。

表 10-8　函数名的转换

说　明	符号名	解　　释
void func (void)	FUNC	无参数传递或不含寄存器参数的函数名不作改变转入目标文件中,名字只是简单地转为大写字母。
void func (char)	_FUNC	有参数传递的函数,在函数名前加"_"字符前缀
void func (void) reentrant	?_FUNC	对于重入函数加"_?"字符串前缀以示区别,它表示该函数包含栈内的参数传递

用 C51 编写的程序,在转换成汇编语言程序时,各程序空间转换后的段名如表 10-9 所示。为了使 C 程序能调用汇编程序,汇编程序的所有段名也应以 C51 类似的方法来建立。

表 10-9　存贮空间和段名对应关系

存贮空间	对应段名
CODE	? PR ? CO
XDATA	? XD
DATA	? DT
BIT	? BI
PDATA	? PD

例如要用汇编语言编写一个文件名为 filename 的文件,格式如下:

```
NAME filename                    ;文件名
? pr? filename segment code      ;申明代码段
public _filename                 ;输出函数名,有下划线表示参数传递
RSEG ? DT? filename              ;定义数据段
buffer DS 20                     ;为 buffer 预留 20 个字节单元
RSEG ? PR? filename              ;以下为程序段
    …                            ;程序段
END                              ;汇编结束
```

RSEG 为段名的属性,如果段名被赋予 RSEG 属性,就意味着可把该段放在代码区的任意位置。如果汇编程序有局部变量,必须指定自己的数据段,作参数传递使用。

例 10.17　每间隔 100ms 对 P1 口进行一次读操作,并将读入的数据存入外部 RAM 1000H 开始的区域之中,共读 200 个数(设晶振为 6MHz)。

该程序主程序用 C 语言编写,定时读 P1 口的程序用汇编语言编写,文件名为 dingshi。

```
#include <REG5.H>
void dingshi(unsigned char xdata *bf);
void main(void)
{ unsigned char i;
  unsigned char xdata *pp = 0x1000;           //设置数据存放地址
  TMOD = 0x01;                                //定时器初始化
```

```
    TH0 = 0x3c;
    TL0 = 0xb0;
    TR0 = 1;
  for (i = 0;i < 200;i + + )
      { dingshi(pp);pp + + ; }
  }
```

汇编语言编写的程序如下：

```
NAME dingshi                           //定义文件名
? pr? dingshi? segment code            //程序代码段
public _dingshi                        //输出函数名
RSEG ? PR? dingshi?                    //程序段开始
_dingshi:
        PUSH ACC
WAIT:   JBC TF0 NEXT
        SJMP WAIT
NEXT:   MOV TH0,#3CH
        MOV TL0,#0B0h
        MOV DPH,R6
        MOV DPL,R7
        MOV A,P1
        MOVX @DPTR,A
        POP ACC
        RET
        END                            //汇编结束
```

在主程序调用汇编语言程序 dingshi 时，有一指针变量参数的传递，从表 10-5 知，该参数是由寄存器 R6、R7 来传递的，故在汇编语言程序中，可直接将 R6、R7 的内容传送给 DPH 和 DPL。

对于混合编程的编译方法，在 keilC 编译器中，只要将这两个文件都添加到项目管理器的文件中，通过编译连接，就可以产生目标文件了。

10.7 C51 应用程序实例

10.7.1 键盘显示接口的 C 编程

在第九章图 9-6 中，我们用汇编语言编写了显示和键盘子程序，现用 C 语言重新编写这两个程序。

例 10.18 用 C 语言编写显示子程序 DSPY，并在主程序中调用它，使 8 位 LED 分别显示 1，2，3，4，5，6，7，8。

```
#include <absacc,h>
```

```
#include <reg52,h>
#define P8255CW XBYTE[0x8003]            //8255I/O 口地址定义
#define P8255A XBYTE[0x8000]
#define P8255B XBYTE[0x8001]
#define P8255C XBYTE[0x8002]
 void delay();                           //对被调用函数说明
 unsigned char code table[] = {0x3f,0x06,0x5b,0x4f,0x66,0x6d,0x7d,0x07,0x7f,
 0x6f,0x77,0x7c,0x39,0x5e,0x79,0x71,0x00,0x73};      //段码表
 unsigned char xdata disbuf[8] = {0x01,0x02,0x03,0x04,0x05,0x06,0x07,0x08};
   //显示缓冲区定义初值
 void dspy(unsigned char xdata *p)       //显示子程序
 {unsigned char data sel,i;
  sel=0x01;                              //显示位数初值
  for(i=0;i<8;i++)                       //八位显示循环
    {P8255A=sel;                         //选中某一位从 PA 口输出
     P8255B=table[*p];                   //查表取段码从 PB 口输出
     delay();                            //延时
     p++;                                //指向下一位
     sel=sel<<1;}
  P8255A=0x00;P8255B=0x00;               //关显示
}
void delay(void)                         //延时程序
{
 unsigned int i;
 for (i=0;i<300;i++){}
}
void main(void)                          //主程序
{P8255CW=0x88;                           //8255 初始化
 for(;;)
 {dspy (disbuf);}                        //反复调用显示子程序
}
```

该程序中定义了两个数组，一个数组 table 存放 LED 显示器的段选码，开辟在程序存贮器中，另一个数组 disbuf 为显示缓冲区，共 8 个单元，开辟在外部 RAM 中，初值为显示的数字 1,2,…,8。

例 10.19 用 C 语言重新编写第九章的键盘扫描 RDKB 程序。

```
#include <absacc.h>
#include <reg52.h>
#define P8255CW XBYTE[0x8003]            //8255I/O 地址定义
```

```
#define P8255A   XBYTE[0x8000]
#define P8255B   XBYTE[0x8001]
#define P8255C   XBYTE[0x8002]
 unsigned char scan(unsigned char sccode);      //被调用函数说明
 void dspy(unsigned xdata * p);
 unsigned char key()                            //键盘扫描程序
 P8255 CW =0x88                                 //8255 初始化
 {
  unsigned char line,row,k,pushk,kvalue;
  k =0;                                         //全键盘扫描
  pushk = scan(k);
  if (pushk = =0) return(0xff);                 //无键返回值 0xFF
  else                                          //有键逐行逐列扫描
  {dspy(disbuf);                                //调用显示延时去抖动
   k =0xfe;                                     //逐列扫描
   for (row =0;row <8;row + +)
    {pushk = scan(k);
     if(pushk = =0){k = ~k;k =k < <1;k = ~k;}
     else break;
    }
   k =0x01;                                     //找键所在行
   for (line =0;line <3;line + +)
    {if((pushk & k) = =0) k =k < <1;
     else break;
     kvalue = row + line * 8                    //计算键号
     while(scan(0)!=0);                         //等键释放
     return(kvalue);                            //返回键号
    }
  }
unsigned char scan (unsigned char sccode)
{
 unsigned char recode;
 P8255A = sccode;                               //PA 口输出低电平
 recode = P8255C;                               //从 PC 口读入行信号
 return( ~recode&0x07);                         //取反并屏蔽无用位
}
```

在键盘程序设计中,返回值为键号,在主程序中应对 8255 进行初始化编程,还可以编写根据键号转到不同的程序段,完成键盘控制功能的程序。

在该程序逐列扫描一段中,用了以下语句:

k = ~k; k = k << 1; k = ~k;

这主要是为了实现左移后在空位上添 1。因为在 C 语言中，k≪1 的功能是实现左移，并在空位上添 0，由于 k 的初值为 FEH，执行 k≪1 后，就会变成 11111100B，为了实现左移后变为 11111101B，故用了三条指令。

10.7.2 串行 E²PROM 的 C 编程

在第八章节中，已讨论过串行 E²PROM24LC65 的汇编语言编程，现讨论它的 C 语言编程。

例 10.20 8031 和 24LC65 硬件接口如图 8-21 所示，其中 $P_{3.4}$ 为 SDA 线，$P_{3.5}$ 为 SCL 线，试编写读/写一个字节的程序。

```
#include <reg52.h>
#include <intrins.h>
#define sda T0                      //定义 SDA 和 SCL 两根串行总线
#define scl T1
unsigned char bdata dd;
sbit d0 = dd^0;                     //定义一个位单元
voidstart()                         //开始信号
{scl = 1; _nop_(); _nop_();
 sda = 1; _nop_(); _nop_();
 sda = 0; _nop_(); _nop_();
}
void ack()                          //回答信号
{ scl = 0; _nop_(); _nop_();
  scl = 1; _nop_(); _nop_();
  while(sda){}
  scl = 0; _nop_(); _nop_();
}
void stop ()                        //停止信号
{
 scl = 0; _nop_(); _nop_();
 sda = 0; _nop_(); _nop_();
 scl = 1; _nop_(); _nop_();
 sda = 1; _nop_(); _nop_();
}
void delay()                        //延时程序
{
 unsigned int i = 1000;
 while (i--){}
}
```

```
void write_8bit(unsigned char ch)//写 8 位二进制数
{
  unsigned char i = 8;              //写 8bit
  while(i--)
  {scl = 0; _nop_(); _nop_();  //每写一位需一个脉冲,SCL = 0
   sda = (bit)(ch&0x80);           //写字符 ch 最高位
   _nop_(); _nop_();
   ch<<= 1;                         //左移一位
   scl = 1; _nop_(); _nop_();}  //SCL = 1
}
void writebyte(unsigned int address,unsigned char ch)  //在任意地址写一 个字节
{
  start();
  write_8bit(0xa0);                //写控制字,置为写模式
  ack();                           //检测 ACK 信号
  write_8bit (address>>8);        //发送地址高 8 位
  ack ();
  write_8bit(address&0x00ff);     //发送地址低 8 位
  ack();
  write_8bit(ch);                  //写字符 ch
  ack();
  stop();
}
unsigned char readbyte(unsigned int address)      // 在指定地址读一个字节
{
  unsigned char i = 8;
  start();
  write_8bit(0xa0);                //发控制字,置为写模式
  ack();
  write_8bit(address>>8);         //发送地址高八位
  ack();
  write_8bit(address&0x00ff)      //发送地址低八位
  ack();
  start();                         //重新发起始信号
  write_8bit(0xa1);                //置为读模式
  ack();
  while(i--)                       //读 8 位二进制数
  {dd<<= 1;
```

```
    scl = 1; _nop_();
    d0 = sda;
    scl = 0; _nop_();}
  stop();
  return(dd);                    //将读出数返回
}
void main(void )                 //主程序
{
  writebyte(0x1000,0x55;)        //在 E²PROM 地址为 1000H 处写入字符 0x55
  delay();
  readbyte(0x1000);              //将 E²PROM 地址为 1000H 处内容读出
  delay();
}
```

在以上程序设计中，_nop_函数含在 intrins. h 库中，与汇编指令 nop 相当。关于添加多少个_nop_还应根据实际应用系统加以适当调整。

10.7.3 8031 单片机和 A/D 转换器接口的 C 编程

1. AD574 接口编程

AD574 是美国模拟器件公司生产的一种高性能的模数转换器，其转换位数为 12 位，转换一次时间为 25μs，内部有 10V 基准源，数据输出既可以一次读出，也可分两次先后读出，真值表见表 9-2，图 9-18 示出 AD574 通过 8255 和单片机的一种接口方法。

例 10.21 编写一次采集 8 个数据的 A/D 转换程序，并求其算术平均值后返回

```
#include<reg51.h>
#include<absacc.h>
#include <intrins.h>
#define uchar unsigned char
#define uint unsigned int
#define p8255b XBYTE[0x4001]                    //8255 端口定义
#define p8255c XBYTE[0x4002]
#define p8255k XBYTE[0x4003]
sbit rc = P1^0;                                 //位定义
sbit sts = P1^1;
uint ad574()
{uchar i;
 uint sum =0;
 for(i =0;i <8;i ++)                            //采样 8 次
 {
  rc =0; _nop_(); _nop_();                      //启动 12 位转换
  while(sts){}                                  //等待转换结束
```

```
    rc = 1; _nop_(); _nop_();                    //读数据有效
    sum = ((uint)(p8255c&0x0f)<<8) | p8255b + sum;
  }
  return(sum/8);                                 //返回 A/D 结果
  }
void main()
{ uint adds;
   P8255K = 0x83;                                //8255 初始化
   adds = ad574();}
```

2. AD 转换器 ICL7109 的接口编程

ICL7109 是一种双积分型的 12 位 A/D 转换器。双积分型的 A/D 转换器具有很强的抗工频干扰能力，尤其在大的噪声环境中，积分型 A/D 转换器避免了大的转换误差，适合于工业环境恶劣的数据采集系统，ICL7109 具有高精度、低噪声、低漂移且价格低廉等特点，在实际中得到了广泛应用。

ICL 主要性能指标如下：

(1)12 位二进制输出，并带有一位极性位和一位溢出位。

(2)与 TTL 兼容，三态输出。

(3)电源供给：ICL7109 为双电源 ±5V。

(4)基准电压供给：ICL7109 有一个良好的片内基准电压源，由 REFOUT 输出，一般为 2.8V。

转换速率：最大为每秒 30 次。

图 10-2 示出 ICL7109 管脚功能和连接图，表 10-10 为引脚功能表。

表 10-10　ICL7109 引脚功能

序　号	符　　号	功　　　能
1	GND	数字地
2	STATUS	工作状态
3	POL	极性输出，高电平对应正输入
4	OR	溢出信号，高电平对应溢出
5 ~ 16	$B_{12} \sim B_1$	12 位数据输出
17	TEST	自身功能检测
18	$\overline{LBEW}$	低 8 位输出选通
19	$\overline{HBEN}$	高四位输出及极性位、溢出位选通
20	$\overline{CE/LOAD}$	片选
21	MODE	工作方式
22	OSC IN	时钟振荡器输入
23	OSC OUT	时钟振荡器输出
24	OSC SEL	时钟振荡器方式选择
25	BUF OSCOUT	时钟缓冲器输出
26	RUN/$\overline{HOLD}$	转换控制

续 表

序 号	符 号	功 能
27	SEND	和外设进行数据交换方式
28	V^-	-5V 电源
29	REFOUT	基准电压输出
30	BUF	缓冲放大器输出
31	AZ	自零电容
32	INT	积分器输出
33	COMMON	模拟地
34	INLO	差分输入低端
35	INHI	差分输入高端
36	$REFIN^+$	基准电压输入正端
37	$REFCAP^+$	基准电容正极
38	$REFCAP^-$	基准电容负极
39	$REF\ IN^-$	基准电压输入负端
40	V^+	+5V 电源正端

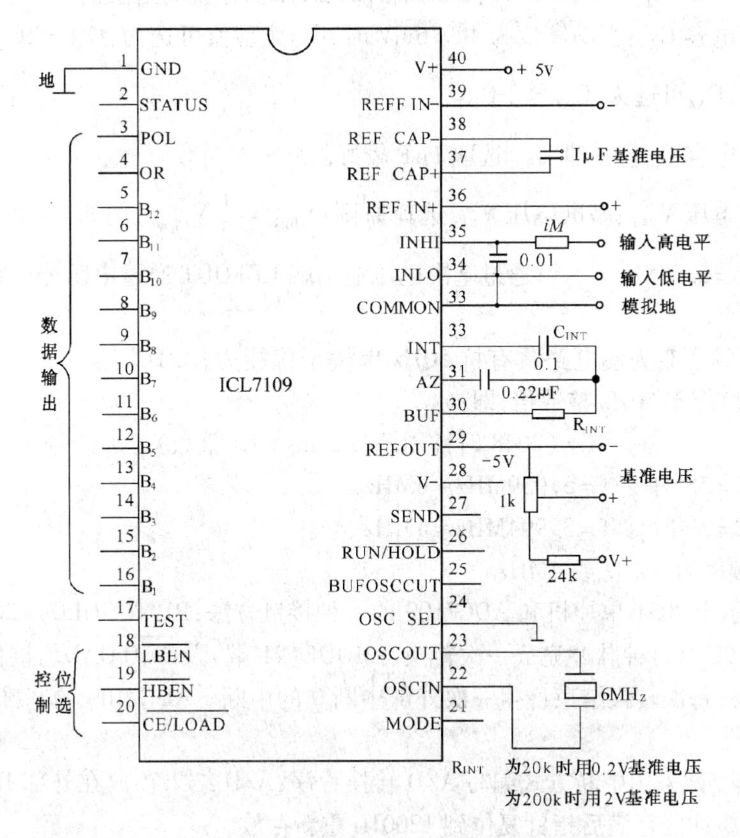

图 10-2 7109 的管脚及外部连接

主要工作状态控制信号如下：

(1) RUN/$\overline{HOLD}$(26 端)输入控制：RUN/$\overline{HOLD}$为运行/保持输入。该引脚高电平时，每经 8192 个时钟脉冲完成一次转换；该引脚低电平时，转换器将立即结束清除积分阶段并跳至自动调零阶段，从而缩短了清除积分阶段，提高了转换速度。

(2)转换状态标志 STAUTS(2 端)：转换期间为高电平，转换结束为低电平。

(3)输出方式选择 MODE(21 端)：当输入低电平时，转换器为直接输出工作方式，此时，可在片选和字节使能的控制下直接读取数据。当输入高电平时，转换器在每一转换周期的结尾输出数据。

(4)片选端 $\overline{CE/LOAD}$(20 端)：当 MODE 为低电平时，它用作输出的主选通信号，低电平时有效。当 MODE 为高电平时，它用作信号交换的选通信号。

为了使模数转换器处于最佳工作状态，必须注意对积分电容、电阻、自零电容以及基准电压和转换速率的选择，外部典型元件选择如下：

(1)积分电阻 R_{INT}：对于输入 4.096V 满度电压，R_{INT} 选 200kΩ 比较合适，如输入满度为 409.6mV，则 R_{INT} 应为 20kΩ，一般

$$R_{INT} = 满度电压/20\mu A$$

(2)积分电容 C_{INT}：积分电容应具有低介质吸收性能，推荐选用聚丙烯电容，通常

$$C_{INT} = (2048 \times 时钟周期 \times 20\mu A)/积分器输出摆幅$$

(3)自零电容 C_{AZ}：当满度值为 409.6mV 时，C_{AZ} 典型值可选为：$C_{AZ} = 2C_{INT}$，当满度值为 4.096V 时，C_{AZ} 可选为：$C_{AZ} = \frac{1}{2}C_{INT}$。

(4)基准电容 C_{REF}：一般 C_{REF} 选取 1μF 较好。

(5)基准电压 V_{REF}：基准电压 V_{REF} 选择原则：$V_{REF} = \frac{1}{2}V_{INmax}$，例如 V_{IN} 的最大值为 4.096V，则 $V_{REF} = 2.048V$，V_{REF} 可通过基准电压输出端 REFOUT 通过电阻分压得到，也可外接基准电源。

(6)晶振频率 f：为使电路具有抗 50Hz 串模干扰能力，A/D 转换器应选择积分时间(2048 时钟数)等于 50Hz 整数倍，即：

$$f = (2048 时钟周期)/20ms \times K(整数)$$

例如当 K = 58 时， f = 5.939MHz ≈ 6MHz；

K = 39 时， f = 3.994MHz ≈ 4MHz。

故可取晶振频率为 6MHz 或 4MHz。

图 10-3 示出 8031 单片机和 ADC7109 的一种接口方法，RUN($\overline{HOLD}$)(26 端)接高电平，每经过 8192 个时钟脉冲完成一次转换。MODE(21 端)及 $\overline{CE/LOAD}$ 均接低电平，处于连续转换状态，每次转换结束产生一次外部中断 0 的中断。ADC7109 的基准电源由外部电源提供。

例 10.22 试采用中断方式编写 A/D 转换程序，A/D 结果存放在外部 RAM1200H ~ 12FFH 之中，缓冲区存满后指针复位到 1200H，重新存放。

```
#include <reg52.h>
#include <intrins.h>
#define uchar unsigned char
#define uint unsigned int
```

```
xdata uint addre  _at_ 0x1200;                      //指定 A/D 结果存放地址
uint xdata *p;
sbit HBEN = P3^4;
sbit LBEN = P3^5;
ad7109() interrupt 0 using 1                        //外中断 0 中断服务程序
{uchar result;
 HBEN =1;LBEN =0;_nop_();_nop_();                   //读低 8 位数据
 result = P1;
 HBEN =0;LBEN =1;_nop_();_nop_();                   //读高 6 位数据
 *p = ((uint)(P1&0x3f))<<8 | result;//将高 6 位和低 8 位数据合成一个整型数
 p++;                                               //修改地址指针
 if(p = =0x1300)p = &addre;                         //读满后地址指针复位
}
void main()
{   p = &addre;                                     //指定 A/D 结果存放地址
    EA =1;                                          //开放外中断 0
    EX0 =1;
    IT0 =1;                                         //定义边沿触发
    do{}while(1);                                   //等待中断
}
```

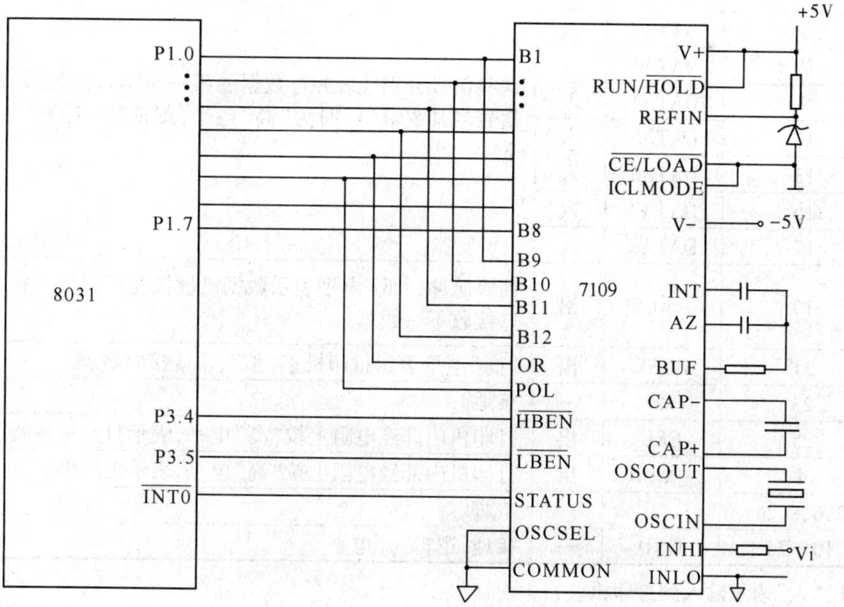

图 10-3　8031 和 ICL7109 硬件接口

10.7.4 8031 和打印机接口的 C 编程

在单片机应用系统中,最常用的输出设备之一是微型打印机,现以 WH 系列微型打印机为例讨论它和 8031 单片机硬件接口和软件编程。

WH 系列微型打印机可提供众多的打印控制命令、控制 EPSON 公司的 M-150Ⅱ、M-160、M-164 系列打印头完成各种功能。有平台式和面板式两种外形。WH 系列打印机支持并行和串行两种接口方式和主机相连,并行口和标准的并行接口 centronics 兼容,串行口为 RS232 标准接口,可以用各种单片机对打印机进行控制,也可以用微机并口进行控制。

1. WH16-PA 型打印机接口信号和时序

WH16-PA 是一种面板式微型打印机,使用打印头型号为 EPSON M-150Ⅱ型,接口方式为标准并行接口,打印速度为 1 行/秒,其中 16 字符/行。

并行接口引脚序号如下图:

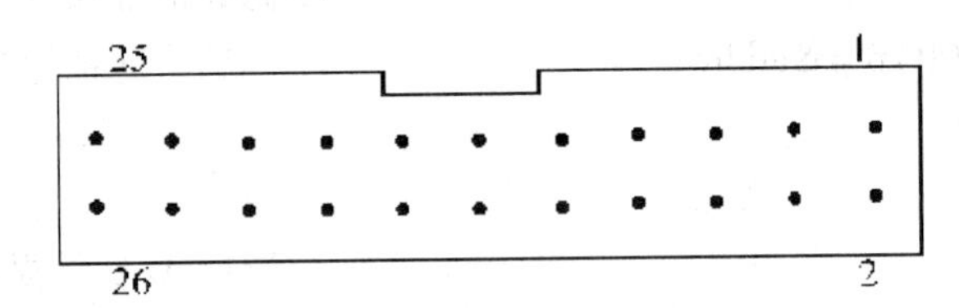

表 10-11 示出打印机并行接口引脚定义。

表 10-11 打印机并行接口引脚定义

面板式引脚	信　号	方向	说　　明
1	-STB	入	数据选通触发脉冲,上升沿时读入数据
3	DATA1	入	这些信号分别代表并行数据的第一至第八位信号,每个信号当其逻辑“1”时为“高”电平,逻辑“0”时为“低”电平
5	DATA2	入	
7	DATA3	入	
9	DATA4	入	
11	DATA5	入	
13	DATA6	入	
15	DATA7	入	
17	DATA8	入	
19	-ACK	出	回答脉冲,“低”电平表示数据已被接受而且打印机准备好接收下一数据
21	BUSY	出	“高”电平表示打印机正“忙”,不能接收数据
23	PE	-	接地
25	SEL	出	打印机内部经电阻上拉“高”电平,表示打印机在线
4	-ERR	出	打印机内部经电阻上拉“高”电平,表示无故障
2,6,8,26			空脚
10—24	GND	—	接地,逻辑“0”电平

注:1.“入”表示输入到打印机。

2.“出”表示从打印机输出。

3. 信号的逻辑电平为 TTL 电平。

并行接口信号时序如图 10-4 所示。

$T_1>20$ 毫微秒

$T_2>30$ 毫微秒

$T_3<40$ 毫微秒

$T_4<5$ 微秒

T_5 约 4 微秒

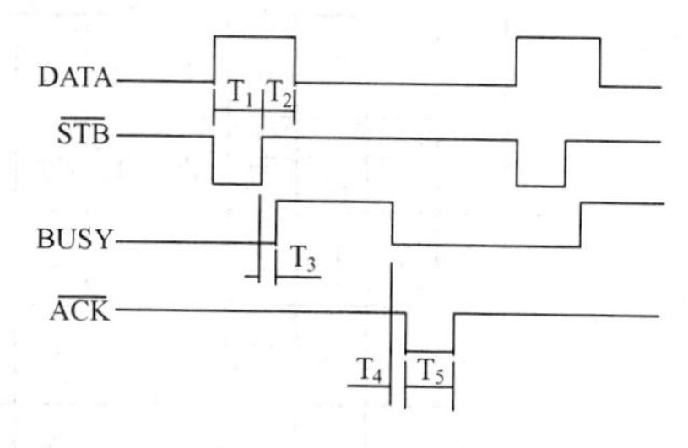

图 10-4　并行接口信号时序

2. 字符代码和汉字

(1)字符代码

WH16PA 打印机内有两个字符集,其中字符集 1 有 6×8 点阵字符 224 个,代码范围从 20H ~ FFH,包括 ASCII 字符及各种图形符号等,字符集 2 中有 6×8 点阵字符 224 个,代码范围 20H ~ FFH,包括,德、法、俄文、日语片假名等。字符集 1 及字符集 2 分别见图 10-5 以及图 10-6 所示。

<table>
<tr><th></th><th>0</th><th>1</th><th>2</th><th>3</th><th>4</th><th>5</th><th>6</th><th>7</th><th>8</th><th>9</th><th>A</th><th>B</th><th>C</th><th>D</th><th>E</th><th>F</th></tr>
<tr><td>2</td><td></td><td>!</td><td>″</td><td>#</td><td>$</td><td>%</td><td>&</td><td>′</td><td>(</td><td>)</td><td>*</td><td>+</td><td>,</td><td>-</td><td>.</td><td>/</td></tr>
<tr><td>3</td><td>0</td><td>1</td><td>2</td><td>3</td><td>4</td><td>5</td><td>6</td><td>7</td><td>8</td><td>9</td><td>:</td><td>;</td><td><</td><td>=</td><td>></td><td>?</td></tr>
<tr><td>4</td><td>Θ</td><td>A</td><td>B</td><td>C</td><td>D</td><td>E</td><td>F</td><td>G</td><td>H</td><td>I</td><td>J</td><td>K</td><td>L</td><td>M</td><td>N</td><td>0</td></tr>
<tr><td>5</td><td>P</td><td>Q</td><td>R</td><td>S</td><td>T</td><td>U</td><td>V</td><td>W</td><td>X</td><td>Y</td><td>Z</td><td>[</td><td>\</td><td>]</td><td>↑</td><td>←</td></tr>
<tr><td>6</td><td>·</td><td>a</td><td>b</td><td>c</td><td>d</td><td>e</td><td>f</td><td>g</td><td>h</td><td>i</td><td>j</td><td>k</td><td>l</td><td>m</td><td>n</td><td>o</td></tr>
<tr><td>7</td><td>p</td><td>q</td><td>r</td><td>s</td><td>t</td><td>u</td><td>v</td><td>w</td><td>x</td><td>y</td><td>z</td><td>{</td><td>|</td><td>}</td><td>~</td><td></td></tr>
<tr><td>8</td><td>0</td><td>一</td><td>二</td><td>三</td><td>四</td><td>五</td><td>六</td><td>七</td><td>八</td><td>九</td><td>十</td><td>元</td><td>年</td><td>月</td><td>日</td><td>¥</td></tr>
<tr><td>9</td><td>£</td><td>§</td><td>↓</td><td>→</td><td>∧</td><td>±</td><td>÷</td><td>∞</td><td>⊆</td><td>…</td><td>0</td><td>^{0}</td><td>^{2}</td><td>^{3}</td><td>$_2$</td><td>$_3$</td></tr>
<tr><td>A</td><td>α</td><td>β</td><td>γ</td><td>δ</td><td>ε</td><td>ζ</td><td>η</td><td>θ</td><td>λ</td><td>μ</td><td>υ</td><td>Ω</td><td>ξ</td><td>π</td><td>ρ</td><td>σ</td></tr>
<tr><td>B</td><td>τ</td><td>Φ</td><td>Ψ</td><td>ω</td><td>Γ</td><td>∠</td><td>Π</td><td>Σ</td><td>Ψ</td><td>Ω</td><td>Ξ</td><td>Θ</td><td>Λ</td><td>ϕ</td><td>Υ</td><td>∠</td></tr>
<tr><td>C</td><td>[</td><td>=</td><td>□</td><td>]</td><td>‾</td><td>_</td><td>|</td><td>|</td><td>/</td><td>\</td><td>┌</td><td>└</td><td>┘</td><td>┐</td><td>×</td><td>×</td></tr>
<tr><td>D</td><td>[</td><td>=</td><td>□</td><td>]</td><td>‾</td><td>_</td><td>|</td><td>|</td><td>/</td><td>\</td><td>┌</td><td>└</td><td>┘</td><td>┐</td><td>—</td><td>|</td></tr>
<tr><td>E</td><td>┘</td><td>┐</td><td>┌</td><td>└</td><td>┴</td><td>┬</td><td>├</td><td>┤</td><td>┛</td><td>┗</td><td>\</td><td>/</td><td>/</td><td>\</td><td><</td><td>></td></tr>
<tr><td>F</td><td>▘</td><td>▖</td><td>▗</td><td>▝</td><td>▀</td><td>▄</td><td>▌</td><td>▐</td><td>▞</td><td>▚</td><td>┌</td><td>└</td><td>┘</td><td>┐</td><td>■</td><td>+</td></tr>
</table>

图 10-5　字符集 1

	0	1	2	3	4	5	6	7	8	9	A	B	C	D	E	F
2	百	千	万	Ⅱ	℃	°F	$^{-1}$	^{4}	$_{4}$	½	⅓	¼	⊤	×	√	⊥
3	//	‖	∪	∩	⊕	⊂	⊃	∈	∉	∀	∇	∂	∫	∮	°	∵
4	∴	≡	≌	∽	≠	∞	≤	≥	≮	≯	♂	♀	∓	±	‰	∷
5	※	¤	(	)	《	》	『	』	〖	〗	ˇ	¨	◇	♥	♦	♣
6	♠	ア	イ	ウ	エ	オ	カ	キ	ク	ケ	コ	サ	シ	ス	セ	ソ
7	タ	チ	ッ	テ	ト	ナ	ニ	ヌ	ネ	ノ	ハ	ヒ	フ	ヘ	ホ	マ
8	ミ	ム	メ	モ	ヤ	⊥	ヨ	ラ	リ	ル	レ	ロ	ワ	ヰ	ヱ	ヲ
9	ン	ヮ	ヶ	ュ	オ	カ	エ	ク	ケ	╲╲	^	Б	л	Ё	Ж	з
A	И	Й	л	Ц	Ч	Ш	Щ	Ъ	Н	э	Ю	Я	ó	§	è	Ø
B	ø	g	ü	é	á	ä	ȧ	ã	S	ê	ë	è	ï	i	ì	Ã
C	Ã	É	æ	Æ	Ȯ	Ö	Ò	Û	ÿ	Ö	Ü	≮	Ü	Ꞃ	ƒ	ά
D	f	ó	ú	ñ	N	a̲	o̲	¿	g	ü	é	â	ǎ	ȧ	ã	*S*
E	§	*e*	*e*	*i*	*i*	*i*	*A*	*A*	*E*	*æ*	*Æ*	*O*	*O*	*O*	*U*	*U*
F̈	*ÿ*	*ö*	*Ü*	≮	*Ꞃ*	*f*	*á*	*f*	*ó*	*ú*	*n̄*	*N̄*	*a̲*	*o̲*	*¿*	*n*

图 10-6　字符集 2

(2)汉字打印

WH 型打印机配 12×12 点阵汉字 140 个,代码范围为 20H ~ ABH。

用户所需的汉字可通过专用软件从微机并口传送到打印机机内数据缓冲区。

3. 打印命令

WH 系列微型打印机提供众多的打印控制命令,可控制 EPSON 公司的 M-150Ⅱ, M-160、M-164 系列打印机完成各种功能,打印命令详见附录五。

4. WH16P 打印机和 8051 单片机接口和编程

WH16P 打印机和 8051 单片机连接时可采用串行接口和并行接口两种方式。采用并行接口时,一般用 10 根线和总线相连,即打印机数据线 $D_0 \sim D_7$,数据选通线 STB,以及打印机状态信号线 busy。图 10-7 示出打印机和 8255 接口的一种方法。

例 10.23　按图 10-7 硬件连接,编写以下图示的打印软件。其中汉字"次数"及"累计"已通过相应软件存入打印机内部数据 20H 开始的区域。"次数"位于 2fH 和 30H 单元,"累计"位于 2bH 及 2cH 单元,程序清单如下:

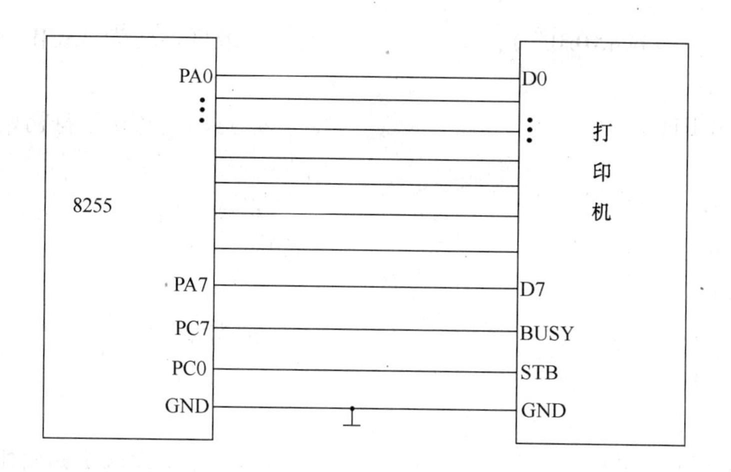

图 10-7　打印机和 8255 的连接

```
 ***************
次数:12
累计:3456
 ***************
#include  <reg52.h>
#include  <intrins.h>
#include  <absacc.h>
#define uchar unsigned char
#define uint unsigned int
#define p8255a XBYTE[0x4000]                    //定义 8255A 口
#define P8255c XBYTE[0x4002]                    //定义 8255C 口
#define p8255k XBYTE[0x4003]                    //定义 8255 控制口
uchar xdata  *pp;
xdata uchar address _at_ 0x1900;
uchar code tbhead[18] = {0x2a,0x2a,0x2a,0x2a,0x2a,0x2a,0x2a,0x2a,0x2a,0x2a,
0x2a,0x2a,0x2a,0x2a,0x2a,0x20,0x0a,0x0a};      //定义表首、表尾花边
void prt(uchar ch)                              //打印一个字符
{ while(p8255c &0x80);                          //检测 PC7 位、BUSY 信号
  p8255a = ch;                                  //从 PA 口输出一个字符打印
  p8255k =0x01;_nop_();_nop_();                 //送 STB 信号 PC0 =1
  P8255k =0x0;_nop_();_nop_();                  //送 STB 信号 PC0 =0
  p8255k =0x01;_nop_();_nop_();                 //送 STB 信号 PC0 =1
}
void prtbcd(uchar xdata  *bcd)                  //打印一个字节
{
 prt (0x30 +(( *bcd&0xf0) > >4));              //取高位转为 ASCII 码
```

```
    prt(0x30 + ( *bcd&0x0f));                 //取低位转为 ASCII 码
}
void prtASCII1()                              //打印 ASCII 字符初始化
{
    prt(0x1b);                                //选字集 1
    prt(0x36);
    prt(0x1b);
    prt(0x56);                                //放大 2 倍
    prt(0x02);
}
void prthanzhi(void)                          //打印中文汉字初始化
{   prt(0x1b);                                //字符不放大
    prt(0x56);
    prt(0x01);                                //选择汉字打印
    prt(0x1b);
    prt(0x38);
}
void main(void)                               //主程序
{   uchar i, *pp = &address;                  //取打印数据缓冲区首地址
    p8255k =0x8a;                             //8255 初始化
    prt(0x1b);
    prt(0x40);                                //打印机初始化
    prt(0x1b);
    prt(0x31);
    prt(0x03);
    prtASCII1();                              //打印表首
    for(i =0;i<18;i++)
       {prt(tbhead[i]);}
    prthanzhi();                              //打印汉字
    prt(0x2f);                                //打印汉字"次数"
    prt(0x30);
    prtASCII1();                              //打印冒号及空格
    prt(0x3a);
    prt(0x20);
    prtbcd(pp);pp++;                          //打印数字
    prt(0x0d);                                //回车
    prthanzhi();                              //打印汉字"累计"
    prt(0x2b);
```

```
    prt(0x2c);
    prtASCII1();
    prt(0x3a);prt(0x20);
    prtbcd(pp);pp++;                    //打印四位数字
    prtbcd(pp);pp++;
    prt(0x0d);                          //回车
    prtASCII1();
    prt(0x0a);                          //空行
    prt(0x0a);
    for(i=0;i<18;i++)                   //打印表尾
      {prt(tbhead[i]);}
    prt(0x0a);
}
```

附录一　美国标准信息交换码 ASCII 码字符表

低位 高位	0 0000	1 0001	2 0010	3 0011	4 0100	5 0101	6 0110	7 0111	8 1000	9 1001	A 1010	B 1011	C 1100	D 1101	E 1110	F 1111
0 0000	NUL	SOH	STX	ETX	EOT	ENQ	ACK	BEL	BS	HT	LF	VT	FF	CR	SO	SI
1 0001	DLE	DC_1	DC_2	DC_3	DC_4	NAK	SYN	ETB	CAN	EM	SUB	ESC	FS	GS	RS	US
2 0010	SP	1	"	#	$	%	&	、	(	)	*	+	,	-	·	/
3 0011	0	1	2	3	4	5	6	7	8	9	:	;	<	=	>	?
4 0100	@	A	B	C	D	E	F	G	H	I	J	K	L	M	N	O
5 0101	P	Q	R	S	T	U	V	W	X	Y	Z	[	\	]	↑	←
6 0110		a	b	c	d	e	f	g	h	i	j	k	l	m	n	o
7 0111	p	q	r	s	t	u	v	w	x	y	z	{	|	}	~	DEL

附录二　MCS-51 单片机位地址表

字节地址	MSB		位	地	址			LSB
2FH	7F	7E	7D	7C	7B	7A	79	78
2EH	77	76	75	74	73	72	71	70
2DH	6F	6E	6D	6C	6B	6A	69	68
2CH	67	66	65	64	63	62	61	60
2BH	5F	5E	5D	5C	5B	5A	59	58
2AH	57	56	55	54	53	52	51	50
29H	4F	4E	4D	4C	4B	4A	49	48
28H	47	46	45	44	43	42	41	40
27H	3F	3E	3D	3C	3B	3A	39	38
26H	37	36	35	34	33	32	31	30
25H	2F	2E	2D	2C	2B	2A	29	28
24H	27	26	25	24	23	22	21	20
23H	1F	1E	1D	1C	1B	1A	19	18
22H	17	16	15	14	13	12	11	10
21H	0F	0E	0D	0C	0B	0A	09	08
20H	07	06	05	04	03	02	01	00

附录三 MCS-51 系列单片机指令表

操作码	操作数	代　码	字节数	机器周期
ACALL	addr 11	&1 addr7-0 （注）	2	2
ADD	A，R_n	28-2F	1	1
ADD	A，direct	25 direct	2	1
ADD	A，@R_i	26-27	1	1
ADD	A，#data	24 data	2	1
ADDC	A，R_n	38-3F	1	1
ADDC	A，direct	35 direct	2	1
ADDC	A，@R_i	36-37	1	1
ADDC	A，#data	34 data	2	1
AJMP	addr 11	&0 addr7-0 （注）	2	2
ANL	A，R_n	58-5F	1	1
ANL	A，direct	55 direct	2	1
ANL	A，@R_i	56-57	1	1
ANL	A，#data	54 data	2	1
ANL	direct，A	52 direct	2	1
ANL	direct，#data	53 direct data	3	2
ANL	C，bit	82 bit	2	2
ANL	C，/bit	B0 bit	2	2
CJNE	A，direct，rel	B5 direct rel	3	2
CJNE	A，#data，rel	B4 data rel	3	2
CJNE	R_n，#data，rel	B8-BF data rel	3	2
CJNE	@R_i，#data，rel	B6-B7 data rel	3	2
CLR	A	E4	1	1
CLR	C	C3	1	1
CLR	bit	C2 bit	2	1
CPL	A	F4	1	1
CPL	C	B3	1	1
CPL	bit	B2 bit	2	1
DA	A	D4	1	1
DEC	A	14	1	1
DEC	R_n	18-1F	1	1
DEC	direct	15 direct	2	1
DEC	@R_i	16-17	1	1
DIV	AB	84	1	4
DJNZ	R_n，rel	D8-DF rel	2	2
DJNZ	direct，rel	D5 direct rel	3	2
INC	A	04	1	1
INC	R_n	08-0F	1	1
INC	direct	05 direct	2	1

操作码	操作数	代　　码	字节数	机器周期
INC	@ R_i	06-07	1	1
INC	DPTR	A3	1	2
JB	bit, rel	20 bit rel	3	2
JBC	bit, rel	10 bit rel	3	2
JC	rel	40 rel	2	2
JMP	@ A + DPTR	73	1	2
JNB	bit, rel	30 bit rel	3	2
JNC	rel	50 rel	2	2
JNZ	rel	70 rel	2	2
JZ	rel	60 rel	2	2
LCALL	addr 16	12 addr15-8 addr7-0	3	2
LJMP	addr 16	02 addr15-8 addr7-0	3	2
MOV	A, R_n	E8-EF	1	1
MOV	A, direct	E5-direct	2	1
MOV	A, @ R_i	E6-E7	1	1
MOV	A, #data	74 data	2	1
MOV	R_n, A	F8-FF	1	1
MOV	R_n, direct	A8-AF direct	2	1
MOV	R_n, #data	78-7F data	2	1
MOV	direct, A	F5 direct	2	1
MOV	direct, R_n	88-8F direct	2	1
MOV	direct2, direct1	85 direct1 direct2	3	2
MOV	direct, @ R_i	86-87 direct	2	2
MOV	direct, #data	75direct data	3	2
MOV	@ R_i, A	F6-F7	1	1
MOV	@ R_i, direct	A6-A7 direct	2	2
MOV	@ R_i, #data	76-77 data	2	1
MOV	C, bit	A2 bit	2	2
MOV	bit, C	92 bit	2	2
MOV	DPTR, #data16	90 data15-8 data7-0	3	2
MOVC	A, @ A + DPTR	93	1	2
MOVC	A, @ A + PC	83	1	2
MOVX	A, @ R_i	E2-E3	1	2
MOVX	A, @ DPTR	E0	1	2
MOVX	@ R_i, A	F2-F3	1	2
MOVX	@ DPTR, A	F0	1	2
MUL	AB	A4	1	4
NOP		00	1	1
ORL	A, R_n	48-4F	1	1
ORL	A, direct	45 direct	2	1
ORL	A, @ R_i	46-47	1	1
ORL	A, #data	44 data	2	1

操作码	操作数	代　码	字节数	机器周期
ORL	direct, A	42 direct	2	1
ORL	direct, #data	43 direct data	3	2
ORL	C, bit	72 bit	2	2
ORL	C, /bit	A0 bit	2	2
POP	direct	D0 direct	2	2
PUSH	direct	C0 direct	2	2
RET		22	1	2
RET1		32	1	2
RL	A	23	1	1
RLC	A	33	1	1
RR	A	03	1	1
RRC	A	13	1	1
SETB	C	D3	1	1
SETB	bit	D2 bit	2	1
SJMP	rel	80 rel	2	2
SUBB	A, R_n	98-9F	1	1
SUBB	A, direct	95 direct	2	1
SUBB	A, @ R_i	96-97	1	1
SUBB	A, #data	94 data	2	1
SWAP	A,	C4	1	1
XCH	A, R_n	C8-CF	1	1
XCH	A, direct	C5 direct	2	1
XCH	A, @ R_i	C6-C7	1	1
XCHD	A, @ R_i	D6-D7	1	1
XRL	A, R_n	68-6F	1	1
XRL	A, direct	65 direct	2	1
XRL	A, @ R_i	66-67	1	1
XRL	A, #data	64 data	2	1
XRL	direct, A	62 direct	2	1
XRL	direct, #data	63 direct data	3	2

注:&1 = $a_{10}a_9a_8$10001

&0 = $a_{10}a_9a_8$00001

附录四　C51 库函数

为了简化用户的程序设计工作,提高程序编写效率,C51 编译器运行库中包含了丰富的库函数。用户在使用这些库函数时,必须在程序的开头用预处理指令#include 将有关的头文件包含进来,这样才能保证程序的正常运行。C51 库函数中的数据类型选择考虑到了 8051 系列单片机的结构特点,用户在自己的应用程序中应尽可能地使用最少的数据类型,以最大限度发挥 8051 系列单片机的性能,同时也可减少应用程序的代码长度和运行时间。以下将 C51 的库函数分类列出并作必要解释。

1. 字符函数 CTYPE. H

在 C51 函数库中,下列函数被定义为子程序,而不是通常的宏,函数原型声明包含在文件 ctype. h 中。

函数原型:extern bit isalpha (char);
再入属性:reentrant
功　　能:检查参数字符是否为英文字母,是则返回 1,否则返回 0。

函数原型:extern bit isalnum (char);
再入属性:reentrant
功　　能:检查参数字符是否为英文字母或数字字符,是则返回 1,否则返回 0。

函数原型:extern bit iscntrl (char);
再入属性:reentrant
功　　能:检查参数值是否在 0x00 ~ 0x1f 之间或等于 0x7f,如果为真则返回值为 1,否则返回值为 0。

函数原型:extern bit isdigit (char);
再入属性:reentrant
功　　能:检查参数值是否为数字字符,是则返回 1,否则返回 0。

函数原型:extern bit isgraph (char);
再入属性:reentrant
功　　能:检查参数是否为可打印字符,可打印字符的值域为 0x21 ~ 0x7e,为真时返回 1,否则返回值为 0。

函数原型:extern bit isprint (char);
再入属性:reentrant
功　　能:除了与 isgraph 相同之外,还接受空格符(0x20)。

函数原型:extern bit ispunct (char);
再入属性:reentrant
功　　能:检查参数字符是否为标点、空格或格式字符。如果是空格或是 32 个标点和格式字符之一(假定使用 ASCII 字符集中 128 个标准字符)则返回 1,否则返回 0。ispunct 对于下列字符返回 1:空格,!,",#,$,%,^,&,*,(,),+,-,.,/,:,< ,=,>,?,_,[,\,],',~,{,},|。

函数原型:extern bit silower (char);
再入属性:reentrant
功　　能:检查参数字符的值是否为小写英文字母,是则返回 1,否则返回 0。

函数原型:extern bit isupper (char);
再入属性:reentrant
功　　能:检查参数字符的值是否为大写英文字母,是则返回 1,否则返回 0。

函数原型:extern bit isspace (char);
再入属性:reentrant
功　　能:检查参数字符是否为下列之一:空格、制表符、回车、换行、垂直制表符和送纸。如果为真则返回 1,否则返回 0。

函数原型:extern bit isxdigit (char);
再入属性:reentrant
功　　能:检查参数字符是否为十六进制数字字符,如果为真则返回 1,否则返回 0。

函数原型:extern char toint (char);
再入属性:reentrant
功　　能:将 ASCII 字符的 0~9、a~f(大小写无关)转换为十六进制数字,返回值 0H~9H 由 ASCII 字符的 0~9 得到,返回值 0AH~0FH 由 ASCII 字符的 a~f(大小写无关)得到。

函数原型:extern char tolower (char);
再入属性:reentrant
功　　能:将大写字符转换成小写形式,如果字符变量不在'A'~'Z'之间,则不作转换而直接返回该字符。

函数原型 extern char toupper (char);
再入属性:reentrant
功　　能:将小写字符转换为大写形式,如果字符变量不在'a'~'z'之间则不作转换而直接返回该字符。

函数原型:#define toascII(c)　((c)&0x7f)

再入属性:reentrant

功　　能:该宏将任何整型数值缩小到有效的 ASCII 范围之内,它将变量和 0x7f 相与从而去掉第 7 位以上的所有数位。

函数原型:#define tolower (c)　(c←'A' + 'a')

再入属性:reentrant

功　　能:该宏将字符 c 与常数 0x20 逐位相或。

函数原型:#define toupper(c)　((c)←'a' + 'A')

再入属性:reentrant

功　　能:该宏将字符 c 与常数 0xdf 逐位相与。

2. 一般 I/O 函数 STDIO. H

C51 库中包含有字符 I/O 函数,它们通过 8051 系列单片机的串行接口工作,如果希望支持其他 I/O 接口,只需要改动 getkey( ) 和 putchar( ) 函数,库中所有其他 I/O 支持函数都依赖于这两个函数模块,不需要改动。另外需注意,在使用 8051 系列单片机的串行口之前,应先对其进行初始化。例如以 2400 波特率(12MHz 时钟频率)初始化串行口如下:

```
SCON = 0x52;     /* SCON 置初值 */
TMOD = 0x20;     /* TMOD 置初值 */
TH1 = 0xf3;      /* T1 置初值 */
TR1 = 1;         /* 启动 T1 */
```

当然也可以采用其他波特率来对串行口进行初始化。注意:此处使用了定时器/计数器 1,若用户程序中使用了定时器/计数器 0,则应注意两者不能相互影响,因为 TOMD 寄存器同时管理着定时器/计数器 0 和 1。

函数原型:extern char _getkey ();

再入属性:reentrant

功　　能:从 8051 的串行口读入一个字符,然后等待字符输入,这个函数是改变整个输入端口机制时应作修改的唯一一个函数。

函数原型:extern char getchar ();

再入属性:reentrant

功　　能:getchar 使用 _getkey 从串口读入字符,并将读入的字符马上传给 putchar 函数输出,其他与 _getkey 函数相同 。

函数原型:extern char *gets (char *s,int n);

再入属性:non-reentrant

功　　能：该函数通过 getchar 从串口读入一个长度为 n 的字符串并存入由 s 指向的数组。输入时一旦检测到换行符就结束字符输入。输入成功时返回传入的参数指针，失败时返回 NULL。

函数原型：extern char ungetchar (char);
再入属性：reentrant
功　　能：将输入字符回送输入缓冲区，因此下次 gets 或 getchar 可用该字符。成功时返回 char，失败时返回 EOF，不能用 ungetchar 处理多个字符。

函数原型：extern char ungetkey (char);
再入属性：reentrant
功　　能：将输入的字符送回输入缓冲区并将其值返回给调用者，下次使用 _getkey 时可获得该字符，不能写回多个字符。

函数原型：extern char putchar (char);
再入属性：reentrant
功　　能：通过 8051 串行口输出字符，与函数 _getkey 一样，这是改变整个输出机制所需修改的唯一一个函数。

函数原型：externtnt printf (const char *,...);
再入属性：non-reentrant
功　　能：printf 以一定格式通过 8051 的串行口输出数值和字符串，返回值为实际输出的字符数。参数可以是字符串指针、字符或数值，第一个参数必须是格式控制字符串指针。允许作为 printf 参数的总字节数受 C51 库限制，由于 8051 系列单片机结构上存储空间有限，在 SMALL 和 COMPACT 编译模式下最大可传递 15 个字节的参数(即 5 个指针，或 1 个指针和 3 个长字)；在 LARGE 编译模式下，最多可传递 40 个字节的参数。格式控制字符串具有如下形式(方括号内是可选项)：

% [flags] [width] [.precision] type

格式控制串总是以% 开始。

flag 称为标志字符，用于控制输出位置、符号、小数点以及八进制和十六进制数的前缀等，其内容和意义如表 1 所示。

表 1　flag 选项及其意义

flag 选项	意　　义
-	输出左对齐
+	输出如果是有符号数值，则在前面加上 +/- 号
空格	输出值如果为正则左边补以空格，否则不显示空格

续 表

flag 选项	意　　义
#	如果它与 0、x 或 X 联用,则在非 0 输出值前面加上 0、0x 或 0X。当它与值类型字符 g、G、f、e、E 联用时,使输出值中产生一个十进制的小数点
b,B	当它们与格式类型字符 d、o、u、x 或 X 联用时,使参数类型被接受为[unsigned] char,如%bu、%bx 等
l,L	当它们与格式类型字符 d、o、u、x 或 X 联用时,使参数类型被接受为[unsigned] long,如%ld、%lx 等
*	下一个参数将不作输出

width 用来定义参数欲显示的字符数,它必须是一个正的十进制数,如果实际显示的字符数小于 width,在输出左端补以空格,如果 width 以 0 开始,则在左端补以 0。

precision 用来表示输出精度,它是由小数点“.”加上一个非负的十进制整数构成的。指定精度时可能会导致输出值被截断,或在输出浮点数时引起输出值的四舍五入。可以用精度来控制输出字符的数目、整数值的位数或浮点数的有效位数。也就是说对于不同的输出格式,精度具有不同的意义。

type 称为输出格式转换字符,其内容和意义如表 2 所示。

表 2　type 选项及其意义

格式转换字符	类　型	输　出　格　式
d	int	有符号十进制数(16 位)
u	int	无符号十进制数
o	int	无符号八进制数
x,X	int	无符号十六进制数
f	float	[-]ddddd.ddddd 形式的浮点数
e,E	float	[-]d.ddddE[sign]dd 形式的浮点数
g,G	float	选择 e 或 f 形式中更紧凑的一种输出格式
c	char	单个字符
s	pointer	结束符为“0\”的字符串
P	pointer	带存储器类型标志和偏移的指针 M:aaaa。其中,M:=C(ode),D(ata),I(data),P(data),a=指针偏移量

例:printf("int _ val%d,Char _ val%bd,Long _ val%ld",i,c,l)
　printf("Pointer%p",&Array[10])

函数原型:extern int sprintf (char * s,const char *,...);
再入属性:non-reentrant
功　　能:sprintf 与 printf 的功能相似,但数据不是输出到串行口,而是通过一个指针 s,送入可寻址的内存缓冲区,并以 ASCII 码的形式储存。sprintf 允许输出的参数总字节数与 printf 完全相同。

函数原型:extern intputs(const char *s);

再入属性:reentrant

功　　能:将字符串和换行符写入串行口,错误时返回 EOF,否则返回一个非负数。

函数原型:extern int scanf (const char *,...);

再入属性:non-reentrant

功　　能:scanf 在格式控制串的控制下,利用 getchar 函数从串行口读入数据,每遇到一个符合格式控制串规定的值,就将它按顺序存入由参数指针指向的存储单元。注意,每个参数都必须是指针。scanf 返回它所发现并转换的输入项数,若遇到错误则返回 EOF。

格式控制串具有如下形式(方括号内为可选项):

% [flags] [width] type

格式控制串总是以% 开始。

flag 称为标志符,它的内容和意义如表 3 所示。

表 3　flags 选项及其意义

flag 选项	意　义
*	输入被忽略
b,h	用作格式类型 d、o、u、x 或 X 的前缀,用这个前缀可将参数定义为字符指针,指示输入整型数,如% bu,% bx
l	用作格式类型 d、o、u、x 或 X 的前缀,用这个前缀可将参数定义为长指针,指示输入整型数,如% lu,% lx

width 是一个十进制的正整数,用来控制输入数据的最大长度或字符数目。

type 称为输入格式转换字符,其内容和意义如表 4 所示。

表 4　type 选项及其意义

格式转换字符	类　型	输　入　格　式
d	ptr to int	有符号的十进制数
u	ptr to int	无符号的十进制数
o	ptr to int	无符号的八进制数
x	ptr to int	无符号的十六进制数
f,e,g	ptr to float	浮点数
c	ptr to char	一个字符
s	ptr ro string	一个字符串

例:scanf("% d% bd% ld",&i,&c,&l)

scanf("%3s %c",&string [0],&character)

函数原型:extern int sscanf (char * s,const char *,...);

再入属性:non-reentrant

功　　能:sscanf 与 scanf 的输入方式相似,但字符串的输入不是通过串行口,而是通过另一个以空结束的指针。sscanf 参数允许的总字节数受 C51 库的限制,在 SMALL 和 COMPACT 编译模式下，最大允许传递 15 个字节的参数(即 5 个指针，或 2 个指针、2 个长整型和 1 个字符型)；在 LARGE 编译模式下，最大允许传递 40 个字节的参数。

3. 字符串函数 STRING. H

字符串函数通常接收指针串作为输入值。一个字符串应包括 2 个或多个字符，字符串的结尾以空字符表示。在函数 memcmp、memcpy、memchr、memccpy、memset 和 memmove 中，字符串的长度由调用者明确规定，这些函数可工作在任何模式。

函数原型：extern void * memchr(void * s1, char val, int len)；
再入属性：reentrant/intrinsic
功　　能：memchr 顺序搜索字符串 s1 的头 len 个字符以找出字符 val，成功时返回 s1 中指向 val 的指针，失败时返回 NULL。

函数原型：extern char memcmp (void * s1, void * s2, int len)；
再入属性：reentrant/intrinsic
功　　能：memcmp 逐个字符比较串 s1 和 s2 前 len 个字符，成功(相等)时返回 0，如果 s1 大于或小于 s2，则相应返回一个正数或一个负数。

函数原型：extern void * memcpy (void * dest, void * src, int len)；
再入属性：reentrant/intrinsic
功　　能：memcpy 从 src 所指向的内存中拷贝 len 个字符到 dest 中，返回指向 dest 中最后一个字符的指针。如果 src 与 dest 发生交迭，则结果是不可预测的。

函数原型：extern void * memccpy (void * dest, void * src, char val, int len)；
再入属性：non-reentrant
功　　能：memccpy 拷贝 src 中 len 个元素到 dest 中。如果实际拷贝了 len 个字符则返回 NULL。拷贝过程在拷贝完字符 val 后停止，此时返回指向 dest 中下一个元素的指针。

函数原型：extern void * memmove (void * dest, void * src, int len)；
再入属性：reentrant/intrinsic
功　　能：memmove 的工作方式与 memcpy 相同，但拷贝的区域可以交迭。

函数原型：extern void * memset (void * s, char val , int len)；
再入属性：reentrant/intrinsic
功　　能：memset 用 val 来填充指针 s 中 len 个单元。

函数原型：extern void * strcat (char * s1, char * s2)；
再入属性：non-reentrant

功　　能:strcat 将串 s2 拷贝到 s1 的尾部。strcat 假定 s1 所定义的地址区域足以接受两个串返回指向 s1 串中第一个字符的指针。

函数原型:extern char * strncat (char * s1 ,char * s2,int n);
再入属性:non-reentrant
功　　能:strncat 拷贝串 s2 中 n 个字符到 s1 的尾部,如果 s2 比 n 短,则只拷贝 s2 (包括串结束符)。

函数原型:extern char strcmp (char * s1,char * s2);
再入属性:reentrant/intrinsic
功　　能:strcmp 比较串 s1 和 s2,如果相等则返回 0,如果 s1 < s2,则返回一个负数,如果 s1 > s2 则返回一个正数。

函数原型:extern char strncmp (char * s1,char * s2,int n);
再入属性:non-reentrant
功　　能:strncmp 比较串 s1 和 s2 中的前 n 个字符,返回值与 strcmp 相同。

函数原型:extern char * strcpy (char * s1 ,char *s2);
再入属性:reentrant /intrinsic
功　　能:strcpy 将串 s2(包括结束符)拷贝到 s1 中,返回指向 s1 中第一个字符的指针。

函数原型:extern char * strncpy (char * s1,char * s2,int n);
再入属性:non-reentrant
功　　能:strncpy 与 strcpy 相似,但它只拷贝 n 个字符。如果 s2 的长度小于 n,则 s1 串以 0 补齐到长度 n。

函数原型: extern int strlen (char * s1);
再入属性:reentrant
功　　能: strlen 返回串 s1 中的字符个数,包括结束符。

函数原型:extern char * strchr (char * s1 ,char c);
　　　　 extern int strpos (char * s1,char c);
再入属性 reentrant
功　　能:strchr 搜索 s1 串中第一个出现的字符"c",如果成功则返回指向该字符的指针,否则返回 NULL。被搜索的字符可以是串结束符,此时返回值是指向串结束符的指针。strpos 的功能与 strchr 类似,但返回的是字符"c"在串 s1 中第一次出现的位置值或 -1,s1 中首字符的位置值是 0。

函数原型:extern char * strrchr (char * s1 ,char c);

extern int strrpos(char * s1 ,char c);

再入属性:reentrant

功　　能:strrchr 搜索 s1 串中最后一个出现的字符"c",如果成功则返回指向该字符的指针,否则返回 NULL。被搜索的字符可以是串结束符。strrpos 的功能与 strrchr 相似,但返回值是字符"c"在 s1 串最后一次出现的位置值或 -1。

函数原型:extern int strpsn (char * s1 ,char * set);

extern int strcspn (char * s1,char * set);

extern char * strpbrk (char * s1 ,char * set);

extern char * strrpbrk (char * s1,char * set);

再入属性:non-reentrant

功　　能:strpsn 搜索 s1 串中第一个不包括在 set 串中的字符,返回值是 s1 中包括在 set 里的字符个数。如果 s1 中所有字符都包括在 set 里面,则返回 s1 的长度(不包括结束符),如果 set 是空串则返回 0。

strcspn 与 strpsn 相似,但它搜索的是 s1 串中第一个包含在 set 里的字符。strpbrk 与 strpsn 相似,但返回指向搜索到的字符的指针,而不是个数,如果未搜索到,则返回 NULL。strrpbrk 与 strpbrk 相似,但它返回 s1 中指向找到的 set 字符集中最后一个字符的指针。

4. 标准函数 STDLIB. H

函数原型:extern double atof (char * s1);

再入属性:non-reentrant

功　　能:atof 将 s1 串转换成浮点数值并返回它,输入串中必须包含与浮点值规定相符的数,C51 编译器对数据类型 float 和 double 相同对待。

函数原型: extern long atol (char * s1);

再入属性:non-reentrant

功　　能:atol 将 s1 串转换成一个长整型数并返回它,输入串中必须包含与长整型数格式相符的字符串。

函数原型:extern int atol (char * s1)

再入属性:non-reentrant

功　　能:atol 将串 s1 转换成整型数并返回它,输入串中必须包含与整型数格式相符的字符串。

函数原型:void * calloc (unsigned int n ,unsigned int size);

再入属性:non-reentrant

功　　能:calloc 返回为 n 个具有 size 大小对象所分配的内存的指针,如果返回 NULL,则表明无这么多的内存空间可用。所分配的内存区域用 0 进行初始化。

函数原型:void free (void xdata * p);
再入属性:non-reentrant
功　　能:free 释放指针 p 所指向的存储器区域,如果 p 为 NULL,则该函数无效,p 必须是以前用 ealloc、malloc 或 realloc 函数分配的存储器区域。

函数原型:void int _ mempool (void xdata * p,unsigned int size);
再入属性:non-reentrant
功　　能:int _ mempool 对可被函数 calloc、free、malloc 和 realloc 管理的存储区域进行初始化,指针 p 表示存储区的首地址,size 表示存储区的大小。

函数原型:void * malloc (unsigned int size);
再入属性:non-reentrant
功　　能:malloc 返回为一个 size 大小对象所分配的内存指针,如果返回 NULL,则无足够的内存空间可用。内存区不作初始化。

函数原型:void * realloc (void xdata * p,unsigned int size);
再入属性:non-reentrant
功　　能:realloc 改变指针 p 所指对象的大小,原对象的内容被复制到新的对象中。如果该对象的区域较大,多出的区域将不作初始化。
realloc 返回指向新存储区的指针,如果返回 NULL,则无足够大的内存可用,这时将保持原存储区不变。

例:
```
#include <stdlib.h>
xdata unsigned char pool [10000];
char xdata * a1;
char xdata * a2;
process_error()
{
    ;//do something
}
main()
{
 init_mempool(pool,sizeof (pool));
 a1 = calloc(100,1);        /* get 100 bytes from pool */
 if(!a1)process_error();
```

```
    a2 = malloc (300);          /* get 300 bytes from pool */
    if(! a2)process_error();
    free(a2);
    free(a1);
}
```

5. 数学函数 MATH.H

函数原型:extern int abs (int val);

extern char cabs (char val);

extern float fabs (float val);

extern long labs (long val);

再入属性:reentrant

功　　能:abs 计算并返回 val 的绝对值,如果 val 为正,则不作改变就返回;如果为负,则返回相反数。这四个函数除了变量和返回值类型不同之外,其他功能完全相同。

函数原型:extern float exp (float x);

extern float log (float x);

extern float log10 (float x);

再入属性:non-reentrant

功　　能:exp 返回以 e 为底 x 的幂,log 返回 x 的自然对数(e = 2.718282),log10 返回以 10 为底 x 的对数。

函数原型:extern float sqrt (float x);

再入属性:non-reentrant

功　　能:sqrt 返回 x 的正平方根。

函数原型:extern rand ();

extern void srand (int n);

再入属性:reentrant/non-reentrant

功　　能:rand 返回一个 0 到 32767 之间的伪随机数,srand 用来将随机数发生器初始化成一个已知(或期望)值,对 rand 的相继调用将产生相同序列的随机数。

函数原型:extern float cos (float x);

extern float sin (float x);

extern float tan (float x);

再入属性:non-reentrant

功　　能:cos 返回 x 的余弦值,sin 返回 x 的正弦值,tan 返回 x 的正切值,所有函数

的变量范围都是 $-\pi/2 \sim +\pi/2$，变量的值必须在 ±65535 之间，否则产生一个 NaN 错误。

函数原型：extern float acos (float x);
extern float asin (float x);
extern float atan(float x);
extern float atan2 (float y,float x);
再入属性：non-reentrant
功　　能：acos 返回 x 的反余弦值，asin 返回 x 的反正弦值，atan 返回 x 的反正切值，它们的值域为 $-\pi/2 \sim +\pi/2$。atan2 返回 x/y 的反正切值，其值域为 $-\pi \sim +\pi$。

函数原型：extern float cosh (float x);
extern float sinh (float x);
extern float tanh (float x);
再入属性：non-reentrant
功　　能：cosh 返回 x 的双曲余弦值，sinh 返回 x 的双曲正弦值，tanh 返回 x 的双曲正切值。

函数原型：extern void fpsave (struct FPBUF * P);
extern void fprestore (struct FPBUF * p);
再入属性：reentrnat
功　　能：fpsave 保存浮点子程序的状态，fprestore 恢复浮点子程序的原始状态，当中断程序中需要执行浮点运算时，这两个函数是很有用的。

函数原型：extern float ceil (float x);
再入属性：non-reentrant
功　　能：ceil 返回一个不小于 x 的最小整数(作为浮点数)。

函数原型：extern float floor (float x);
再入属性：non-reentrant
功　　能：floor 返回一个不大于 x 的最大整数(作为浮点数)。

函数原型：extern float modf (float x,float * ip);
再入属性：non-reentrant
功　　能：modf 将浮点数 x 分成整数和小数两部分，两者都含有与 x 相同的符号，整数部分放入 * ip 中，小数部分作为返回值。

函数原型:extern float pow (float x,float y);

再入属性:non-reentrant

功　　能:pow 计算 x^y 的值,如果变量的值不合要求,则返回 NaN。当 $x=0$ 且 $y\leq0$ 或当 $x<0$ 且 y 不是整数时会发生错误。

6. 绝对地址访问 ABSACC. H

函数原型:#define CBYTE ((unsigned char *) 0x50000L)

#define DBYTE ((unsigned char *) 0x40000L)

#define PBYTE ((unsigned char *) 0x30000L)

#define XBYTE((unsigned char *)0xE0000L)

再入属性:reentrant

功　　能:上述宏定义用来对 8051 系列单片机的存储器空间进行绝对地址访问,可以作字节寻址。CBYTE 寻址 CODE 区,DBYTE 寻址 DATA 区,TBYTE 寻址分页 XDATA 区(采用 MOVX @ R0 指令),XBYTE 寻址 XDATA 区(采用 MOVX @ DPTR 指令),例如下列指令在外部存储器区域访问地址 0x1000:

```
xval = XBYTE [0x1000];
XBYTE [0x1000] = 20;
```

通过使用#define 预处理命令,可采用其他符号定义绝对地址,例如:#define XIO XBYTE[0x1000] 即将符号 XIO 定义成外部数据存储器地址 0x1000。

函数原型:#define CWORD((unsigned int *) 0x50000L)

#define DWORD((unsigned int *) 0x40000L)

#define PWORD((unsigned int *) 0x30000L)

#define XWORD((unsigned int *) 0x20000L)

再入属性:reentrant

功　　能:这个宏与前面一个宏相似,只是它们指定的数据类型为 unsigned int。通过灵活运用不同的数据类型,所有的 8051 地址空间都可以进行访问。

7. 内部函数 INTRINS. H

函数原型:unsigned char _crol_(unsinged char val,unsigned char n);

unsigned int _irol_(unsigned int val,unsigned char n);

unsigned long _lrol_(unsigned long val ,unsigned char n);

再入属性:reentrant / intrinsic

功　　能:_crol_,_irol_和_lrol_将变量 val 循环左移 n 位,它们与 8051 单片机的 “RL A”指令相关。这些函数的不同之处在于参数和返回值的类型不同。

例:

```
#include <intrins. h>
main ()
{
  unsigned int y;
```

```
    y = 0x00ff;
    y = _irol_(y,4); /* y 的值成为 0x0ff0 */
}
```

函数原型:unsigned char _cror_(unsigned char val, unsigned char n);
unsigned int _iror_(unsigned int val, unsigned char n);
unsigned long _lror_(unsigned long val,unsigned char n);

再入属性:reentrant/intrinsic

功　　能:_cror_,_iror_和_lror_将变量 val 循环右移 n 位,它们与 8051 单片机的“RR A”指令相关。这些函数的不同之处在于参数和返回值类型不同。

例:
```
#include <intrins.h>
main()
{
    unsigned int y;
    y = 0xff00;
    y = _iror_(y,4); /* y 的值成为 0x0ff0 */
}
```

函数原型:void _nop_(void);

再入属性:reentrant/intrinsic

功　　能:_nop_产生一个 8051 单片机的 NOP 指令,该函数用于 C 语言程序中的时间延时,C51 编译器在程序调用_nop_函数的地方,直接产生一条 NOP 指令。

例:
```
P0 = 1;
_nop_(); /* 等待一个时钟周期 */
P0 = 0;
```

函数原型:bit _testbit_(bit x);

再入属性:reentrant/intrinsic

功　　能:_testbit_产生一个 8051 单片机的 JBC 指令,该函数对字节中的一位进行测试。如果该位置位则函数返回 1,同时将该位复位为 0,否则返回 0。_testbit_函数只能用于可直接寻址的位,不允许在表达式中使用。

例:
```
#include <intrins.h>
char val;
bit flag;
main()
}
```

```
if( ! _testbit _(flag)) val - ;
  }
```

8. 变量参数表 STDARG、H

C51 编译器允许再入函数的参数个数和类型是可变的,可使用简略形式(记号为"...")，这时参数表的长度和参数的数据类型在定义时是未知的。头文件 stdarg. h 中定义了处理函数参数表的宏,利用这些宏,使程序可识别和处理变化的参数。

函数原型:typedef char * va_list

功　　能:va_list 被定义成指向参数表的指针。

函数原型:define va_start (ap,v) ap = (va_list) &v + sizeof (v)

再入属性:reentrant

功　　能:宏 va_start 初始化指向参数的指针。

函数原型:define va_arg(ap,t) (((t *) ap) + + [0])

再入属性:reentrant

功　　能:宏 va_arg 从 ap 指向的参数表中返回类型为 t 的当前参数。

函数原型:define va_end (ap) (ap)

再入属性:reentrant

功　　能:关闭参数表,结束对可变参数表的访问。

在定义具有可变参数的再入函数时,必须声明一个 va_list 型的指针,用 va_start 将该指针初始化指向参数表,用 va_arg 访问表中不同类型的参数,对参数的访问结束后,用 va_end 关闭参数表。

例:
```
#include <stdarg . h>
#include <reg51. h>
#include <stdio. h>
main ()
{
  void func (unsigned char, ... );
  SCON = 0x52; TMOD = 0x20; TH1 = 0xf3; TR1 = 1;
  func (1,23,"John");
  func(3,23,"John",20,"Henry",25,"Tom");
}
void func (unsigned char n,... ) reentrant
{
  va_list ptr;
  va_start (ptr,n);
```

```
    while (n-)
    printf ("%4d%s\n",va_arg (ptr,int),va_arg (ptr,char *));
    va_end (ptr);
  }
```

9. 全程跳转 SETJMP. H

头文件 setjmp. h 中的函数可用于正常的系列函数调用和函数结束，它允许从深层函数调用中直接返回。

函数原型：extern int setjmp (jmp_buf env);

再入属性：reentrant

功　　能：setjmp 将程序执行的当前环境状态信息存入变量 env 之中，以便嵌套调用的底层函数使用 longjmp 将执行控制权直接返回到调用 setjmp 语句的下一条语句。当直接调用 setjmp 时返回值为 0，当从 longjmp 调用时返回非 0 值时，函数 setjmp 只能在 if 或 switch 语句中调用一次。

函数原型：extern void longjmp (jmp_buf env ,int val);

再入属性：reentrant

功　　能：longjmp 恢复调用 setjmp 时存在 env 中的状态。程序从调用 setjmp 语句的下一条语句执行。参数 val 为调用 setjmp 的返回值。在调用函数 longjmp 后，由 setjmp 调用的函数中的所有自动变量的值都将被改变。

例：
```
#include <stdio.h>
#include <setjmp.h>
jmp_buf env;
int retval;
func2 (void)
{
printf ("dddd\n");
retval =1;
longjmp(env,retval);
printf("eeee\n");
}
func1 (void)
    {
printf ("bbbb\n");
func2 ();
printf ("cccc\n");
}
main()
```

```
    }
    SCON = 0x52;TMOD = 0x20;TR1 = 1;
    printf("aaaa\n");
    retval = setjmp (env);
    if (retval = =0)func1 ();
    printf ("ffff\n");
}
```

这是一个使用非常规函数返回的例子,虽然函数 func2 是被函数 func1 所调用的,但是由于 func2 中执行了 longjmp 函数,使之直接返回到 main 函数中。

10. 访问 SFR 和 SFR_bit 地址 REGXXX. H

头文件 REGXXX. H 中定义了多种 8051 单片机中所有的特殊功能寄存器(SFR)名,从而可简化用户的程序。实际上用户也可以自己定义相应的头文件。下面是一个采用头文件 reg51. h 的例子:

```
#include <reg51.h>
main ()
{
  if (P0 = =0x10)P1 =0x510;/ * P0、P1 已在头文件 reg51.h 中定义 */
}
```

附录五　WH型打印机打印命令集

1. 选择字符集命令

(1)选择字符集1

格式:ASCII:ESC 6

　　10进制:27 54

　　16进制:1B 36

在该命令之后的字符将使用字符集1的字符进行打印。

字符集1中有6×8点阵字符224个,代码范围20H～FFH(32～255)。包括ASCII字符,及各种图形符号等。

(2)选择字符集2

格式:ASCII:ESC 7

　　10进制:27 55

　　16进制:1B 37

在该命令之后输入的代码将选择字符集2的字符打印。

字符集2中有6×8点阵字符224个,代码范围20H～FFH(32～225)。包括德、法、俄文、日语片假名等。

2. 纸进给命令

(1)换行

格式:ASCII:LF

　　10进制:10

　　16进制:0A

打印机向前走纸一个字符行,即(8+行间距)个点行。

(2)执行n点行走纸

格式:ASCII:ESC J n

　　10进制:27 74 n

　　16进制:1B 4A n

打印纸向前进给n点行,1≤n≤255。这个命令不发出回车换行,它也不影响后面的换行命令。

(3)设置n点行间距

格式:ASCII:ESC I n

　　10进制:27 49 n

　　16进制:1B 31 n

为后面的换行命令设置n点行间距,0≤n≤255,上电或初始化后n=3。

(4)换页

格式:ASCII:FF

　　10进制:12

16 进制:0C

走纸到下一页的开始位置。

格式设置命令

(1)设置页长

格式:ASCII:ESC C n

10 进制:27 67 n

16 进制:1B 43 n

页长被设置为 n 个字符行,0≤n≤255。如果 n = 0,页长被定义为 256 行,上电或初始化后 n = 40。

(2)设置装订长

格式:ASCII:ESC N n

10 进制:27 78 n

16 进制:1B 4E n

89K 装订长(页与页之间的空行数)被设置为 n 个字符行,0≤n≤255。每 1 个字符行占(8 + 行间距)个点行;上电或初始化后 n = 0。

(3)取消装订长

格式:ASCII:ESC 0

10 进制:27 79

16 进制:1B 4F

装订长(页与页之间的空行数)被设置为 0 行,这意味着打印机将一行接一行地打印,页与页之间不留空行。

(4)设置垂直造表值

格式:ASCII:ESC B n1 n2…NUL

10 进制:27 66 n1 n2…0

16 进制:1B 42 n1 n2…00

输入垂直造表位置 n1、n2 等,最多可输入 8 个位置,这些数据应在 ESC C 命令设置的页长范围内。

例 n1 = 3,则执行垂直造表(VT 命令)进纸到第 3 行开始打印,每行的长度按(8 + 行间距)个点行计算。数据 NUL 加在最后表示该命令的结束。

所有输入的垂直造表位置,可用该命令以 ESC B NUL 的格式清除。

(5)执行垂直造表

格式:ASCII:VT

10 进制:11

16 进制:0B

打印纸进给到由 ESC B 命令设置的下一垂直造表位置。如果垂直造表位置已清除,或当前位置已等于或超过最后一个垂直造表位置,VT 命令将只走一行(如同 LF 命令)。

(6)设置水平造表值

格式:ASCII:ESC D n1 n2…NUL

10 进制:27 68 n1 n2…0

16 进制:1B 44 n1 n2…00

输入水平造表位置 n1、n2 等,最多可输入 8 个位置,这些数据应在所配打印头行宽之内,例 n1 = 3,则执行水平造表(HT 命令)时在第 3 个字符处开始打印,每个字符的宽度按(6 + 字间距)个点计算。数据 NUL 加在最后表示该命令结束。所有输入的水平造表位置,可用该命令以 ESC D NUL 的格式清除。

(7)执行水平造表

格式:ASCII:HT

10 进制:9

16 进制:09

打印位置进行到由 ESC D 命令设置的下一水平造表位置。

如果水平造表位置已清除,或当前打印位置已等于或超过最后一个水平造表位置,HT 命令将不执行。

(8)打印空格或空行

格式:ASCII:ESC f m n

10 进制:27 102 m n

16 进制:1B 66 m n

如果 m = 0,ESC f NUL n 将打印 n 个空格,每个空格的宽度按 (6 + 字间距)计算。n 值应在所配打印头行宽之内。如果 m = 1,ESC f SOH n 将打印 n 行空行,每个空行的高度按(8 + 行间距)计算,1≤n≤255。

(9)设置右限

格式:ASCII: ESC Q n

10 进制:27 81 n

16 进制:1B 51 n

右限即打印纸右侧不打印的字符数,每个字符的宽度按(6 + 字间距)计算。n 的数值应在 0 到所配打印头的行宽范围内。上电或初始化后 n = 0,即没有右限。

(10)设置左限

格式:ASCII:ESC 1 n

10 进制:27 108 n

16 进制:1B 6C n

左限即打印纸左侧不打印的字符数,每个字符的宽度按(6 + 字间距)计算。n 的数值应在 0 到所配打印头的行宽范围内。上电或初始化后 n = 0,即没有左限。

4. 字符设置命令

(1)横向放大

格式:ASCII:ESC U n

10 进制:27 85 n

16 进制:1B 55 n

该命令之后的字符将以正常宽度的 n 倍进行打印。1≤n≤4。上电或初始化后,

n = 1，即正常宽度，无放大。

(2)纵向放大

格式：ASCII：ESC V n

10 进制：27 86 n

16 进制：1B 56 n

在该命令之后的字符将以正常高度的 n 倍进行打印。1≤n≤4，上电或初始化后，n = 1，即正常高度，无放大。

(3)字符放大一倍

格式：ASCII：FS W n

10 进制：28 87 n

16 进制：1C 57 n

n = 1 时，其后的字符横向和纵向均放大一倍。n = 0 时，恢复正常字符打印。

(4)横向纵向放大

格式：ASCII：ESC W n

10 进制：27 87 n

16 进制：1B 57 n

在该命令之后的字符将以正常宽度和正常高度的 n 倍进行打印。1≤n≤4，上电或初始化后，n = 1，无放大。

(5)横向放大 2 倍

格式：ASCII：SO

10 进制：14

16 进制：0E

在该命令之后的字符将以正常宽度的 2 倍进行打印。

(6)横向无放大

格式：ASCII：DC4

10 进制：20

16 进制：14

在该命令之后的字符将以正常宽度进行打印。

(7)允许/禁止下划线打印

格式：ASCII：ESC － n

10 进制：27 45 n

16 进制：1B 2D n

n = 1 允许下划线打印，n = 0 禁止下划线打印，上电或初始化后 n = 0。允许下划线打印后，所有字符和汉字包括空格都打印出下划线。

(8)允许/禁止上划线打印

格式：ASCII：ESC ＋ n

10 进制：27 43 n

16 进制：1B 2B n

n=1 允许上划线打印,n=0 禁止上划线打印,上电或初始化后 n=0。允许上划线打印,所有字符和汉字包括空格都打印出上划线。

(9)允许/禁止反白打印

格式:ASCII:ESC i n

　　10 进制:27 105 n

　　16 进制:1B 69 n

n=1 允许反白打印,n=0 禁止反白打印,上电或初始化后 n=0。

允许反白打印后的字符和汉字将以黑底白字打印出来。

当某行最后一个字符是反向字符时,本行与下一行之间的空白由黑线填充。

(10)允许/禁止反向打印

格式:ASCII:ESC c n

　　10 进制:27 99 n

　　16 进制:1B 63 n

面板式打印机当 n=0 时,设置字符反向打印,打印方向是由右向左。

面板式打印机当 n=1 时,设置字符正向打印,打印方向是由左向右。

当打印机垂直安装时,为便于观察打印结果,应使用反向字符打印方式。

面板式打印机上电或初始化后 n=1。

平台式打印机的打印方向正好相反。

5. 用户定义字符设置命令

(1)定义用户自定义字符

格式:ASCII: ESC & m n1 n2…n6

　　10 进制:27 38 m n1 n2…n6

　　16 进制:1B 26 m n1 n2…n6

这个命令允许用户定义一个字符,m 是该用户自定义字符码,32≤m≤61。参数 n1,n2,…,n6 是这个字符的结构码,字符由 6×8 点阵组成,即 6 列中每列 8 点,每一列由一个字节的数据表示。最高位在上,如下图所示:

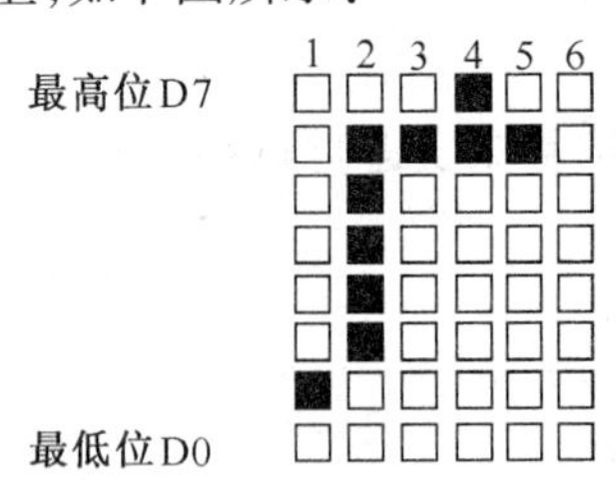

n1 =02H,n2 =7CH,n3 =40H,n4 = C0H,n5 =40H,n6 =0H

如果许多 ESC& 命令使用同一 m 值,只有最后一个有效,最多可定义 30 个字符。

(2)替换自定义字符

格式:ASCII:ESC % m1 n1 m2 n2…mk nk NUL

　　10 进制:27 37 m1 n1 m2 n2…mk nk 0

　　16 进制:1B 25 m1 n1 m2 n2…mk nk 0

该命令可以将当前字符集中的字符 n 替换为用户定义字符 m；在该命令后的用户自定义字符 m 将会代替当前字符集中的字符 n 打印出来。

m1，m2，…，mk 是用户定义的字符码。

n1，n2，…，nk 是当前字符集中要被替换的字符码。

32≤m≤255、32≤n≤255。1≤k≤32 的，最多可替换的字符数是 32。数据 0 加在最后表示该命令的结束。

(3)恢复字符集中的字符

格式：ASCII：ESC ：

10 进制：27 58

16 进制：1B 3A

该命令恢复字符集中的原字符，该字符在此之前已被 ESC% 命令替换为用户定义字符。

6. 图形打印命令

(1)打印点阵图形

格式：ASCII：ESC K n1 n2…data…

10 进制：27 75 n1 n2 …data…

16 进制：1B 4B n1 n2 …data…

该命令打印 n1 ×8 点阵图形，该图形宽度为 n1 点，高度为 8 点，每一列的 8 个点由一个 8 位的字节表示，最高位在上。

n1，n2 的数值表示一个 16 位的二进制数，n1 为低 8 位字节，n2 为高 8 位字节，表示 ESC K 打印图形的宽度为 n2 ×256 + n1。因微型打印头的宽度都小于 256，所以 n2 总是 0，n1 应在 1 到所配打印头的每行最大点数之间。

data 是该点阵图形自左向右每一列的字节内容，数据个数必须等于 n1。

当图形高度大于 8 点时，可按每 8 点行一个图形单元分割成多个单元，不足 8 个点的用空点补齐。

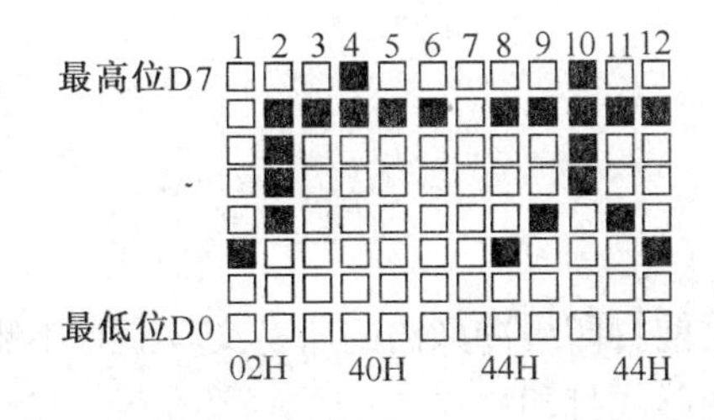

(2)打印曲线

格式：ASCII：ESC ’m n1 n2 n3…nk CR

10 进制：27 39m n1 n2 n3…nk 13

16 进制：1B 27m n1 n2 n3…nk 0D

该命令用于沿走纸方向打印曲线图形，m 的数值是要打印的曲线条数，m 的数值应在 1 到所配打印头的每行最大点数之间。

在一水平点行内，有 m 个曲线点，n1 n2 n3…nk 代表这 m 个曲线点的位置，nk 的数量应等于 m。每一 nk 都应小于所配打印头的每行最大点数,最后是 CR(回车)符。

连续使用本命令可打印任意长度的曲线。

7. 初始化命令

初始化打印机命令如下:

格式:ASCII:ESC @

10 进制:27 64

16 进制:1B 40

打印机收到本命令后,将初始化打印机。打印机初始化有三种方法。

(1)利用控制码 ESC @ 实现软件初始化。

(2)通过自动检测实现初始化。

(3)打印机上电初始化。

初始化内容包括:

(1)清除打印缓冲区。

(2)字符或汉字不放大。

(3)禁止上划线,下划线,侧划线,错位打印和反白打印。

(4)面板式打印机打印反向字符,从右向左打印。

平台式打印机打印反向字符,从左向右打印。

(5)行间距为 2,字间距为 0,页长为 40,装订长为 0。

8. 数据控制命令

(1)回车

格式:ASCII:CR

10 进制:13

16 进制:0D

打印机收到本命令后,即对缓冲区内的命令和字符进行处理,按要求打印缓冲区内的全部字符或汉字。

(2)删除一行

格式:ASCII:CAN

10 进制:24

16 进制:18

该命令删除该命令码之前打印缓冲区内的所有文本。它不删除该行内的任何控制码。

(3)允许/禁止 16 进制形式打印

格式:ASCII:ESC ″ n

10 进制: 27 34 n

16 进制: 1B 22 n

如果 n = 1,允许 16 进制形式打印,n = 0,禁止 16 进制形式打印,当允许 16 进制形式打印时,所有主计算机发给大于打印机的数据都将以 16 进制形式打印出来,直到收到 ESC ″ NUL 后恢复正常打印。

9. 选择 12 × 12 点阵汉字打印

格式:ASCII:ESC 8

10 进制:27 56

16 进制:1B 38

在该命令之后输入的代码将选择 12 × 12 点阵汉字进行打印。

WHXXX8X 型配 12 × 12 点阵的国际一、二级字库汉字和 6 × 12 点阵的国际标准 ASCII 码汉字代码为标准汉字内码:

(1)前字节数值范围 A1H ~ F7H,对应 1 ~ 87 区汉字,计算方法:区码 + A0H。

(2)后字节数值范围 A1H ~ FEH,对应汉字位码 1 ~ 94,计算方法:位码 + A0H。

例:"湖"字的区位码是 2694,即 26 区第 94 个字,其机内码为 BAFE。

将 26(十进制)转为 1A(16 进制),1AH + A0H = BAH

将 94(十进制)转为 5E(16 进制),5EH + A0H = FEH

当输入代码为 20H ~ A0H 时,自动选择国际标准 ASCII 码。

当输入代码大于 A0H 时,如果下一字节小于 A1H,则选择国际标准 ASCII 码,否则打印汉字。

参考书目

〔1〕徐惠民,安德宁．单片微型计算机原理　接口　应用.北京:北京邮电学院出版社,第1版

〔2〕丁志刚,李刚民．单片微型计算机原理与应用.北京:电子工业出版社,第1版

〔3〕何立民．单片机应用系统设计.北京:北京航空航天大学出版社,第1版

〔4〕戴先中．准同步采样及其在非正弦功率测量中的应用.仪器仪表学报,1984;(4)

〔5〕马忠梅,马岩,张凯,籍顺心.单片机的C语言应用程序设计.北京:北京航空航天大学出版社,第1版

〔6〕徐爱钧,彭秀华.单片机高级语言C51应用程序设计.北京:电子工业出版社,第1版

图书在版编目(CIP)数据

单片微型计算机原理和应用 / 蔡菲娜主编．—杭州：浙江大学出版社，1996.2 (2020.1 重印)
ISBN 978-7-308-02646-8

Ⅰ.单… Ⅱ.蔡… Ⅲ.单片微型计算机—基本知识 Ⅳ.TP368.1

中国版本图书馆 CIP 数据核字(2001)第 073582 号

单片微型计算机原理和应用

主　编　蔡菲娜

副主编　刘勤贤　曹　祁

责任编辑　王　晴
出版发行　浙江大学出版社
(杭州市天目山路 148 号　邮政编码 310007)
(网址：http://www.zjupress.com)
排　　版　浙江时代出版服务有限公司
印　　刷　嘉兴华源印刷厂
开　　本　787mm×1092mm　1/16
印　　张　15.5
字　　数　358 千字
版 印 次　2009 年 2 月第 3 版　2020 年 1 月第 19 次印刷
书　　号　ISBN 978-7-308-02646-8
定　　价　25.00 元
